火球——UML 大战需求分析

（第二版）

张传波 著

中国水利水电出版社
www.waterpub.com.cn
·北京·

内 容 提 要

本书主要包含 UML 的基本语法、面向对象的分析方法、应用 UML 进行需求分析的最佳实践、软件需求管理的最佳实践、UML 与敏捷需求分析的融合这五个方面的内容。本书融合了 UML、非 UML、需求分析及需求管理、敏捷需求分析等各方面的知识，可有效带领读者轻松而深入地掌握 UML、需求分析及需求管理等知识。

本书各章以问题为引子，通过案例、练习、思考和分析等模块设计，由浅入深地讲解从 UML 基础到 UML 综合应用的相关知识，全书以案例贯穿始终，补充了大量的实用知识，讲究实效，可以使读者尽快地在工作中对所学知识加以运用。

这是一本读书与多媒体课程（扫码学习）相结合的书，各章都包含延伸学习的二维码，线上的内容随时更新，让读者可以及时学习到需求分析与项目管理领域最新鲜的知识与技术。

图书在版编目（ＣＩＰ）数据

火球 ：UML大战需求分析 / 张传波著. -- 2版. --
北京 ：中国水利水电出版社，2020.8
  ISBN 978-7-5170-8776-2

Ⅰ．①火… Ⅱ．①张… Ⅲ．①面向对象语言－程序设
计 Ⅳ．①TP312.8

中国版本图书馆CIP数据核字(2020)第150842号

策划编辑：周春元   责任编辑：陈 洁   封面设计：李 佳

书　　名	火球——UML 大战需求分析（第二版） HUOQIU——UML DAZHAN XUQIU FENXI
作　　者	张传波　著
出版发行	中国水利水电出版社 （北京市海淀区玉渊潭南路 1 号 D 座　100038） 网址：www.waterpub.com.cn E-mail：mchannel@263.net（万水） 　　　　sales@waterpub.com.cn 电话：（010）68367658（营销中心）、82562819（万水）
经　　售	全国各地新华书店和相关出版物销售网点
排　　版	北京万水电子信息有限公司
印　　刷	三河市鑫金马印装有限公司
规　　格	184mm×240mm　16 开本　20.5 印张　482 千字
版　　次	2012 年 2 月第 1 版　　2012 年 2 月第 1 次印刷 2020 年 8 月第 2 版　　2020 年 8 月第 1 次印刷
印　　数	0001—3000 册
定　　价	68.00 元

序1——给新读者

我买书很少看序，直接翻到目录，而有时候偏偏遇上一些书写了一堆前言、卷首语、作者序、译者序、推荐序等，至少要浪费掉我几十秒时间来找目录。己所不欲勿施于人，你只需要看序的第 1 部分就行了，然后直接跳过剩余内容去看目录。

为什么要买这本书?

这本书融合了需求分析、UML、敏捷等内容，会给你的需求分析和项目管理工作带来很大的帮助。你可能会说，很多书都可以带来帮助，那是当然。但我认为，本书可以给你不同的学习体验。你可以挑选最感兴趣的一章仔细看，如果能看进去，而且觉得有意思，那就入手一本吧!

这也是一本多媒体书。每一章最后都有"延伸学习"小节，对软件需求分析及项目管理知识进行延伸，扫描二维码即可马上学习各种有趣知识。这些知识将以声音、视频、图文等方式呈现，最后两章还额外附带本书读者专享的《UML 学以致用》和《敏捷需求分析》视频课程。找一个你感兴趣的内容，扫一下二维码看看是怎么回事吧?

看到这里，其实你就可以跳过后面的内容直接去看目录了。如果你有耐心和兴趣，欢迎继续看下去，本序有点长噢。

我为什么要写此书

很多年前第一次接触 UML，经过多次努力学习的尝试，我终于知道了这是个什么东西! UML, Unified Modeling Language，统一建模语言。当时我那十分之一桶水都不到的 UML 知识，除了可以在一些不明 UML 真相的人面前侃侃而谈外，并不能当饭吃，更加不能在实际工作中发挥什么作用。我急需阅读一些 UML 书籍来填满我的水桶，但发现，要想找到一本实践性强、能看明白又有意思的 UML 书可不是一件简单的事儿!

实用的 UML 书不好找，但我的 UML 入门导师突然出现了! 他是我当时的直接领导。他上任后立马在实际项目中应用 UML，直接使用 UML 与客户沟通，通过实际的工作让我体会到 UML 的强大威力。近 20 年来，通过在实际工作中不断实践及知识分享，我逐渐总结出了一套面向实践的 UML 知识体系。

近年来我也遇到过一些对 UML 嗤之以鼻的技术高手，甚至在我主讲的 UML 课程中也有一些学员对 UML 提出了质疑。这些对 UML 不满的朋友，都曾经领教过某些使用了 UML 的文档，那些文档不知所云，而文档作者的解释显得理论有余实践不足，让他们产生不用 UML 反而更好的想法。

关于 UML，业界存在这样的问题：

（1）遍地的理论化书籍培养出了遍地的 UML 理论家，让很多追求实效的朋友对 UML 产生了误解，甚至产生了"UML 无用论"。

（2）一些学习 UML 的朋友，只掌握了 UML 的"形"没掌握 UML 的"神"。UML 的"神"是指 UML 所体现的一种工作思路和方法，而 UML 的神髓只能通过实践来体验和获得。

（3）公司中只有自己一人用 UML，无法与别人交流，大家不用只有自己用，自然无法在工作中用起来，也无法发挥 UML 的作用。

直到现在，追求实战性的 UML 书籍仍然不多。不是所有朋友都能像我这样幸运，能在工作中有一位 UML 的实践高手来指导工作，让我可以通过实际的工作来掌握 UML。我实践 UML 已近 20 年，关于 UML 大部分的知识均来自我的实践，希望阅读本书的读者，能感觉到好像身边有一位导师在指导一样。希望本书能引领 UML 的实践之风，"活用 UML"才是关键！

UML 可应用于软件需求方面，也可应用于软件设计方面，本书介绍的是 UML 在软件需求方面的最佳实践。而软件需求方面的工作，可以分为需求分析与需求管理两方面。简单地说，需求分析是指如何全面、准确地获取需求；需求管理是指需求的商务处理（如需求范围控制、需求签署、需求变更处理等）以及如何通过需求驱动来开展工作。

需求分析工作普遍存在的问题有：

（1）客户需要的是一把梯子，系统分析员了解到的是一个凳子，开发人员做出来的是一张桌子，测试人员以为是一把椅子……各种角色对同一个需求的理解不一致。

（2）客户今天想要一个苹果，明天改变主意想要一个香蕉，但后天突然又说还是苹果好，到最后他想要一个西瓜！客户的需求变来变去，无法准确把握客户的需求。

（3）UML 是不是太重型？敏捷需求分析是不是更好？

需求管理工作普遍存在的问题有：

（1）客户要求越来越多，持续增加项目的工作量，导致软件公司面临亏本的危险。

（2）客户不愿意签署需求，喜欢让你先做出来看看，然后慢慢提意见。

（3）客户的需求变来变去，不但不签署变更协议，而且还要求你免费满足这些要求。

从我的经验来看，如何快速、全面、准确地把握客户的真正需求是解决以上问题的根本途径，需求分析是首要的，需求管理是辅助的，两者占成功的比例大致是 7:3。

本书的重点内容有：

（1）UML 如何帮助我们提升需求分析能力。

（2）需求分析的最佳实践，这里既有 UML 的内容也有非 UML 的内容。

（3）需求管理的最佳实践，这里主要是非 UML 的内容。

（4）敏捷需求分析与 UML。

UML 只是我们可以利用的一种工具，解决问题才是我们的终极目标。知识以用为本，本书融合了 UML、非 UML、需求分析及需求管理、敏捷等方面的知识，希望能帮助读者解决上述提到的 UML 业界问题、需求分析及需求管理、敏捷需求分析等问题。

谁适合看这本书

对 UML 感兴趣，想提升软件需求分析及需求管理水平的读者，均适合阅读本书。无论你是 Java 技术流派、.NET 技术流派还是其他技术流派，只要工作中涉及需求分析，均适合阅读本书。

如果你是以下情况之一（当然不限于以下所列），也适合阅读本书：

（1）需求分析师（系统分析师）：系统、全面、准确、深入地把握软件需求，是本类读者的主要工作职责。本书介绍了活用 UML 挖掘需求的各种最佳实践，能帮助读者提升职业水平。

（2）产品经理：产品经理特别是互联网型的产品经理，可能不屑于使用 UML，认为 UML 太重型了，还不如敏捷的模式！其实无论 UML 还是敏捷模式，我们都需要掌握，只有都掌握了才能博采众长，才能融会贯通。你完全可以双手互搏，左手敏捷，右手 UML！

（3）项目经理：中国的软件项目经理经常要兼顾高难度的需求分析和复杂的需求管理工作，本书介绍了活用 UML 进行需求分析以及需求管理的最佳实践，有利于提升读者在这方面的工作水平，让项目经理更加轻松地面对这方面的工作。

（4）软件设计师及程序员：虽然不直接参与需求工作，但需要"需求驱动"地工作，把握真正的需求才能做出有灵魂的软件。本书介绍的 UML 及需求分析知识，有助于该类读者更好地理解和思考需求，做出更好的软件。

（5）测试工程师：测试工程师往往是软件开发工作中的"弱势群体"，听命于程序员的诸如"你这样测就可以了，这个你不用管"之类的"指令"！测试工程师经常得到的是"二手需求"（即由开发人员告知的需求，而不是自己亲自去向客户获取的需求），难以系统、全面、准确地理解和把握需求，而本书介绍的知识将帮助测试工程师走出这个困境。

（6）实施工程师：实施工程师似乎干的都是"体力活"，但如果没有深厚的业务知识是难以和客户沟通并推动系统上线的。本书介绍的 UML 及需求分析知识，将有助于读者成为业务专家，提升自身价值。

（7）计算机相关专业在校大学生：学校学到的知识过于理论化。渴望尽快接触实际项目，体验真实的需求分析工作，可能是每位大学生的愿望！本书可让读者体验到"残酷"而有趣的软件需求分析工作，学习各种实用的 UML 及需求分析、需求管理知识，为将来的工作做好准备。

本书各章的"设计思想"

本书的学习目标如下：

（1）掌握 UML 的基本语法。

（2）掌握面向对象的分析方法。

（3）掌握应用 UML 进行需求分析的最佳实践。

（4）掌握软件需求管理的最佳实践。

（5）掌握敏捷需求分析与 UML 的融合。

本书的内容组织及表达经过精心设计，本书没有基础篇、进阶篇之类的划分，也不采用先理论后实例的组织方式，而是**大案例贯穿全书，小案例一个接一个**，直接用案例来讲解 UML 基本及进阶语法、UML 最佳实践、需求分析及需求管理最佳实践、敏捷需求分析等。

本书讲究实效，希望读者每阅读一页都能立马有收获，能马上在工作中学以致用，而不需要看了几十页甚至半本书才搞清楚来龙去脉。

下面简述各章的"设计思想"：

第 1 章　大话 UML：期望读者可以在很短时间内，快速了解各种 UML 图是怎么回事，什么情况下可以使用什么图等。读者不需要看完全书，只需要看完第 1 章，就能对 UML 有全面而清晰的认识，找准学习方向。

第 2 章　耗尽脑汁的需求分析工作：本章揭示了需求分析的核心问题和基本道理，并介绍 UML 能在需求工作中发挥怎样的作用。

第 3~9 章：详细介绍类图、对象图、活动图、状态机图、顺序图、通信图、用例图、部署图、构件图、包图，每一章主要讲述一种 UML 图，部分章节会介绍两种或两种以上的 UML 图。

知识以用为本，各章以问题为引子，通过案例、练习、思考和分析等，由浅入深地逐步介绍各种实用知识。各章内容大致是这样设计的：前三分之一内容抛出问题及利用浅显的例子，让读者轻松快速地掌握相关的基本语法和知识；中间三分之一内容会进一步抛出更复杂的例子，结合案例介绍进阶知识；后三分之一内容将问题深化，列出综合性更强或更加复杂的案例，提出更多来自现实工作的思考和解决方案。

各章的内容并不是完全独立的，越到后面的章节，越会介绍更多的 UML 图的综合应用，后续章节是基于前面章节的知识滚动向前的。

第 10 章　UML 共冶一炉——考勤系统的需求分析：本章是全书最长的一章，完整地回答了如何从零开始完成需求分析工作。本章将前面学过的知识融合在一起，并且补充了大量的实用知识。

第 11 章　需求分析的团队作战：团队作战对于需求分析工作是相当重要的，除此以外本章还介绍了一些需求管理的实用技巧。

第 12 章　说不尽的 UML——UML 补遗：通常有 13 种 UML 图，前面章节已经介绍了较为常用的 10 种，本章介绍不太常用的 3 种 UML 图，并对全书进行总结。

第 13 章　敏捷需求分析还是 UML：本章是本书第二长的章节，有人说敏捷更好，UML 太重型，但为什么不可以左手敏捷，右手 UML 呢？UML+敏捷，将会发生神奇的化学作用。如果你急于学习敏捷和敏捷需求分析的知识，可以先看本章的前半部分内容，而后半部分内容则是结合了本书前面的知识的。

求知若渴的你，是不是想找到更多的学习资料？请扫描下方的二维码，关注我的公众号。

最后我要感谢我的 UML 启蒙老师，是他在实际工作中言传身教地教会了我 UML，让我受益匪浅，直到今天我还会经常想起他指导我时的情景！

希望本书能成为大家学习的良师益友，祝你学习愉快！

张传波，网名：大大大火球

豆芽儿（www.douya2.com）首席专家

序 2——给老读者

老读者并不是指年纪特别大的读者，而是曾经购买过第一版的读者，快来看看第二版有什么变化吧！

作为第一版的读者，你为什么买第二版呢？

第二版与第一版的主要区别有：

（1）增加了"敏捷需求分析还是 UML"一章。

（2）每章增加了延伸学习小节，并额外附带本书读者专享的《UML 学以致用》和《敏捷需求分析》视频课程。

（3）去掉了随书附送的光盘。

（4）更新了学习资料（附录1）。

你可能会问：就增加了一章的内容，好意思弄个第二版出来？

是的，做需求分析的人就是需要厚脸皮的！我对敏捷的认识比 UML 还要早，我从程序员到项目经理、研发中心经理、公司常务副总，敏捷其实已经是我日常工作的一部分。本书仅增加了一章，貌似增加的不多，但本章包括的内容非常多，也很实用，最关键的，是这部分内容囊括了我对敏捷的所有领悟。

敏捷的书不少，但能用简单易懂有趣并且不长的篇幅就能说清楚的，恐怕不是很多。通过本章，除了能学习敏捷、敏捷需求分析，学习互联网经典案例（微信、京东等），你还能双手互搏，左手敏捷，右手 UML！如果你本身就是互联网行业的，增加的这部分内容会让你在敏捷需求分析的基础上更上一层楼。如果你从事传统型项目的需求分析工作，那将会是帮你增加敏捷需求分析的利器。

另外，新增加这章有一个很重要的内容：基于业务流程导出用例。读过第一版的你，应该还会记得需求分析的四个阶段：战略分析、需求分析、业务分析和需求细化，业务分析是很重要的一环。你将会学习到如何应用顺序图（Sequence Diagram）来帮助你基于业务流程分析导出用例，这是一项很重要的需求分析实践技巧。这部分内容其实可以与敏捷需求分析剥离，但基于业务流程也能导出用户故事，所以这部分内容也整合在这一章了。

当然，本书所增加的绝不仅仅是敏捷的内容。本书每章最后都增加了"延伸学习"小节，对软件需求分析及项目管理知识进行了延伸，扫描二维码即可马上学习各种有趣知识。这些知识将以声音、视频、图文等方式呈现，其中最后两章还额外附带本书读者专享的《UML学以致用》和《敏捷需求分析》视频课程。

之前就有读者抱怨：这都什么年代了，居然还有光盘，现在计算机都没有光驱了。所以第二版把光盘去掉了。那光盘上的学习资料，岂不是就没了？请你放心，通过下方的二维码可以关注我的公众号和网站，获取大量学习资料。不仅仅是原本在光盘上的学习视频都有，而且还有更多其他学习资料。

那作为老读者的你，到底要不要买第二版呢？

本书已经与时俱进，读书和手机扫码学习紧密结合，线上的内容还会持续更新。你又怎么忍心不再入手一本呢？

不过毕竟你已经有第一版了，你完全可以去书店或者图书馆找到本书第二版，花些时间认真阅读新增加的一章，并且扫描书中各章出现的二维码即可！

谢谢你的支持，再次祝你学习愉快！

张传波，网名：大大大火球

豆芽儿（www.douya2.com）首席专家

目 录

III

第1章
大话 UML

只需要阅读完本章，就能从宏观上掌握 UML 的知识，在脑袋中形成一张 UML 的蓝图。能全面了解 UML 的基本知识、UML 各种图的用途和概况，能和实际工作遇到的问题联系起来，帮助你规划下一步的学习。

1.1 UML 基础知识

UML 这三个字母的全称是 Unified Modeling Language，直接翻译就是统一建模语言，简单地说就是一种有特殊用途的语言。

你可能会问：这明明是一种图形，为什么说是语言呢？伟大的汉字还不是从图形（象形文字）开始的吗？语言是包括文字和图形的！其实有很多内容用文字是无法表达的，你见过建筑设计图纸吗？里面就有很多图形，光用文字能表达清楚建筑设计吗？在建筑界，有一套标准来描述设计，同样的道理，在软件开发界，我们也需要一套标准来帮助做好软件开发的工作。UML 就是其中的一种标准，注意这可不是唯一标准，只是 UML 是大家比较推崇的一种标准而已，说不定以后有一个更好的标准会取代它呢！UML 并不是强制性标准，没有法律规定你在软件开发中一定要用 UML，不能用其他的，我们的目标是善用包括 UML 在内的各种标准，来提高我们的软件开发水平。

UML 由 1.0 版发展到 1.1、1.2、……，到现在的 2.0、2.x，本书将以 2.x 版本为基础开展讨论。网络、书籍还有各种 UML 工具软件，各自基于的 UML 版本可能会不一样，大家在学习过程中可能会有一些困惑，不过没关系，本书在某些关键地方会描述 1.x 与 2.x 的差异。

1.1.1 UML 有什么用

有很多人认为，UML 的主要用途就是软件设计！也有人认为，如果你不是开发人员，是难以理解 UML 的。

然而我第一次在实际工作中应用 UML 的不是软件设计，而是软件需求分析！当时我们和客户面对面沟通调研需求的时候，直接用类图、顺序图、活动图、用例图等 UML。我们并没有因此和客户无法沟通，反而沟通得更加顺畅。客户在我们的引导下，很快就会读懂这些 UML 图，因此 UML 图让我们与客户的沟通效率更高，效果更好！你可能觉得很神奇，在后续章节中将为你逐一揭开神奇背后的"秘密"。

UML 可帮助我们做软件需求分析和软件设计的工作，在我的工作中大概各占了 50% 的比例，当然在你的实际工作中不一定是这样的比例。UML 会让你的需求分析或者软件设计工作更上一层楼，本书将会介绍 UML 在需求方面的最佳实践。

告诉你一个秘密，**UML 应用于软件需求分析时，其学习门槛将会大大降低**！语法复杂度会降低，而且你基本不需要掌握软件开发的知识。只要你对软件需求分析感兴趣，认真学习和应用 UML，就很有机会成为软件需求分析高手！

1.1.2　UML 的分类

UML 有很多种图，大体可以分为两类：结构型的 UML 和行为型的 UML。

（1）结构型的 UML（Structure Diagram）。

- 类图（Class Diagram）
- 对象图（Object Diagram）
- 构件图（Component Diagram）
- 部署图（Deployment Diagram）
- 包图（Package Diagram）

（2）行为型的 UML（Behavior Diagram）。

- 活动图（Activity Diagram）
- 状态机图（State Machine Diagram）
- 顺序图（Sequence Diagram）
- 通信图（Communication Diagram）
- 用例图（Use Case Diagram）
- 时序图（Timing Diagram）

本书所描述的 UML 的各种图的名字，以上述为准。注意以上并没有列出全部 UML 图，免得一下子将你搞得太晕，我会在后续章节补充说明。

UML 各种图的中文译名，因为翻译的原因可能会有所不一样，如 Sequence Diagram 和 Timing Diagram 有时候会被译成"时序图"，这是最让人困扰的地方！Sequence Diagram 除了被译为顺序图，还有序列图的译法。

中国软件行业协会（CSIA）与日本 UML 建模推进协会（UMTP）共同在中国推动的 UML 专家认证，两个协会共同颁发认证证书，两国互认，CSIA 与 UMTP 共同推出了 UML 中文术语标准，该标准全称为：CSIA-UMTP UML 中文术语标准 v1.0（本书后文将会简称为"UML 中文术语标准"）。

本书将会遵循 UML 中文术语标准，并且我们会同时给出中文译名和英文原名，大家要留意看英文名字，这样能帮助你不会被众多的中文译名搞晕。

UML 图为什么会分为结构型和行为型两种呢？

顾名思义，结构型的图描述的是某种结构，这种结构在某段时间内应该是稳定的、"静态"的；而行为型的图描述的是某种行为，是"动态"的。

分析系统需求时，我们会面对很多业务概念，它们之间会有某些关系，这些内容可以看成是"静态"的，我们可以利用 UML 的结构型的图来分析。同时，业务会涉及大量的流程、过程等，这些内容是"动态"的，我们可以用行为型的 UML 图来分析。

在软件设计时，我们要考虑需要哪些类、哪些构件、系统最后怎样部署等，这些内容可以看成是"静态"的，我们可以利用 UML 的结构型的图来设计。同时，我们也需要考虑软件如何和用户交互，类、构件、模块之间如何联系等"动态"内容，我们可以利用行为型的 UML 图来设计。

所谓"静态"和"动态"不是绝对的，下面将进一步介绍结构型的 UML 和行为型的 UML。通过下面的学习，你将会初步认识 UML 的各种图，你可能还会有很多问题，本章的主要目的是让你对 UML 有一个宏观的认识，带着你的问题继续阅读后面的章节吧！

1.2　结构型的 UML（Structure Diagram）

1.2.1　类图（Class Diagram）

请看图 1.1 这个类图。

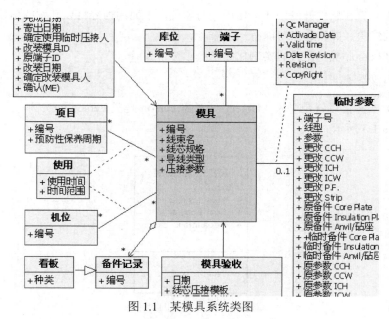

图 1.1　某模具系统类图

此图截取自某模具管理系统的业务概念分析图，图中一个一个的矩形就是类，这些类之间用各种线条连接，这些线条表示类之间的关系。类图是分析业务概念的首选，类图可能是使用率最高的 UML 图。

再看图 1.2 这个 Person 类图，这是软件设计时用到的一个图。

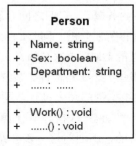

图 1.2　Person 类图

该 Person 类有以下属性（Attribute）：Name（姓名）、Sex（性别）、Department（部门）等，有以下操作（Operation）：Work（工作）等。类有属性和操作，但用类图分析业务模型时，往往不需要使用操作，如图 1.1 所示的类就只有属性。

Attribute 有特性、特征等译法，Operation 也称作方法，但本书遵循 UML 中文术语标准，即 Attribute 为属性，Operation 为操作。

1.2.2　对象图（Object Diagram）

一般情况下只有在软件开发中才会使用到对象图，下面的内容将以开发的角度来说明对象图，如果你没有开发经验，阅读起来可能有一点难度。

图 1.2 中的 Person 类，用代码实例化如下：

```
Person person = new Person();
……
```

类（Class）实例化后就是对象（Object），对象 person 是类 Person 的实例，上述代码可以用对象图表示，如图 1.3 所示。

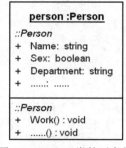

图 1.3　Person 类的对象图

对象图和类图的样子很相似,对象是类的实例化,"<u>person:Person</u>"表示对象 person 是类 Person 的实例。对象图往往只在需要描述复杂算法时才会使用,画出来的对象图往往不会只有一个对象,该图只画了一个对象,其目的是尽量简化以便读者理解什么是对象图。

在需求分析工作中基本上不需要使用对象图,从严谨的角度来看某些情况下应该使用对象图,但我往往还是会用类图来处理,这样更加简便而且容易理解。我们将在第 3 章类图中再次讲解对象图。

1.2.3 构件图(**Component Diagram**)

构件图也叫组件图,两个名字均符合 UML 中文术语标准。

一辆汽车由轮子、发动机等物理部件组成,一个软件往往也是由很多"物理部件"(如控件、重用构件等)组成的,构件图就是用来描述软件内部物理组成的一种图。图 1.4 是某权限构件设计图。

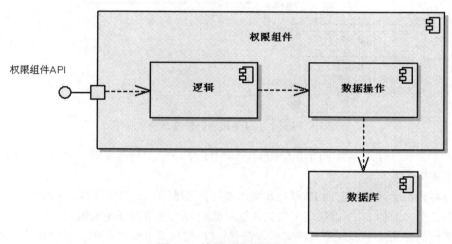

图 1.4 某权限构件设计图

图 1.4 右上方有 标志的矩形表示一个构件,构件可以再包含构件。

软件需求分析工作中,需要用到构件图的情况不是很多,以下情况除外:

(1)待开发的系统需要与第三方的系统、原有系统、某些老系统等交互,这时可用构件图描述交互要求。

(2)客户对软件设计有某些特殊要求,这时可用构件图来描述要求。

构件图有时不会单独使用,还会结合部署图一起使用。

1.2.4 部署图(**Deployment Diagram**)

部署图是用来描述系统如何部署、本系统与其他系统是什么关系的一种图,如图 1.5 所示。

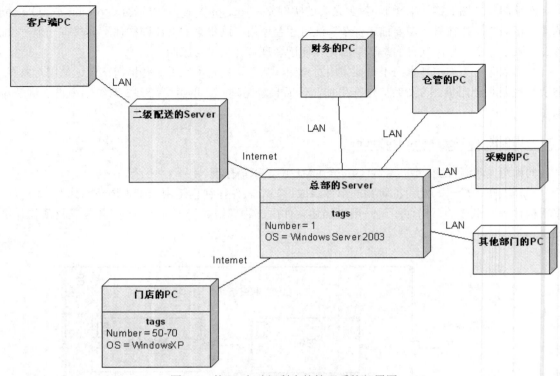

图 1.5　某 24 小时便利店的管理系统部署图

图中一个个长方体是部署图的"节点"，一个节点表示一个物理设备，节点之间的线条表示节点间的物理连接关系。

大部分客户都会具备一定的 IT 基础环境（如具备局域网、一些服务器、某些软件平台等），软件系统需要基于当前的 IT 基础环境来规划，这时我们可以使用部署图来做这个规划。

分析系统的需求，不能忽略系统架构、部署、IT 架构等方面的要求，我们要基于客户当前的 IT 基础环境，做一个最符合客户利益的规划。

要活用构件图、部署图来分析需求，需要具备一定的 IT 基础架构知识和软件设计知识，如果你还不具备相关知识，可以考虑抓紧补充相关知识。不过需求分析工作更多还是分析业务，提炼功能性需求，这部分工作能做好是相当不容易的。对于技术方面的非功能性需求分析，可交由有技术背景的专业人士负责。

1.2.5　包图（Package Diagram）

Package 有"打包"的意思，包图的主要用途是"打包"类图。用类图描述业务概念时，很多时候会因为业务类太多，而导致类图非常庞大，不利于阅读，这时可以将某些类放入"包"中，通过包图来组织业务概念图。

图 1.6 是包图的一个示例。

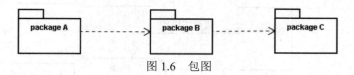

图 1.6　包图

图中好像文件夹样子的就是一个个"包"，包之间的线条表示包之间的关系。

1.3　行为型的 UML（Behavior Diagram）

活动图、状态机图、顺序图从三种不同的角度来描述流程，是分析业务流程的三种不同利器，下面将会逐一说明。

1.3.1　活动图（Activity Diagram）

我们将起床到出门上班这个过程画成活动图，如图 1.7 所示。

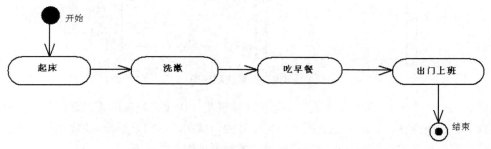

图 1.7　起床到出门上班的活动图

活动图中的一个圆边框框表示一个"活动"，多个活动之间的带箭头线条表示活动的先后顺序，该图只是表达了一个顺序流程，活动图还可以表达分支结构。如果你以前曾学过流程图的话，你会发现活动图和流程图很相似。活动图可能是三种能表示流程的 UML 图中最接近我们思维习惯的一种，下面来学习另外两种能表达流程的图。

1.3.2　状态机图（State Machine Diagram）

状态机图又叫状态图，但状态图这个译名并没有译出"Machine"的意思。

状态机图从某个物品的状态是如何变化的角度来展示流程，如图 1.8 所示，这是某请假条的审批流程。

整个请假审批流程是围绕"请假条"这个物体进行的，在不同的审批阶段，请假条具备不同的状态。我们分析业务流程时会发现很多流程其实是围绕某个物品进行的，这时可考虑使用状态机图。

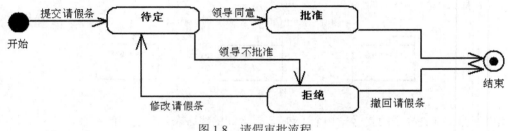

图 1.8　请假审批流程

1.3.3　顺序图（Sequence Diagram）

你去餐厅吃饭，从向服务员点餐到服务员送菜上来，这个过程用顺序图可表示为图 1.9。

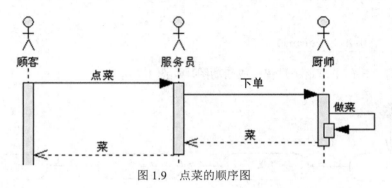

图 1.9　点菜的顺序图

该图有三个"小人"，每个"小人"下面的文字说明（如顾客）表示其代表的角色。角色与角色之间有一些线条连接，表示角色之间是如何交互的。该图表示的意思是：顾客向服务员点菜后，服务员将点菜信息传递给厨师，然后厨师做菜，最后再由服务员送菜。

点菜过程涉及几个环节，每个环节均由不同的角色来负责，如果遇到类似的情况，你可以考虑使用顺序图来分析。用顺序图分析的好处是能清晰表达整个过程所参与的角色，角色与角色之间的关系，各角色是如何参与到这个过程当中的。

1.3.4　通信图（Communication Diagram）

UML 1.1 版本中，该图英文名为 Collaboration Diagram；UML 2.x 版本中，英文名为 Communication Diagram。将英文名字直接翻译，原来的英文名字可译为协作图，而新的英文名字译为通信图。

通信图是顺序图的另外一种画法，点菜的顺序图，如果用通信图来画可表示为如图 1.10 所示。

三个"小人"分别表示三种角色：顾客、服务员、厨师；角色之间用直线连接，表示他们之间有关系；带序号的文字和箭头，表示角色之间传递的信息。

顺序图更强调先后顺序，通信图更强调相互之间的关系。我觉得顺序图实用性更好一点，比通信图能表达更多的信息，更容易读懂，在需求分析工作中我基本不会使用通信图。

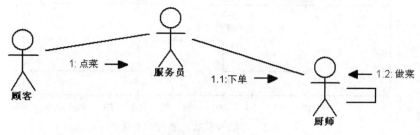

图 1.10   点菜的通信图

1.3.5   用例图（Use Case Diagram）

图 1.11 是用例图的示意图。

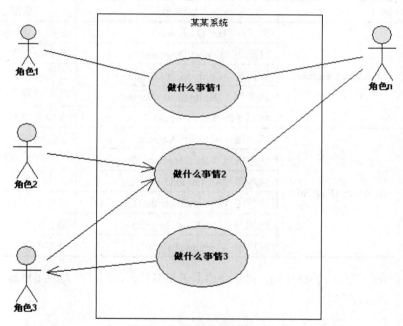

图 1.11   用例图

用例图表达的是什么角色通过软件系统能做什么事情，我们可以使用用例图系统地表达软件系统的绝大部分需求。

1.3.6   时序图（Timing Diagram）

时序图也叫时间图，时序图是 UML 中文术语标准的说法，而时间图不是标准的说法。

时序图是表示某东西的状态随时间变化而变化的一种图，参见图 1.12。

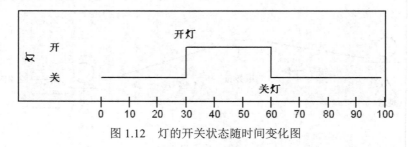

图 1.12　灯的开关状态随时间变化图

此图表示在 0～30s，灯的状态是关的，30～60s 灯的状态为开，60s 后状态为关。

在实际工作中我基本上没有使用过时序图。

下面通过表 1.1 来总结一下我在需求分析工作中应用各种 UML 图的情况。

表 1.1　各种 UML 图实际应用情况

种类	UML 图	实际应用情况
结构型的 UML（Structure Diagram）	类图（Class Diagram）	必用来分析业务概念
	对象图（Object Diagram）	基本不使用
	构件图（Component Diagram）	必用来分析 IT 基础架构、软件架构等方面的需求
	部署图（Deployment Diagram）	
	包图（Package Diagram）	很少会使用
行为型的 UML（Behavior Diagram）	活动图（Activity Diagram）	必会使用至少其中一种图来分析业务流程，大部分情况下至少会用到其中两种图
	状态机图（State Machine Diagram）	
	顺序图（Sequence Diagram）	
	通信图（Communication Diagram）	基本不使用
	用例图（Use Case Diagram）	必会使用
	时序图（Timing Diagram）	基本不使用

此表是根据我的工作经验总结的，相信会适用于很多情况。但每个人的工作经历、情况、环境等不太一样，此表仅作参考。

1.4　如何学好 UML

1.4.1　UML 的认识误区

误区一：认为 UML 主要用于软件设计。

前面的文章可以看到，UML 除了用于软件设计，还能用于需求分析，而本书就是专门来说明如何在需求分析工作中活用 UML 的。

误区二：客户无法理解 UML，认为在需求分析中应用 UML 实际意义不大。

我还不熟悉 UML 时，确实也有这样的怀疑，而实际工作中发现 UML 恰恰成为与客户沟通的良好桥梁！UML 其实不难读懂，只要稍加解释客户马上就能读懂。我在所有的项目需求分析工作中，都直接使用 UML 图与客户沟通，并且给客户签署的需求规格说明书中含有大量的 UML 图。

UML 能直观、形象、严谨地描述出业务概念、业务流程、客户的期望和需求，只要稍加引导客户，客户将会很容易读懂 UML，甚至会主动使用 UML 与项目组交流。我曾经遇到过客户向我们索要画 UML 图的工具，客户见识过 UML 的威力后，也想自己在实际工作中使用。

误区三：认为 UML 语法繁杂，难以学习和应用。

某些 UML 资料和书籍可能将 UML 说得过于复杂了，官方的 UML 标准资料也确实是枯燥难懂、人见人晕。我刚开始学习 UML 时，也看过一些 UML 书籍，觉得 UML 的语法太多、太复杂、太容易混淆了！

在实际工作中，其实经常需要用到的 UML 语法并不多，而且很容易掌握。当我们在需求分析方面应用 UML 时，需要掌握的语法更少（在软件设计方面应用 UML 时需要掌握稍多一点的语法）。"二八原则"在这里完全适用，我们经常用到的 UML 语法，其实只占全部语法的 20%，而本书将会重点介绍实用性强的 UML 语法。

误区四：认为 UML 用途不大。

很多人推崇 UML，但也有不少人不太认可 UML，不认可的原因主要是因为一些人学习 UML 后，发现在实际工作中发挥的作用并不是很大，有时候不用 UML 效果更好。

我不敢说 UML 能帮助我们解决所有问题，至少从我的多年使用经验上来说，UML 对于提升我的需求分析能力帮助还是很大的。有人之所以感觉 UML 不太好用，我觉得原因还是只掌握了 UML 的形而没有领会 UML 的神。UML 的常用语法可能几天就能学会了，而要真正做到"thinking in UML"却没有这么容易，需要长期的锻炼。

1.4.2　我的学习经历

我读大学时没有听说过 UML，出来工作两三年后才开始接触 UML，当时的感觉就好像找到了新大陆，很想好好发掘一番！而我当时的运气还是相当不错的，我的上司是 UML 达人，他带领我参加了项目的需求分析工作。我很快就见识了 UML 的威力，在他的言传身教之下，迅速掌握了 UML。

在那个项目以后，我便独立担当了多个项目管理及需求分析工作，没有一个项目不应用 UML，而且我毫不保留地传授 UML 知识给项目组的其他成员。多年的工作进一步磨炼了自己，对 UML 在实际工作中的应用有了更深刻的认识，形成了自己的一套方法。

我的 UML 知识绝大部分来自于工作实践，期间虽然也看过一些书籍，但对我的帮助很小。当然我最大的得益还是来自我的 UML 启蒙老师，他在实际工作中教会了我 UML，帮助我踏上自我成长的道路。我的 UML 学习的最大体会就是：实践太重要了！如果有名师指导则会让你事半功倍！希望本书能成为你在实际工作中学习和应用 UML 的好帮手！

1.4.3　UML 学习难点

学 UML 之难，不在于学习语法，关键是要改变思维习惯。UML 是一种新的工具，但同时也代表了一种新的先进的思考方法，如果不能掌握这样的方法，只能是学到了 UML 的形，而没有掌握其神髓。

要用好 UML，你需要在平时多多培养下面的能力：

（1）书面表达能力。

（2）归纳总结能力。

（3）"面向对象"的思维能力和抽象能力。

平时你可以利用各种机会来提升第（1）种和第（2）种能力，如多写写项目文档、日记或博客等，多思考和总结平时自己的工作得失等。

第（3）种能力说起来有点虚，大家在大学中可能也学过相关知识。训练这种能力的最好方法就是多应用类图，我们将会在第 3 章类图再重点介绍，通过实例来体会什么才叫"面向对象"！

本书将会重点培养你的这三种能力，只要你有进取之心，多练习、多实践、多思考、多总结，一定会取得长足进步！

1.5　小结和练习

1.5.1　小结

本章的主要目标是让你在不需要阅读全书的情况下，就可以了解到 UML 的全貌，大概知道 UML 各种图的用途，同时说明学习 UML 的难点，为最终活用 UML 做好准备。下面我们一起来复习一下本章的主要内容。

UML 是软件开发界的一套标准，UML 不仅可用于软件设计，也可以用于软件需求分析。但 UML 并不是强制标准，我们应该善用包括 UML 在内的各种标准来提高我们的水平。

UML 可分为两类：结构型、行为型。结构型的 UML 图有类图、对象图、构件图、部署图、包图，行为型的 UML 图有活动图、状态机图、顺序图、通信图、用例图、时序图。

类图是业务概念模型分析的有利武器，也是面向对象分析能力的强有力的训练工具。

对象图在需求分析工作中并不常用。

构件图、部署图是分析 IT 基础架构、软件架构等方面需求的有利分析工具，但需要你具备 IT 基础架构、软件设计方面的知识和经验。

包图可用来组织类图，在需求分析工作中应用的机会不是很大。

活动图、状态机图、顺序图是分析业务流程的强力武器。活动图的表达思路与流程图很类似，很容易掌握,而且大部分情况下可以使用活动图来分析业务流程;某流程如果是围绕某个物品进行,该物品在流程中转换多种状态，那么使用状态机图来分析是首选；用顺序图来分析的好处是能清晰表达整个过程所参与的角色，角色与角色之间的关系，各角色是如何参与到这个过程当中的。

通信图可以看作是顺序图的另外一种表达形式，顺序图更强调先后顺序，通信图更强调相互之间的关系。而从我的工作经验看，顺序图更加实用一点。

有人会将用例图称作"公仔图"，用例图表达的是什么角色通过软件系统能做什么事情，我们可以使用用例图系统地表达软件系统的绝大部分需求。

时序图是表示某东西的状态随时间变化而变化的一种图，我在实际工作中很少有机会能用到这种图。

学 UML 之难，关键在于改变思维习惯，避免陷入 UML 的认识误区，多练习、多实践，培养良好的"thinking in UML"思想，锻炼面向对象分析的能力，成为活用 UML 的需求分析高手不远矣！

1.5.2　练习

1．请你根据自己的实际情况，填写"你的 UML 斤两"调查表，此表能帮助你认识自己的 UML 水平。

选择最接近你情况的选项填入表 1.2 中。

A．还没有听说过该 UML 图，就算听说过也不了解具体情况。

B．了解该 UML 图，但还没有在实际工作中应用过。

C．在实际工作中能看懂这种 UML 图。

D．在实际工作中能画出该 UML 图。

E．对该 UML 图非常熟悉，能在工作中熟练运用。

F．对该 UML 图非常熟悉，能在工作中熟练运用，而且能指导别人在实际工作中活用此 UML 图。

表 1.2　你的 UML 斤两调查表

种类	UML 图	你的情况
结构型的 UML（Structure Diagram）	类图（Class Diagram）	
	对象图（Object Diagram）	
	构件图（Component Diagram）	
	部署图（Deployment Diagram）	
	包图（Package Diagram）	
行为型的 UML（Behavior Diagram）	活动图（Activity Diagram）	
	状态机图（State Machine Diagram）	
	顺序图（Sequence Diagram）	
	通信图（Communication Diagram）	
	用例图（Use Case Diagram）	
	时序图（Timing Diagram）	

2．根据上题的调查情况，请你为自己设定 UML 的学习目标。

3．书面表达能力是很重要的一种能力，良好的书面表达能力能让你更好地学习和应用 UML，此题目训练和测试你的书面表达能力。请至少选择一题完成。

（1）选择你最熟悉的一个项目，简明扼要地描述出该系统能做什么事情。

（2）总结你最近一个月的主要工作，简明扼要地表达出来。

（3）总结你最近一个月的学习情况，简明扼要地表达出来。

将你的总结给至少一位不了解你总结内容的朋友看，你不要加任何解释，看看你的朋友能不能读懂你写的内容。根据你朋友的反馈，思考如何改进你的书面表达能力。

1.5.3　延伸学习：甲方项目经理如何跟进老项目？

折腾三年的项目，我是甲方项目经理！（声音+图文）

（扫码马上学习）

第2章
耗尽脑汁的需求分析工作

怎么又变了？当初就应该让客户书面签字确认！你可能会经常发这样的牢骚，可是就算客户书面确认，客户还是会改变的！软件项目的其中一项不变真理：需求是会变的！本章将会和你一起来体验软件需求分析工作的风风雨雨，找出需求分析工作的根本之道，了解 UML 如何帮助我们提升需求分析的水平。

2.1 需求分析面面观

客户需要的是一把梯子，系统分析员了解到的是一个凳子，开发人员做出来的是一张桌子，测试人员以为是一把椅子……很多角色参与项目工作，每种角色会从自身角色出发来理解需求，以致各种角色对需求的理解会不太一样。表 2.1 对各种角色的特点进行了分析。

表 2.1　各种角色的特点

哪一方	角色	角色特点
客户一方	高层领导	十分清楚项目的目标，期望在指定的预算内达成目标。基本的核心需求一定会坚持，而不太影响目标实现的需求可作让步
	中层领导	基本清楚项目的目标，按照高层领导的意思办事，为保证满足高层的要求，可能会对需求从严把握，但部分情况下有可能迷失项目目标
	基层用户	不太清楚项目的目标，只关心能不能解决他具体的工作问题，往往会提出一些"匪夷所思"的需求

哪一方	角色	角色特点
软件公司一方	高层领导	很清楚客户的目标，想办法以尽量低的成本来满足，从本公司战略发展的角度来处理客户在需求方面的要求
	销售人员	为让客户签单，容易做出项目组无法满足的承诺，给客户过高的期望值
	项目经理	背负超大的进度压力，期望需求尽量简单尽量少，容易背离项目的目标。遇到需求变化时，难以静下心来仔细思考
	软件架构师	基本能理解项目的需求，容易设计出过于"超前"的软件架构，但更多的是迫于进度压力，做出一个"粗糙"的设计甚至是无设计，以致某些需求不能满足，或者需要巨大的开发工作量
	程序员	不太清楚项目的目标，对需求没有全局观，对于自己负责部分的需求了解得不深
	测试工程师	不能得到"一手"需求，需求往往是开发人员告知的，对软件需求可能有很多疑问，但没有时间或没有机会去求证。容易陷于需求细节，迷失项目目标
	实施工程师	很清楚客户基层用户的需求，但向项目组反馈意见时往往得不到重视。部分情况下，容易陷于需求细节，而迷失了项目目标

另外要说明的是：

客户一方的总倾向是：自己少花钱，让软件公司多做事情。

而软件公司一方的总倾向是：多拿客户的钱，尽量少做事情。

影响各人对需求理解的主要因素有两方面：一方面是角色的思考倾向，上表反映了这点；另外一方面是人的需求分析能力，能力越强的人越能把握需求，本书重点讲解的内容就是如何活用 UML 来提升需求分析能力。

而更"离谱"的是：每个人嘴巴上说的需求和心目中的需求总是有差异的，所谓的"词不达意"，受表达能力所限，不是每个人都能完整准确地表达自己的想法。有时候客户今天想要这个，明天想要那个，甚至不知道到底想要什么！其实客户的这些表现，说明了客户对需求的认识是持续进化的。

2.2 持续进化的客户需求

你可能曾遇到过这样的情况：客户今天想要一个苹果，明天改变主意要一个香蕉，但后天突然又说还是苹果好，到最后他想要一个西瓜！遇到这样的情况，你会抱怨客户吗？你会后悔当初没有让客户签字确认吗？

楚国有人坐船渡河时，不慎把剑掉入江中，他在舟上刻下记号，说："这是我把剑掉下的地方。"当舟停驶时，他才沿着记号跳入河中找剑，遍寻不获。这就是刻舟求剑的故事。

客户的想法总是在变化的，但总体来说是螺旋前进的，客户需求总是持续进化的，不要对此有任何抱怨，否则我们就是"刻舟求剑"之人了！

某系统已经上线了，出现以下三种情况，你会更喜欢哪种情况呢？

A．客户一直没有提出过任何问题。

B．客户开始提了一些问题，但很快就没有其他问题了。

C．客户一直在提问题，项目组解决这些问题后，新的问题又来了，如此不断重复。

情况 A，估计客户没有怎样用过这套系统，所以没有提出什么问题。对于项目组来说，似乎不用再被麻烦的需求变更所纠缠，可以爽快地脱离此项目了。但对于客户来说，此系统白白花了他们的钱，对他们没有任何实际价值。而对于你所在的软件公司来说，项目组花费很大工作量做出来的软件系统，客户居然没有用上，而公司很可能收不到项目的验收款项，此项目完全实现不了公司的战略。情况 A 的最终结果就是"双输"。

情况 B，有两种可能：第一种可能，客户试用了一段时间，后来由于客户方面的某些原因（原因可能有：更换领导、上了另外一个更重要的系统等）不再使用本系统了；第二种可能，客户试用一段时间，提出了很多问题，而项目组不能很好地解决这些问题，甚至认为客户"无理取闹"，所以客户干脆就不再使用本系统了。出现情况 B，本项目估计也很难通过最终验收，软件公司最终也收不到项目验收款项，而最终结果很可能也是"双输"。

情况 C，我曾经比较厌烦这样的情况，每天被客户的各式各样的小问题纠缠。其实这是相当理想的情况，说明客户在不断使用该软件。这些问题最开始会比较多，最开始项目组解决问题的速度会低于问题的产生速度，但后来问题会逐步减少，直到基本消失，软件和用户的"磨合"过程终于完成，系统成为客户日常工作中的一部分。出现情况 C，项目组千万不要产生厌烦情绪，客户要真正用上软件，项目才算真正成功。软件只有对客户的工作真正有帮助，客户才算"赢"，而在客户能"赢"的基础上，软件公司才可能实现自己的"赢"。达到"双赢"是每个项目应追求的目标。

从某种角度来说，需求变更其实是好事，说明客户对需求的理解更进一步，而我们觉得不适应，往往是因为我们对需求理解的进步程度不如客户。请看图 2.1，此图表示项目开始后随着时间的发展，客户和项目组对需求理解程度的上升趋势。

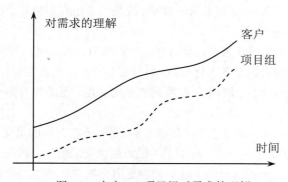

图 2.1　客户 VS 项目组对需求的理解 1

在时间为 0 时，客户的曲线并不是从零开始的，而是有一定起点的。这表明，客户在项目刚开始的时候，对需求是有一定认识的。而项目组在项目最开始时，对需求的理解几乎是零。

随着时间的发展，客户对需求的理解越来越强，尽管项目组对需求的理解同样也变强，但项目组对需求的认识总是落后于客户，这样需求分析工作肯定陷于被动，总会被客户"牵着鼻子走"，很容易出现互相责怪的局面：客户责怪项目组水平太差，而项目组责怪客户需求变来变去！

要打破这样的局面，项目组需要做到图 2.2 的效果。

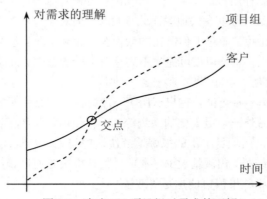

图 2.2　客户 VS 项目组对需求的理解 2

项目刚开始时，客户对需求的理解确实比项目组强，但项目组在很短时间内对需求的认识超越了客户。从图中的"交点"以后，项目组对需求的认识总领先于客户。项目组应具备超强的业务学习能力，切实理解客户的真正需要，为客户规划出真正符合其需要的软件系统。

2.3　给客户带来价值——需求分析之正路

2.3.1　手机短信订餐系统

接下来将会介绍一个手机短信订餐系统的故事，这是一个由真实个案改编的故事，通过这个故事来体会需求分析工作背后的道理。

某 IT 公司规模不大，员工 100 来人。公司有一个简单的订餐系统，员工每天可以在公司内部网站上提交当天午餐订餐，前台汇总各人订餐后，将订餐信息汇总传真给餐厅，餐厅根据传真送餐。

可是有这样的问题：部分员工因为上午请假或者外出工作，无法在网站上提交订餐，以致于中午回到公司时没有饭吃。

于是老板想出了这样的办法：做一个手机短信订餐系统，不在公司的员工可通过手机短信订餐。

于是成立了手机短信订餐项目小组，购买了手机短信收发的硬件，解决了选餐单、订餐、取消订餐等技术问题。但这个系统一会灵一会不灵，问题是出在软件、硬件，还是中国移动都难以搞清楚！做项目最麻烦的事情之一就是遇到"幽灵问题"，时而出现时而正常，项目小组挥汗如雨地试图解决这些问题，可一直没有办法搞定。

老板大发雷霆了，怎么这样小的事情，竟搞成这个样子？

后来有人提出来：不在公司的员工，打电话回公司告诉前台吃什么，不就搞定了？

于是全世界恍然大悟，天啊！

需求分析核心的问题就是客户到底想要什么的问题！客户往往只会有朦胧的大概的想法，他们提出来的需求只是表面的、不全面的，甚至是互相矛盾的，我们需要透视它的本质。

我们做需求分析工作，往往会将需求分析和软件设计混在一起。需求分析的核心目的是解决软件有没有用的问题，而软件设计是解决软件用多大的成本做出来的问题。

需求分析首要任务是保证软件的价值，我们必须保证做出来的软件是符合客户的利益的。如果我们不能看清楚客户的真正需要而仓促上马，则很可能付出巨大成本仍然不能满足客户的利益。

手机短信订餐系统要解决的问题其实就是：让不在公司上班的员工也能方便地订餐，手机短信订餐系统本身并不是需求，只是一种解决方案而已。当然因为这个要求是老板提出来的，所以项目组可能就没有进一步思考这个系统的必要性。我们的客户提出具体要求的时候，我们往往不能思考这些要求背后的需要是什么，而直接将这些客户要求当成客户需求来处理。

给客户带来切实的价值才是我们真正的任务，而不是盲目听从客户的要求而不加分析。

2.3.2　需求分析的大道理

软件需求分析工作到底是一个怎样的工作呢？我们如何才能把握住真正的客户需要，做出给客户带来实在价值的软件系统呢？

我们说说需求分析的一些大道理。背景、需要和需求规格如图 2.3 所示。

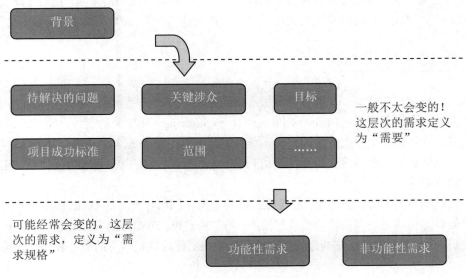

图 2.3　背景、需要和需求规格

首先我们需要明确项目的背景，要回答这些问题：也就是为什么会有这个项目？客户为什么想做这样的一个项目？如果没有这个项目会怎样？

在了解背景的基础上，我们需要进一步了解以下内容：

（1）本项目解决了客户的什么问题？

（2）本项目涉及什么人、什么单位？

（3）本项目的目标是什么？

（4）本项目的范围是怎样的？

（5）本项目的成功标准是什么？

以上这些内容，我们称之为客户的"需要"。

接下来，就可以定详细的需求规格说明书了，一般我们会对功能性需求和非功能性需求都列出详细的要求，我们把这些要求定义为"需求规格"。

做需求分析工作时，我们往往只看到"需求规格"这个层面，这是很表面的需求。我们应该透视这些表面的需求，去挖掘客户的"需要"。如果我们不清楚客户的"需要"，就很容易被"需求规格"所"迷惑"，难以做出对客户有实际价值的软件系统。

我们再回顾一下"2.1 需求分析面面观"小节中提到的各种角色的特点，越是基层的客户，他越容易提出"需求规格"级别的需求，越是高层的客户越容易提出"需要"级别的需求，当然有时候连客户中高层也不能很清楚地描述自己的"需要"是什么。

项目组不应该只将自己定位在软件的制造者，而应该是软件价值的创造者。我们不是为客户提供一套软件系统，而是提供一套能提升客户价值的服务。所以项目组不应该被动地接受需求，而应该主动出击，帮助客户找出真正的需要，整理出符合客户需要的需求规格。

如果我们能说出客户内心深处真正想要的，而客户又不能表达出来的东西，我们才能真正做到"为客户带来价值"！UML将会帮助我们提升需求分析的能力。

2.4 UML 助力需求分析

全面深入理解客户的业务，才能帮助我们准确地把握客户的需要。而在理解客户业务的同时，我们往往需要做业务流程再造（Business Process Reengineering，BPR）的工作。简单地说 BPR 就是过程改进的工作，事实上绝大部分的软件系统都需要面对过程改进这个问题。上一套软件系统，并不是手工工作转变为信息化这么简单，涉及工作模式、工作习惯、管理思想等的改变，还涉及很多人的利益及利益关系发生的变化。

可以利用结构型的 UML 图对客户业务进行结构建模，利用行为型的 UML 图进行行为建模。对业务概念等静态结构进行系统化的梳理和提炼，叫结构建模；对业务流程等动态内容进行系统化的梳理和提炼，称为行为建模。这些建模活动将帮助我们更好地认识客户的业务和做好业务流程再造的工作。

图 2.4 展示了需求分析的大致过程，以及在这个过程当中 UML 所发挥的作用。

掌握了 UML 这个有力的工具，将会帮助我们的需求理解曲线上升得更快，实现图 2.2 的效果，比客户更加理解需求，为客户带来更大的价值。

图 2.4　UML 助力需求分析

　　本小节只是简单介绍了 UML 对需求分析工作的帮助,本书后面章节将详细介绍如何活用 UML 成为需求分析高手。

2.5　小结与练习

2.5.1　小结

　　本章最主要的目的其实就是帮你"洗脑"! 需求分析的工作其实很复杂,可以足够写一本书的内容。而我希望只通过一个章节能向你讲清楚需求分析工作的基本道理,让你认清需求分析工作的根本,并且明白要做好需求分析工作没有捷径,唯有切实提高自身水平。

　　下面我们来一起回顾一下本章的主要内容。

　　认识清楚需求分析工作中客户方和软件公司方各种角色的特点,能帮助我们更有针对性地做好需求分析工作。总体来说,客户方的倾向是花小钱办大事,而软件公司方的倾向是多拿钱少办事。

　　"双赢"是我们应该追求的目标,软件只有对客户的工作真正有帮助,客户才算"赢",而在客户能"赢"的基础上,我们软件公司才可能实现自己的"赢"。

　　不要抱怨客户变来变去,客户对需求的理解总是趋向上升的,而项目组也是一样。如果项目组对需求的认识落后于客户,就会陷于"被动"的局面,项目组应该努力提升水平,想办法让自己对需求的认识领先于客户。

　　需求分析工作是很复杂、难度很高的工作,如果看不清楚客户的真正"需要",就很可能重犯"手机短信订餐系统"的错误。项目组不应该只将自己定位在软件的制造者,而应该是软件价值的创造者。我们不是为客户提供一套软件系统,而是提供一套能提升客户价值的服务。项目组不应该被动地接受需求,而应该主动出击,帮助客户找出真正的需要,整理出符合客户需要的需求规格。

应当活用 UML 进行结构建模和行为建模，帮助我们更好地认识客户的业务和做好业务流程再造的工作。

2.5.2 练习

1. 如果你有需求分析工作的经验，请根据你的实际工作体会总结出最少 3 点最麻烦的问题。如果你还没有具体的需求分析工作经验，那么请列出最少 3 点你认为可能是最麻烦的问题。记录这些问题，看看后续章节能不能解决你的这些问题。

2. 请分析图 2.5，说明这是一种怎样的状况？我们应该追求这样的境界吗？

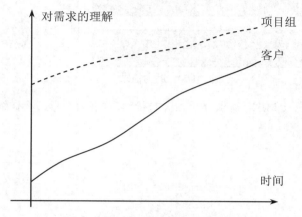

图 2.5 客户 VS 项目组对需求的理解 3

2.5.3 延伸学习：乙方项目经理如何跟进老项目？

折腾三年的项目，我是乙方项目经理！（声音+图文）

（扫码马上学习）

第3章

分析业务模型——类图

（Class Diagram）

类图（Class Diagram）可能是用得最多的一种 UML 图。类图的基本语法并不复杂，你可能学习最多两三天就可以掌握，然而要真正做到活用类图则可能需要几年的时间。类图是锻炼面向对象分析（Object-Oriented Analysis，OOA）和面向对象设计（Object-Oriented Design，OOD）思想的重要工具，是业务结构建模的重要工具。本章将会有大量的实战练习，你的 OOA 思想将会接受极大的考验和提升。

3.1　面向过程与面向对象

本小节的内容涉及编程方面的知识，如果你有相关经验，请认真阅读本小节，本小节的目的是澄清开发人员的一些面向过程和面向对象的理解误区。如果你没有编程经验或者对此不感兴趣，可忽略本小节直接阅读下一小节，忽略本小节并不影响你对后文的理解。

20 世纪 90 年代初，我读高中的时候首次接触计算机，并且学习了第一门编程语言 Basic。当时不知道什么是面向过程，也不知道何为面向对象，只知道不断地学习 Basic 语言的算法，感受编程的乐趣。当时学习的 Basic 语言，现在看来是很老土的面向过程的语言。

后来学习了 C 语言，不久后朋友告诉我应该学习 C++，我问：C 和 C++有什么不同？于是朋友告诉我：C 是面向过程的语言，C++是面向对象的语言；C++比 C 最不同的地方就是 C++有类（Class），而 C 没有。

这就是我对面向过程和面向对象的第一印象，后来又学习了一些面向对象的知识，似乎将很多东西变成类，类里面有特性和操作，就是面向对象。然而工作后发现完全不是那么回事，面向对象真的是只可意会难以言传啊。下面说说我对面向过程和面向对象的理解，希望对你有帮助。

很多年前的程序只有一行行的代码，后来出现代码难以组织、不好阅读、重复代码多等问题。于是"发明"了方法，将一段代码放到方法里面，实现一定的功能，供别的地方调用。方法的"发明"是编程史上的一大进步，其实方法就是一定程度上的封装，只要调用者给出符合要求的输入，方法就会返回合适的输出，调用者完全不用理会方法的具体实现，而方法里面又可以调用方法。随着后来的发展，出现了结构化编程，将编程的艺术更推进一步。

无论是方法还是结构化编程，都是我们提高编程技术以更好地解决复杂的、高难度的问题的一种手段而已。但后来发现问题越来越复杂，结构化编程开始招架不住了，于是有人提出面向对象编程。面向对象编码是一种基于类的编程方法，每一个类有特定的作用，类中有属性和方法，一条条语句只存在于属性或方法中。用面向对象的思路来求解问题，就是要设计出能解决问题的一个或多个类，通过类之间的相互操作和协作来解决问题。类是对代码的进一步封装，比方法对代码的封装要进一大步，类的出现要求编程的思想更进一步。

对于面向过程和面向对象编程存在这样的一些误区：

（1）面向对象比面向过程更高级，无需注重结构化编程和编程基本功。前面提到的编码发展史，简单说就是以下几个阶段：

- 一行行的代码
- 用方法组织起来的代码
- 结构化代码
- 面向对象的代码（用类来组织的代码）

看上去似乎后面的可以取代前面的，特别是到了面向对象编程阶段，似乎人人都可以喊自己是面向对象的，真正能写出好代码的人并不多。其实编码基本功相当重要，结构化编程也相当重要，如果这些基础不行，面向对象只能喊喊而已。我在以前公司招聘程序员，编程基本功是必考的。

（2）面向对象编程就是将代码放进一个个类中而已。我最开始对面向对象编程的看法基本上就是这样，后来用 VB 编程还是未能真正体会面向对象编程，直到后来使用真正面向对象的语言C#以及学习了 UML 和设计模式，才开始真正体会到什么是面向对象编程。如何设计、提炼、规划类，是很讲技巧和功力的事情，面向对象一点都不容易！

（3）将业务概念直接转变为类，赋予合适的属性和操作，就可以解决问题。需求阶段的建模与设计阶段的建模是很不一样的，需求建模是对业务和需求的提炼，优秀的需求建模是设计建模的良好开始，但优秀的设计建模还需要考虑更多的设计上的事情，并不是简单地将业务模型直接转化为设计模型就可以解决问题的。

本书不会具体介绍如何面向对象地编程，而是如何面向对象地进行需求分析，我们将会借鉴面向对象编程的思想用于需求分析工作中。有开发经验的人士从事需求分析工作时，受面向过程和面向对象编程的思维习惯影响，容易处于"技术实现"的角度来分析问题。这需要一个转变过程，强烈建议你先忘掉自己的开发经历。本书接下来的内容，将会通过一个又一个的具体案例和练习，让你体会面向对象分析需求的方法。当完成这个转变时，你会发现编程思想和分析需求思想有共同之处但又不太一样，你在编程时形成的严谨、全面、深入的分析方法会让你在需求分析工作中受益匪浅。

3.2 类图的基础知识

3.2.1 类图有什么用

某项目客户提供的原始需求资料中，有下面的一段话，请你仔细阅读，看看能不能将你搞晕？

"本项目是在<u>一期</u>的基础上增加对<u>电缆</u>、<u>通信工程</u>的管理和<u>施工详细数据</u>的记录和统计，使整个系统更好地管理各<u>工程项目</u>从<u>中标</u>开始到<u>竣工验收</u>的全部过程的资料和分析施工过程的数据。本系统将一条或一个<u>标段</u>的<u>架空电力线路工程</u>定为一个<u>单位工程</u>，即系统中的一个<u>工程项目</u>；每个<u>单位工程</u>分为若干个<u>分部工程</u>；每个分部工程分为若干个<u>分项工程</u>；每个<u>分项工程</u>中又分为若干相同<u>单元工程</u>。"

这段话中带下划线的文字，可能是本系统的一些关键业务概念。

如果你还没有晕的话，请回答下面的问题：

（1）你能用一句话描述这个系统是做什么的吗？

（2）这段话有什么业务概念？每个业务概念是什么意思？

（3）这些业务概念之间是怎样的关系？

上面那段文字充斥了大量的术语、概念（带下划线的字），如果你不是专业人士，恐怕难以读懂上述文字。项目初期我们往往对业务一无所知，我们最急迫需要解决的问题就是理清楚这些业务概念以及它们的关系。

每个软件系统都会涉及很多人、业务概念和物品等，这些东西之间可能会有很多关系，发生很多事情。类图能帮助我们识别出这些人、业务概念、物品和事情等，并理清它们的关系。

3.2.2 什么是类

你大概了解了类图的用途了吧？我们暂时不去深究那段让人头晕的业务描述，我们先看看什么是类。

需求中提到的各种业务概念、人物等，经过抽象后都可以视之为类。为了更好地体验什么是类，请看下面这个练习。

练习：如果对本书的读者进行分类，你会如何分类呢？

强烈建议你先思考写下答案后再继续往下看。

● 男人、女人

人无非就是男人和女人两种，所以本书的读者不是男人就是女人。这样分类合适吗？

男人和女人在看这本书的时候，会有什么差异吗？将书的读者分为男人和女人，有什么好处？

如果不分为男人和女人，分为老人与年轻人，这样合适吗？

● 学生、在职人员

学生和在职人员读本书的时候应该是有所差异的，毕竟两者的基础不太一样。如果你是本书的作者，你觉得本书的目标读者是谁呢？编写本书时，你会更照顾学生还是在职人员呢？我们对读者进行分类，并不是为了分类而分类，而是希望通过对读者这个群体进行分析，写出一本内容更精彩、销量更好的书。

将某类东西归纳在一起，可以称为一个类。类有很多种提炼角度，我们需要根据系统的目标、业务的场景等，选取合适的角度对事物进行归纳。

3.2.3　什么是类图

只有一个类的类图，可能就是最简单的类图了，请看图 3.1。

图 3.1　只有一个类的类图

一个类就是一个矩形的方框，最上面是类的名字，中间是属性（Attribute），最下面是操作（Operation）。表示一个类时，可只显示类名，也可以只显示类名和属性，或者是类名和操作。

我们看看这个属性：+属性 1:int。

前面的"+"号表示这个属性是 public 类型的，实际上在需求分析时不需要管属性是 public 还是 private，全部画成 public 就可以了。

冒号后面的 int，表示属性的类型是 int 型（整数型），往往在需求分析初始阶段，可不必标识属性的类型。

至于操作，用类图进行业务建模时，一般不需要标识出来。

一个类图通常不止有一个类，有多个类时，我们还需要表达出类之间的关系，后面我们将介绍类之间的关系。

3.2.4　如何识别类

用类图获取需求的大致步骤如下：

（1）识别出类。

（2）识别出类的主要属性。

（3）描绘出类之间的关系。

（4）对各类进行分析、抽象、整理。

我们通过下面这个练习来体验一下步骤（1）、（2）。

练习：你需要做一个培训管理系统，请你用类图识别出课室中有什么人？这些人有什么关键属性？

强烈建议你先独立完成再继续阅读下文。

课室中有以下两类人，如图 3.2 所示。

图 3.2　学生与讲师 1

说明：该图是类图的简单画法，只表达了类名。

这两个类有这样的关键属性，如图 3.3 所示。

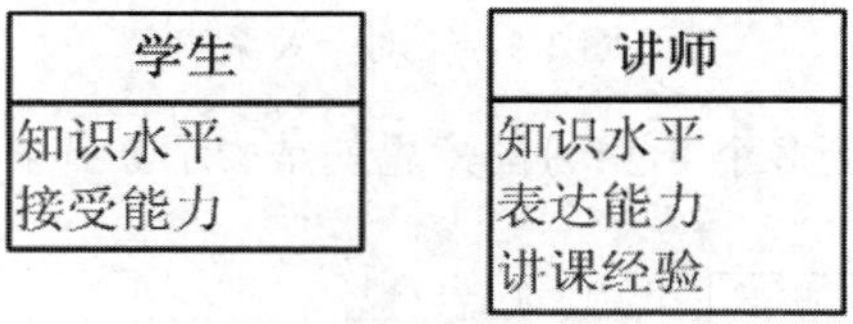

图 3.3　学生与讲师 2

说明：上面的类图同时表达了类名和类的属性。属性没有标记 public 还是 private，也没有标记属性的类型。业务建模时类图的属性可以全部看成是公开的，也不必标记属性的类型。

这个练习的场景是：你需要做一个培训管理系统，所以你识别出类以及它们的属性时，务必从这个角度出发。如果你得到的类是男人和女人，那就可能没有什么意义了。

如果你识别出来的属性是身高、体重，这些属性无论是属于学生还是老师，对于培训管理系统来说，可能是没有什么价值的。思考你识别出来的类的属性，能帮助你判断这个类是否合适。每一个类应该具备能表征它核心特点的关键属性，而一般的无特别意义的属性，可不必标记进去。

类图的基本语法是很简单的，但要体会什么是类、准确识别出类就不是那么简单了。实际工作中，我们需要将需求调研中了解到的所有业务对象、人物等列出来，画出他们的关系，反复推敲，才能逐步得到合适的业务模型。下面我们将开始学习类之间的关系。

3.3　类之间的关系

表达类之间的关系时，类只需要画出名字就可以了，属性和方法可以省略显示。

3.3.1　"直线"关系

A、B 两个类，它们之间有关系，但又不能确定是怎样的关系，我们可以这样画，如图 3.4 所示。

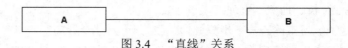

图 3.4 "直线"关系

这个"直线"关系其实就是关联（Association）关系，"关联"是 UML 中文术语的标准说法，但为了能让大家更容易理解和记忆，我会使用一些"老土"的说法。

做软件需求分析时，如果觉得两个业务概念之间有联系，但暂时不能确定具体是怎样的，那么就先画一条线将两者连起来再说。随着你对业务的理解，这条线条会进一步具体化，可以为这条线添加更多的元素。

图 3.5 中 C、D 两个类用一条直线相连，但在直线两端各有一个数字 1，表示一个 C 对应一个 D。

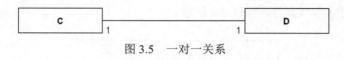

图 3.5 一对一关系

图 3.6 表示一个 E 对应 0 到多个 F，*号的意思就是表示 0 到多个。

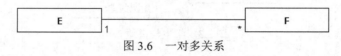

图 3.6 一对多关系

图 3.7 表示一个 G 对应 0 到 3 个 H，"0..3"表示 0 到 3 个，"1..4"表示 1 到 4 个，"x..y"表示 x 到 y 个（x、y 表示任意自然数，而且 $x < y$），注意有两个点（".."）而不是一个点（"."）。

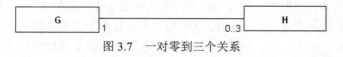

图 3.7 一对零到三个关系

图 3.8 表示 I 和 J 之间有关系，在这个关系中 I 的身份是上司，J 的身份是下属。我们可以在线条的两端标记两者分别是怎样的角色。

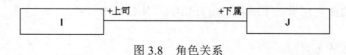

图 3.8 角色关系

你可能会留意到，为什么"上司""下属"前面有一个"+"号？"+"号表示这个角色的类型是 public，"-"号表示 private，这些符号在软件设计时才需要用到，我们做软件需求分析时，不需要理会这些符号，全部画成"+"号就可以了。

这条直线如果变成带箭头的，又表示什么意思呢？请看图 3.9。

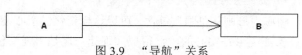

图 3.9 "导航"关系

这个图表示由 A 可找到 B，箭头表示方向，由 A 可"导航"到 B。

写代码时，如果类 A 有一个成员变量保存的是类 B 的引用，也就是说由类 A 可以找到类 B，那么可以画成图 3.9 的样子。这是从软件设计的角度来解释这个箭头的意义，如果是软件需求分析，这个箭头是怎样的意思呢？下面是一个实例，如图 3.10 所示。

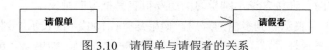

图 3.10 请假单与请假者的关系

请假单上会列明是谁请的假，所以我们由请假单可以找到请假者。进行业务分析时，往往会发现由业务概念 A 可找到 B，这时可以使用带箭头的线条。

直线关系是最常见的关系，最简单的直线关系就是两个类之间画条线就可以了。我们也可以进一步细化这条直线关系：在这条直线的两端标记上数字和名称，数字表示是几对几的关系，名称则表示在这个关系中，直线两端的两个类分别是怎样的一个角色，而这条直线也可以变成带箭头的直线。直线、几对几的关系、角色、箭头，以上内容可以搭配使用，只要能准确反映出业务关系就可以了。

直线关系只是一种老土的说法，UML 中文术语标准是关联（Association）关系。另外要说明的是：有时候因为类太多，为了排版方便，可以将"直线"画成"折线"，如图 3.11 所示。

图 3.11 "折线"关系

3.3.2 "包含"关系

一个部门有多个员工，用类图可以这样表示，如图 3.12 所示。

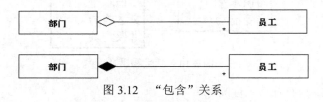

图 3.12 "包含"关系

这里有两种表示法，一种是空心菱形，一种是实心菱形。两种菱形表示包含的强烈程度不同，空心菱形是"弱"包含，实心菱形则是"强"包含。可以这样记忆：空心菱形是空心的，显得虚弱一点，这是"弱"包含；实心菱形是实心的，显得更加强壮，这是"强"包含。

"弱"包含表示如果部门没有了，员工也可以继续存在；"强"包含表示如果部门没有了，员工也不再存在。这两者的另外一个重要区别是：如果是"弱"包含关系，儿子可以有多个父亲（当然只有一个父亲也是可以的）；如果是"强"包含关系，则儿子只能有一个父亲。

做软件需求分析时，我往往会将所有的包含关系画成"弱包含"，如果后面发现某些关系可以表示为"强包含"时，我才转为实心菱形。

请留意包含的方向，谁包含谁，刚学习的朋友很容易把方向画反了。

员工这边的"*"号表示零到多名的意思，如果是"1..100" 则表示 1 到 100 名；而部门这边没有具体的数字，则表示是"1"，则一名员工只能属于一个部门。如果一名员工同属于多个部门，那应该怎样画呢？如图 3.13 所示。

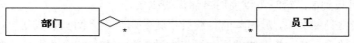

图 3.13　部门与员工的多对多关系

图 3.13 部门这边的"*"表示一名员工可同属于多个部门。请注意，在"强包含"关系中，一名员工只能属于一个部门。

"弱包含""强包含"的说法只是一种方便大家记忆和理解的老土说法而已，空心菱形的 UML 中文术语标准说法是聚合（Aggregation），实心菱形是组合（Composition）。以前看 UML 资料遇到聚合和组合两个词都会让我头晕一番，因为那些解释说得太复杂了，就算是现在我遇到这两个词也需要稍微停顿一下来想一想。刚学习包含关系的朋友，建议你只需要记住"弱包含""强包含"的说法就可以了。

3.3.3　"继承"关系

我以前的公司有一个每日培训的制度，由公司内部员工做讲师，分享知识和经验。员工可以做学生，也可以上台做讲师，图 3.14 是学生和讲师的类图。

图 3.14　学生和讲师

请思考，学生和讲师有什么共性呢？

学生和讲师不都是员工吗，凡是员工都有这样的属性了，如图 3.15 所示。

图 3.15　员工

说明：此图只列了员工的三个属性，仅作示意。

员工、学生、讲师可以表示为如图 3.16 所示的关系。

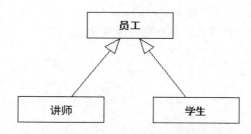

图 3.16　员工、学生、老师关系

学生、讲师都"继承"了员工，他们具备员工的属性，同时也有自己特有的属性。另外一种说法是：学生、讲师是员工的一种。

"继承"的基本画法如图 3.17 所示。

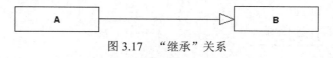

图 3.17　"继承"关系

这表示 A 继承了 B，A 具备 B 的特点，同时也有自己特有的特点，注意不要搞错继承方向。

"继承"同样是一种老土的说法，UML 中文术语标准是泛化（Generalization），该图可这样读：A 泛化为 B。泛化这个词比较难理解，你可以理解为抽象、提炼等。

在实际的软件需求分析工作中，往往有两种认识事物的角度，我们以员工、学生、讲师的关系为例子来说明。

角度一：在培训现场，我们看到的是学生和讲师，后来你发现，原来讲师是内部员工来的！于是你可以从学生和讲师这两个类出发，发现学生和讲师其实都是员工！

角度二：作为这个公司的领导，希望公司形成一种学习和进步的风气，促进公司的进步，于是领导希望员工之间能互相分享知识和经验。从这个角度看来，领导先想到的是员工，然后再进一步发现员工可以当学生也可以当讲师。

在泛化关系中，以图 3.17 为例，我们有可能先发现 A，然后导出 B，这时可以说由 A 泛化为

B；也有可能是先发现 B，然后导出 A，这时可以说 A 继承 B。泛化（继承）是我们进行业务提炼的重要手段，后面我们将有更多的具体例子和练习。

3.3.4 　"依赖"关系

如果一个烟鬼嗜烟如命，没有烟不能生活，用类图可以这样表示，如图 3.18 所示。

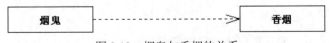

图 3.18　烟鬼与香烟的关系

这个虚线箭头就是依赖（Dependency）关系，这里虚线箭头与导航关系的实线箭头很相似，注意不要搞混了，两者表示的意思是完全不一样的。

如果说类 A 依赖于类 B，类图表示为如图 3.19 所示。

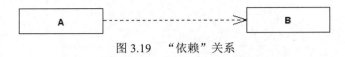

图 3.19　"依赖"关系

所谓的依赖关系，依赖程度是相对而言的，不一定是 A 没有 B 就不能"生存"了。在具体的业务逻辑中，对于某个事情，A 需要 B 来协助才能完成，这样也是一种依赖。

这个小节内容非常多，你可能有点消化不良了。上面介绍的内容其实在需求分析工作中是经常需要用到的，而其中最常用的是直线关系。

下面开始将会通过一个一个的练习来帮助你理解和巩固这些知识，强烈建议你看完题目后先独立思考完成，然后再继续看参考答案。

3.4　演练类之间的关系

练习 1、2、3 是简单的小练习，而练习 4 的难度会有所增加。这些练习不仅仅是让你巩固上小节学习的知识，中间还会穿插一些前面还没有介绍的基础知识，而且会让你体验什么是面向对象分析，领悟用类图分析需求的要诀。你准备好接受挑战没有？

3.4.1　练习 1：你和你另外一半的关系

你结婚了吗？如果你已婚，那么请你用类图描绘你和你的另外一半的关系。

如果你是单身的，你有男朋友或女朋友吗？有的话，请你用类图画出你们两人的关系。

如果你还没有另外一半，而你又已经到了适合恋爱的年龄，那请虚拟一位你的意中人，用类图画出你和你的虚拟意中人的关系。

如果你还没有到恋爱或结婚的年龄，那么你不需要完成这个练习，直接看后面的参考答案。

如果你是已婚人士，那么你们的关系应该如图 3.20 所示。

图 3.20　你和你的另外一半关系 1

如果你是男生，你在这个关系中的角色就是老公，如果你是女生，你就是老婆。一个老公只能对应一个老婆。

这个图也可以画成这样，如图 3.21 所示。

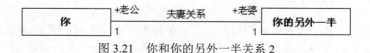

图 3.21　你和你的另外一半关系 2

直线上面的"夫妻关系"表示这个关系的名称，你可以为关联关系命名，但这不是必需的，在需求分析工作中也很少有这种需要。

如果你未婚，但你同时有多个男朋友或者女朋友，那么你们的关系可以这样表示，如图 3.22 所示。

图 3.22　你和你的另外一半关系 3

"1..*"表示 1 到多个，不要因为你能 1 对多个男朋友（或女朋友）就很开心，这是一种很不好的关系，强烈建议你将 1 对多的关系变为 1 对 1，而且说不定有朝一日你会被别人 1 对多。

如果你还没有另外一半，你可以画成这样，如图 3.23 所示。

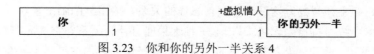

图 3.23　你和你的另外一半关系 4

你的另外一半是作为"虚拟情人"存在的。

如果你很爱你的另外一半，你依赖于你的另外一半，没有她（他）你简直不能活，她（他）是你的生存必需品，你可以画成这样，如图 3.24 所示。

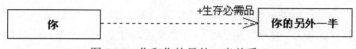

图 3.24　你和你的另外一半关系 5

你可以跟你的另外一半画画这个图，跟她（他）解释一下是什么意思，你的另外一半一定很开心。

用类图表达你和你的另外一半的关系，并没有固定的标准答案，你画出来的可能跟上述的参考答案不一样，只要你的逻辑正确，这个图就是合适的。

下面介绍读图检查法，能帮助你检查类图画得是否合适。

你可以分别从左到右、从右到左来读图，看看有没有不合理的地方。以图 3.22 为例，从左到右读：1 个你对应 1 个到多个你的另外一半。从右到左读：1 个你的另外一半对应 1 个你，而不要读成：多个你的另外一半对应 1 个你。注意由"多"的一边往另外一边读时，仍然是 1 个什么对应多少个什么，无论你从哪边开始读起，都是以"1 个……"开头。

3.4.2　练习2：公司与雇员的关系

前面学习了部门与员工的关系，公司与雇员是怎样的关系呢？请用类图画出来。

图 3.25 表示公司"包含"多名员工，而公司这边也有一个"*"号，这表示一名雇员可受雇于多家公司。事实上很多公司是禁止员工同时受雇于另外一家公司或者是兼职的，这样公司这边就不能画"*"号。

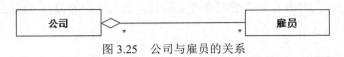

图 3.25　公司与雇员的关系

这里的包含是弱包含，能不能画成强包含呢？公司如果不存在了，雇员还存在吗？一个公司没有了，这个公司应该就不会有任何雇员，但不代表原来的雇员都消失了，他们还是存在的。这个问题就比较纠结了，到底是弱包含还是强包含，每个人的标准可能不一样，我不建议在弱包含还是强包含上过于纠结，我做需求分析时绝大部分情况只会用弱包含，强包含只会在很明显的情况下才用。

3.4.3　练习3：香蕉、苹果、梨的关系

你吃过香蕉、苹果和梨吗？这三个东西有怎样的关系？请用类图画出来。

你可能觉得这个练习有点"无厘头"，这三种水果能有什么关系？它们无非都是可以吃的！

图 3.26 表示香蕉、苹果、梨都是水果的一种，这就是这三者的关系。用专业一点的说法就是：香蕉、苹果、梨泛化为水果。和前面提到的老师、学生泛化为员工不一样，员工是确实存在的，而水果只是一种泛称，没有一样东西的名字直接叫水果的，我们见到的水果都是具体的一种水果。泛化以后的类，有可能是一种经过"抽象"后的东西，这个东西是看不到摸不着的，是我们脑袋里面提炼出来的一种概念。

香蕉、苹果、梨泛化为水果，水果可以再泛化为食物，食物又可以进一步泛化。有没有必要不断泛化呢？泛化到怎样的程度才是合适的呢？一般来说，如果有 A、B、C 等两个或者以上的业务概念，我们发现它们有一些共同的特征，则可以考虑将它们泛化为另外一个东西，这样能帮助我们发现事物的本质；但如果只有一个 A 时，就没有必要对 A 再进行泛化，例如：香蕉、苹果、梨已经泛化为水果了，而水果则没有必要泛化为食物。当然这只是一般准则，具体要泛化到怎样的层次要看具体的业务分析需要，要靠你自己来把握。

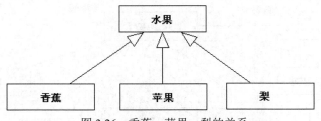

图 3.26　香蕉、苹果、梨的关系

3.4.4　练习 4：公司的组织架构

这个练习开始有点复杂了，请你用类图描述你所在公司的组织架构。如果你们公司比较庞大，你不是很了解整个公司的组织架构，那么请你选择你熟悉的部分用类图来描述它的组织架构。如果你是学生，那么请你描述你所在大学、学院或学系的组织架构。

我们可以用组织架构图来描绘组织架构，为什么要用类图来表达呢？组织架构图画起来很方便，用类图反而觉得有点别扭。用类图来表达组织架构，是不是应该有更大的好处呢？请你带着这些问题来完成这个练习。

某公司只是一个中小型的公司，该公司由一个一个的部门组成，用类图表达其组织架构可能是这样的，如图 3.27 所示。

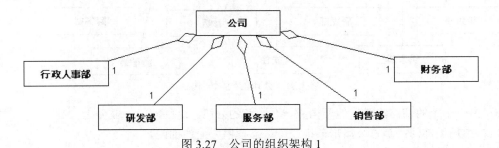

图 3.27　公司的组织架构 1

该公司有一个行政人事部、一个研发部、一个服务部、一个销售部、一个财务部。这个图中如果公司有多少个部门，就多画一个包含就搞定了，这样画似乎一点都显示不出类图的优势。

图 3.28 这种画法又如何呢？

注意图中"抽象部门"这四个字是斜体字，这表明这个类是抽象类（Abstract Class），抽象类表示这个类是提炼出来的一种概念，不是具体存在的，具体存在的是继承抽象部门的各个具体的部门。

前面提到的香蕉、苹果、梨泛化为水果，水果其实也是一种抽象的概念，前面那个图的水果可以画成抽象类。

这个组织架构图已经一定程度地揭示了公司组织架构的本质，一个公司无非就是由一个个部门组成的，只是每个公司具体的部门可能不一样而已。这样的表达效果，用普通的组织架构图是表达不出来的，而类图就可以发挥抽象和提炼的优势。

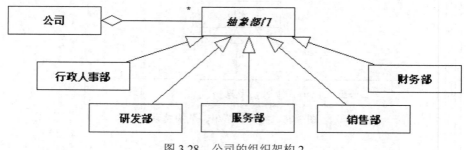

图 3.28　公司的组织架构 2

图 3.29 这个图将更进一步揭示公司组织架构的本质。

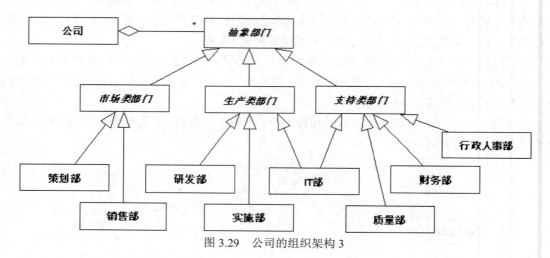

图 3.29　公司的组织架构 3

公司由一个个的部门组成，但要构成一个完整的公司，这些部门一般分为三类：

（1）市场类部门：负责公司形象推广、产品营销方面的部门。

（2）生产类部门：直接生产公司产品的部门。

（3）支持类部门：不直接生产公司产品，但是支持产品生产或支撑公司运作必不可少的部门。

在这个图中，市场类部门有策划部、销售部，生产类部门有研发部、实施部、IT 部，支持类部门有 IT 部、质量部、财务部、行政人事部，其中 IT 部既是生产类部门，也是支持类部门。

下面对其中一些具体部门进行解释。

实施部是负责将软件系统安装到客户现场，保障系统上线运行的部门。

IT 部主要负责两方面的职能，一方面要保障公司内部的办公软硬件环境，另一方面承接一些外部的网络工程，直接为公司赚钱。第一方面的工作是属于支持类方面的工作，而第二方面的工作则是生产类的工作。

质量部负责测试及过程保障的工作，这个部门是支援研发部和实施部工作的，故也属于支持类的部门。

将部门分为市场类、生产类和支持类，只是其中一种的抽象方法，每个人可能会有不同的标准，遇到不同情况可能会有不同的抽象办法。以上仅是一个例子，你千万不要将其当成一个固定的标准。

总体来说，上述三个用类图表示的公司组织架构，所针对的公司都不是大型的公司，大型的公司可能会有分公司、子公司、事业部等不同的划分办法，组织架构异常复杂，想用类图准确地表达出来并且能揭示其本质相当不容易。希望通过上述三个例子，能让你初步体会用类图提炼业务的优势。

上面四个练习，基本覆盖了你在前面小节学习到的类之间关系的知识。以我的经验来看，直线关系（关联关系）、包含关系是最常用的，泛化关系（继承关系）用得也比较多，而依赖关系用得不是很多。而从使用的难度来说，泛化关系（继承关系）是最考验人的了，很考验你发掘事物本质的能力。

类图是不是很有意思呢？下面小节将会更加有意思，但同时难度也会进一步增大，喜欢挑战的你一定不要退缩！

3.5 类的"递归"关系与"三角"关系

这个小节是类图的进阶知识，有一点难度，但这些知识在需求分析工作中非常实用。

3.5.1 "递归"关系

我在以前公司面试过的人数可能有数百人，如果面试者说他懂类图，我百分之百会问这个问题：Windows 操作系统中有文件夹与文件，请你用类图表达出文件夹与文件的关系。

经过前面的学习，你已经具备了能画出这个图的基本知识了，请你不要看后面的参考答案，先自己尝试完成这个题目。

很多面试者很快就会画出这样的图，如图 3.30 所示。

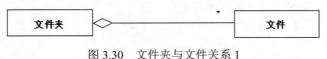

图 3.30　文件夹与文件关系 1

我会接着问这些问题：

（1）文件夹里面也可以有文件夹啊，这个怎样表示出来？

（2）文件夹里面的文件夹的里面也可以有文件夹啊，咋办？

很多面试者傻眼了，只有很少数人可以画出来。

其实画不出来也不用灰心，我刚学习类图时，也被这个题目一下子难倒了，后来看到参考答案后恍然大悟，同时对类图产生一种莫名的敬仰！

如图 3.31 所示，文件夹里面有文件夹，里面的文件夹里面可能有文件夹，这可能是无穷无尽的"递归"啊！而这个包含关系可以自己指向自己，可以"自包含"，这个无穷"递归"的问题就解决了，实在太完美了！

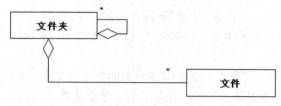

图 3.31　文件夹与文件关系 2

无论是弱包含还是强包含，都可以"自包含"。除了"自包含"可以形成"递归"，其实直线关系同样是可以指向自己的，这个叫"自关联"，这样也形成了"递归"关系，如图 3.32 所示。

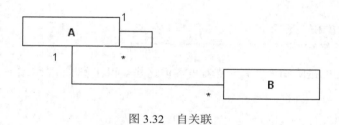

图 3.32　自关联

这种"递归"结构，一旦展开就会形成一棵树型的结构。需求分析时如果发现树型的业务结构，你可以考虑使用"自包含"或者"自关联"来分析。

其实"自包含""自关联"的说法是不严谨的，只是方便记忆和理解，实际上具体的一个文件夹是不会包含自己的。这里我们需要进一步理解类图中的每一个类所代表的意义，一个类并不是指具体的一个业务对象，一个类泛指属于这个类的任意一个业务对象。这里的解释可能还不够清楚，你可以暂且放下，在对象图一节中再具体说这个问题。

3.5.2　"三角"关系

前面有个练习，要求你画出公司与雇员的关系，现在要求你分别列出公司和雇员至少 3 个关键属性。

待你列出关键属性后，请你思考这些问题：

（1）薪金是雇员的关键属性吗？合同期、职位呢？

（2）公司与雇员，这两者的关系在法律上是如何确立的？

你一定会想到，公司与雇员要签署劳动合同，而劳动合同上会有薪金、合同期、职位这些重要的内容，那么薪金、合同期、职位还算是雇员的属性吗？公司、雇员、劳动合同这三者是怎样的关系？

图 3.33 中在表示公司与雇员的关系的直线上，拉出一条虚线，虚线另外一端连接劳动合同类，这样的类叫做关联类（Association Class），关联类是对两个类的关系的进一步约束。

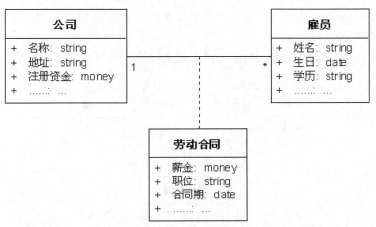

图 3.33　公司、雇员、劳动合同的关系 1

最开始你可能会认为薪金、职位、合同期这些似乎应该是雇员的属性，但现在你应该认识到，这三个关键内容应该体现在公司与雇员的关系上，体现在劳动合同上。再进一步思考，雇员的薪金、职位、合同期是会变化的，你可能会跟同一个公司签署多份劳动合同，也可能是签署一份劳动合同后又有多次合同变更。

要识别出能表征两个类关系的关联类，难度是有点高，有这样的一些实践建议供你参考：

（1）如果觉得两个类有关系，则先拉上一条直线再说。

（2）如果觉得两个类有关系，但怎样画都觉得这个关系不太合适，那么可以思考是不是漏了一个关联类。

（3）分别列出这两个类的关键属性，思考这些属性的属性值是不是由该类本身就可以确定了。例如：如果我们最开始将薪金作为员工的属性，那么你可以思考薪金的具体数字，是不是员工自己本身可以确定的？你会发现薪金其实是由公司和员工商定后确定的，并不是员工自己本身可以决定的。

（4）通过对属性的思考，可能会发现这个属性应该是属于另外一个类的，思考这个类是不是能表征原来两个类关系的关联类。

关联类这样复杂的东西，客户是不太可能直接告诉你的，你需要在需求分析中发现和提炼出关联类，这对需求的理解以及项目后期的设计工作将会有很大的帮助。

将薪金、职位、合同期这些信息直接当成是雇员的属性也不是不可以的，这跟我们做系统的目标很有关系。如果我们只是做很简单的员工信息管理，可能就没有必要将合同提炼出来。如果我们要做一个人事管理系统，甚至要产品化，这样就需要我们将业务模型分析得更加透彻。

回到前面的"3.4.4　练习 4：公司的组织架构"，如果要做一个通用的公司管理系统，我们希望能尽量适应不同的公司情况，那么例子中对公司组织架构的提炼是很必要的，如果能看清楚公司部门架构的本质，那么就能尽量多地适应不同的情况。

我的实践建议是：在需求分析阶段应尽量对业务分析得透彻一点，这样后期工作将会更加主动。业务需求模型最终变成设计模型时，我们可以把握设计的"度"，可以做出弹性很大的设计，也可以做出一个比较传统的设计。

公司、雇员、劳动合同的关系，其实还可以画成如图 3.34 所示。

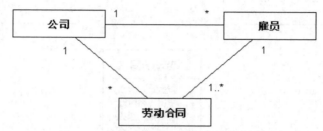

图 3.34　公司、雇员、劳动合同的关系 2

这个图可能最体现它们的"三角"关系了，关联类也可以表达成这样的方式。但我在实际工作中还是以关联类的方式来表达，我觉得关联类的表达方式更加贴切和专业。

在具体的需求分析工作中，如果你发现三个类形成了类似该图的"三角"关系，你可以思考其中一个类是不是可能是关联类，但要注意并不是凡是出现了"三角"关系就一定会有关联类。

怎么样？本节的难度已经更上一层楼了！

类图的最大魅力在于帮助你发掘和提炼业务模型，其他的非 UML 图可能是做不到的。当然真正要做好发掘和提炼，还是需要你的深厚功力！

下小节将要完成一个综合练习，以应用你所学习到的全部类图知识。

3.6　考试管理系统——类图综合训练

做这个综合练习有以下几个目的：

（1）巩固所学到的类图知识。

（2）演练用类图分析需求的基本步骤。

（3）学习一些提炼类的新知识。

本练习我们将会演练类图分析需求的基本步骤：

（1）识别出类。

（2）识别出类的主要属性。

（3）描绘出类之间的关系。

（4）对各类进行分析、抽象、整理。

本综合训练的题目如下：

某学校打算做一套考试管理系统，当前情况如下：

（1）讲师会讲很多门课，大部分的课程需要安排一次考试，有些就不需要。

（2）考试题目由讲师出题。

（3）学生需要参加很多考试，每门考试都有成绩。

请你思考：

（1）考试是一个类吗？如果是，考试这个类代表什么意思？

（2）与考试直接相关的类都有哪些？

（3）考试类与其他类是什么关系？

本系统围绕考试开展，我们首先要确定考试是怎样的一个类，考试类代表考试试卷吗？还是代表考试这个事情？这是考试管理系统，不是考试试卷管理系统（当然试卷也需要在本系统中管理），需要对考试这个事情进行管理，所以考试类代表的是考试这个事情。

将需求分析中遇到的人、物、概念识别为类，这是比较容易做到的，而对于事情，例如考试，我们就不一定能将其识别为类。因为普遍认为，类代表的是一些静态东西，而事情是动态的，不适合用类来表示。这并不是绝对的，由系统的目标出发，有时候我们需要将某些事情、动作等动态内容识别为类。当我们做某某管理系统，而某某是指某个事情时，其实最终系统是通过管理该事情的记录来实现对该事情的管理。例如：考试管理系统，其实最终系统管理的是考试记录；请假管理系统，其实系统最终管理的是请假记录。为了让这些事情能被管理，将这些事情识别为类是很必要的。

考试类的意义基本确定了，它的属性有考试时间、地点等内容，现在要思考与考试直接相关的类有哪些呢？课程、试卷、讲师、成绩、学生这些合适吗？

请你先列出与考试直接相关的类，并尝试画出它们与考试的关系，然后再继续往下看。

请注意只需要找出与考试直接相关的类就可以了，不需要找间接相关的，另外只需要画出其他类与考试的关系就可以了，至于其他类之间的关系暂不用考虑。

说明：图 3.35 并没有画出课程、讲师、学生之间的关系，此图重点表达的是其他类与考试类的关系。

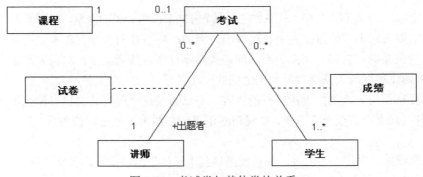

图 3.35　考试类与其他类的关系

此图表达了这样的情况：

（1）每个课程要么安排一次考试，要么没有考试，而每个考试只对应一门课程。

（2）一名讲师作为出题者对应零到多次考试，而每一次考试必对应一位出题的老师。

（3）一名学生需要参加零到多次的考试，而每次考试有一到多个学生参加。

至于成绩和试卷，要重点说明一下。

作为一名学生，他参加一门考试就会得到一个成绩，他参加多门考试就得到多个成绩，于是就可以计算出该名学生的平均分、最高分、分数排名等，这些内容可以列为学生的属性。

作为考试来说，一次考试有很多学生参加，这样这门考试就会产生很多个成绩，根据这些成绩，我们可以算出这次考试的平均分、最高分、优秀率、合格率等，注意平均分、最高分这些也可以叫做这次考试的成绩，这些内容可以列为考试的属性。

学生的分数排名、考试的优秀率这些东西如果列为属性，这些属性可以成为"导出属性"，意思就是通过其他基础数据算出来的属性。需求分析时，我们要重点识别基础属性，基础属性是指"原生"的属性，不根据其他东西计算出来，而是直接得到的。

图 3.35 中所定义的成绩类是指一名学生参加一次考试所得到的成绩，这个成绩是原生的，通过这个成绩，系统可以从考试的角度或者从学生的角度导出很多其他统计数据。

理解了成绩这个类，应该就比较容易理解试卷这个类了。一次考试对应一名出题老师，老师为这次考试设计了一份题目，这份题目就是试卷。

上述只是参考答案，这个题目并没有标准答案，怎样识别出类以及画出类之间的关系，从不同的角度就会有不同的结果，关键还是要从系统的目标出发，做出合适的分析。如果你的答案与参考答案很不一致，不代表你画得不好，只要你能有条理地解释这些类和它们的关系，就是合适的！

通过这个综合训练的过程（而不是结果），总结以下几点实践建议供你参考：

（1）从系统的目标出发来思考问题。

（2）用类图分析需求的基本步骤：识别类、识别属性、画出关系、整理和提炼，只是大致的参考步骤，并不是绝对的。

（3）识别类的关键属性，能让我们思考类是否合适，尝试画出类的关系也会让我们再次思考这些类是否合适。

（4）多读图，"从左到右"和"从右到左"两个方向来读两个类的关系，能帮助你发现更多问题。

（5）只需要表达出类的直接关系就可以了。例如：A 和 B 有关系，B 和 C 有关系，这样其实 A 和 C 也是有关系的，它们有间接关系，间接关系不需要直接画出来，只需要画出所有的直接关系，我们可以通过类图的关系网络看到类之间的间接关系。

（6）不要试图用一个类图表达所有的内容。考试系统这个题目其实已经简化不少了，实际系统的类图可能有几十个甚至上百个类，要规划好用多个类图来表达不同的内容，每个类图有不同的表达重点。

（7）注意识别"原生"的内容，并且根据这些"原生"内容能导出什么"导出内容"，不要将"导出内容"当成"原生内容"。

（8）识别关联类是难点也是关键点，分离出关联类会让我们更加看清楚事物的本质。

（9）没有所谓绝对正确的答案，关键是要有自己的合理分析，逐步求精，持续优化你的想法。

（10）多练习、多讨论，逐步增强你的面向对象分析素养。

3.7 关于对象图

写过代码的朋友比较容易理解什么是对象，类（class）的实例（instance）就是对象（object）。第 1 章曾讲解过对象图，我们再来复习一下。

这是 Person 类，如图 3.36 所示。

下面这句代码将 Person 类实例化为 person 对象：

```
Person person = new Person();
```

用对象图表示，如图 3.37 所示。

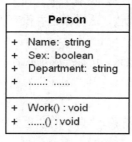

图 3.36　Person 类

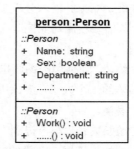

图 3.37　person 对象

一个公司包含多个员工，用类图这样表示，如图 3.38 所示。

图 3.38　公司和员工的关系

此图的公司和员工并没有指具体是哪个公司或者哪个员工，如果某公司 A 有甲、乙、丙三位员工，用对象图则可以表示为如图 3.39 所示。

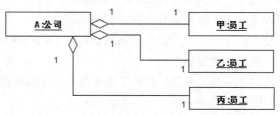

图 3.39　公司 A 与员工甲、乙、丙的关系

"A:公司"表示对象 A 是公司这个类的实例；如果是"：公司"，则表示这是公司这个类的实例，但没有给出这个实例的具体名称。

类是某一类东西的抽象或者叫统称，而对象则是具体的一个东西，A 公司如果有 1000 名员工，那么就需要画 1000 个"包含"才能表示出 A 公司与所有员工的关系。对象与对象之间如果有关系，那肯定是一对一的关系，因为两者都是具体的东西，不可能存在第二个。比方说张三和李四是好朋友，他们的关系就是一对一的好朋友关系，因为不可能再有另外一个张三或者李四，但如果我们将张三和李四抽象为人时，一个人可以与很多人交朋友，这样就可以建立多对多的朋友关系。

需求分析时，其实我们接触到的是一个个具体的东西，如：见到一个个具体的人，接触到一份份具体的业务数据等，这些具体的东西其实就是对象。而我们分析需求不能就事论事，我们需要将这些对象提炼为类，这样的分析才更具有代表性。软件系统并不是用来解决具体某次事件中的一个问题，而是希望能解决某一类问题。

在我的工作经历看来，需求分析工作中很少需要用到对象图。我基本不会使用对象图，而直接使用类图，在少数需要使用对象图时，我甚至会直接用类图代替，这样做也并没有不妥，而且容易理解和解决问题。

前面有一个练习，让你用类图画出你和你的另外一半的关系，其实准确地说你和你的另外一半已经分别是很具体的一个人了，应该用对象图来表达，但我觉得将其"混淆"为类图也没有什么不妥，而且更简单易懂。

前面"类的递归关系"小节提到"自包含""自引用"的问题，"自"的意思并不是指对象自己本身，而是指其他的属于同一个类的实例。

对象图就简单介绍到这里，如果你对类图还不是很熟悉的话，建议对象图了解到这样的程度就可以了。

3.8 小结与练习

3.8.1 小结

类图是最常用的 UML 图，是用来训练你 OOA（面向对象分析）思想的最好武器。类图的语法不算很难，要看懂类图难度不大，但要用好类图就相当不容易了。

本章一开始专门对开发人员进行了"洗脑"，端正你对面向过程和面向对象的认识。如果你不是开发人员，那么这个"洗脑"就可以免了。

接下来你学习了一大堆类图的基本语法，并做了很多练习，你还记得表 3.1 列出来的内容吗？

表 3.1 类图基本语法

通俗叫法	学术名称	图例
直线关系	关联（Association）	G —1————0..3— H A ————▷ B
包含关系	聚合（Aggregation） 组合（Composition）	部门 ◇————* 员工 部门 ◆————* 员工
继承关系	泛化（Generalization）	A ————▷ B
依赖关系	依赖（Dependency）	A ---- ---▷ B

还学习了类图的"递归"关系与"三角"关系，如图 3.40 和图 3.41 所示。

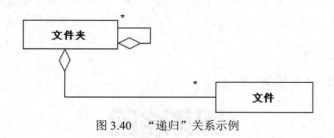

图 3.40 "递归"关系示例

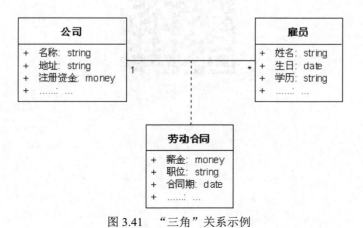

图 3.41 "三角"关系示例

一个个练习除了让你巩固学到的类图知识,更重要的是通过具体的实例让你体会用类图分析问题的思路和方法。

类图分析需求的基本步骤：

（1）识别出类。

（2）识别出类的主要属性。

（3）描绘出类之间的关系。

（4）对各类进行分析、抽象、整理。

类实例化后就是对象,表达这些对象及对象关系的图,就是对象图。需求分析中很少需要使用对象图。

多思考、多练习、多讨论、多总结,不断锻炼和提升你的面向对象分析能力吧!

3.8.2　练习

1．一辆小车有 4 个轮子,请用类图表示出来。

2．一辆货车也有 4 个轮子,但货车的前轮和后轮不太一样,用类图如何表示？

3．请用类图表示项目组的人员组成。提示：请思考项目组包含什么角色？项目组架构是树型架构还是网络架构？

4．你要设计一个论坛,请用类图表达出分区、版块、子版块、帖子等论坛常见元素的关系。

5．请在你做过或者正在做的项目中挑选一个,用类图来分析该项目的需求或者部分需求。

3.8.3　延伸学习：需求啊需求

IT 项目求生法则——需求篇（图文）

（扫码马上学习）

第4章

流程分析利器之一——活动图
（Activity Diagram）

活动图（Activity Diagram）可能是用来表达流程的最常用的一种 UML 图。活动图与流程图很相似，比较容易掌握。本章除了介绍活动图基本语法，还介绍了用活动图分析业务流程的思维方法。本章的案例将会由浅入深，活动图语法知识及业务流程分析方法会融入其中。

4.1　结构建模与行为建模

类图是进行结构建模的重要工具，而本章介绍的活动图是行为建模的重要工具之一，故本章开始我们需先学习什么是结构建模、行为建模。

可对需求分别进行结构建模和行为建模，帮助我们更加透彻地理解客户业务，整理出符合系统目标的需求规格。如果忘记了需求分析的基本内容，请复习第 2 章"耗尽脑汁的需求分析工作"。本小节将以前面章节提到的考试管理系统为例，来说明结构建模与行为建模。

为什么要做考试管理系统呢？做任何系统都应该思考该系统的目标是什么，做需求分析工作不能忘记此根本。前面并没有回答这个问题，你可以思考一下，该系统的目标很可能是这样的：解决手工管理存在的容易出错、效率低、不利于统计等问题，为考试组织者、老师、学生提供便利的考试管理服务平台。

接下来要思考的问题是：

（1）还没有该系统之前，考试是如何管理的？考试组织者、老师、学生是如何参与考试相关工作的？

（2）应用了该系统后，考试应该如何管理？考试组织者、老师、学生如何在本系统中工作？

问题（1）是对当前现状的思考，了解当前的业务状况，发现其中可改善的环节、问题。

问题（2）是在回答了问题（1）的基础上，思考如何满足系统的目标，设计系统的蓝图，思考系统应该达到怎样的效果，在新系统里各种业务工作是如何开展的等。

将问题（1）进一步分解，可细分为两类问题：

第一类问题：事物内容及事物间关系的问题。

解答这个问题就是结构建模的工作了，如：用类图表示考试及其他类的关系就是做结构建模的工作；用部署图、构件图来表示系统的部署及架构设计，也是结构建模的工作。

结构建模是对业务或系统的某一个时刻或某段时间内的状态进行系统化描述，一般使用结构型的 UML 图进行结构建模。结构建模所表示的内容一般是静态的，在一段时间内是不会变化的。

第二类问题：流程相关的问题。

流程有可能是某一个角色通过多个动作来完成某项工作，也可能是有多个角色参与，期间经历多个步骤，最终完成某项工作的过程。考试管理系统中，老师出题到题目得以审批可用于考试这个过程，学生选课到参加考试的过程，老师批改试卷到统计分数的过程等都可以说是流程。

其实从不同角度来看，有不同的流程；流程会有大小之分；流程之中可能会有子流程等，诸如此类，流程问题可能很复杂，我们需要系统化地分析好这些流程。而行为建模就是帮助我们解决这个问题的，我们可使用行为型的 UML 图来帮助我们进行行为建模。行为建模表达的是某段时间内事情是如何发展的，这些发展最后会达到怎样的效果。

简单地说，结构建模表达的是静态内容，行为建模表达的是动态内容。类图是进行结构建模最常用的 UML 图，而活动图可能是进行行为建模最常用的一种 UML 图。除了活动图，后面章节将会介绍的顺序图（Sequence Diagram）、状态机图（State Machine Diagram）也是很常用的行为建模UML 图，这三种图我称之为行为建模三剑客。

4.2 认识流程分析工具的鼻祖——流程图

在中学的时候我就开始接触流程图，上 Basic 语言课时，老师会用流程图来表达一些算法，那时我还不知道 UML 是什么呢！很多人不会 UML，但流程图一定见识过。本小节就来简单学习一下流程图，虽然流程图不是 UML 图的一种，但多学一种有用的图对自己总是有好处的。

下面以早上起床后一些活动为例，简单讲解一下流程图，如图 4.1 所示。

如果不上班老板会照常发工资，没有人会坚持天天准时上班。每天早上醒来都是不想起床的，无奈迫于生计才起床，有时候觉得实在顶不住了，偶尔会决定继续睡懒觉，管它天塌下来，先睡饱再说！此图表示的大概就是这个意思。

该图不加解释，我想大部分人也都能读懂，流程图很容易读懂。矩形框表示流程中的其中一个步骤，而菱形表示判定，从这里开始有分支路线，如果决定上班则走下面的流程，如果决定继续睡觉，则走右边的流程。

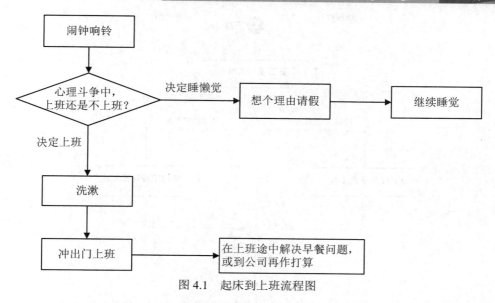

图 4.1　起床到上班流程图

　　以上介绍的是流程图的最基本的语法，流程图还有其他语法，本书就不一一介绍了。接下来我们马上就要学习的活动图与流程图很类似。

4.3　工时审批流程——活动图基础

4.3.1　基础语法：初始状态、结束状态、活动、判断、合并

　　我们通过一个工时申报及审批流程的例子来学习活动图的基本语法。

　　某 IT 公司要求每位员工每天必须申报工时，具体如下：

　　（1）每位员工将每天自己做的工作整理成一条一条的工时并提交。

　　（2）如果该工时是属于项目的工时，则由项目经理审批。

　　（3）如果该工时不是项目的工时，则由部门经理来审批。

　　请你用刚学习过的"流程图"知识表达出上述内容，完成后再继续学习下文。

　　如果用活动图来表达，会是怎样的呢？如图 4.2 所示。

　　每个活动图都有一个开始状态、一个或多个结束状态：

- 　　开始状态（Initial State）：●
- 　　结束状态（Final State）：◉

　　一个流程图一般只有一个开始状态、一个结束状态，但有时候会在某个分支结束流程，这时就会有多个结束状态。箭头表示流程的走向，流程应开始于开始状态，结束于结束状态。一个活动图有一个开始状态、一个或多个结束状态，这并不是绝对的，有时候你可能只想表达流程的一部分，那么就可以不画开始状态和结束状态。

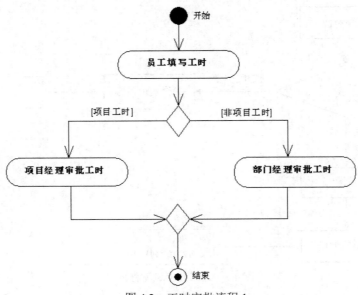

图 4.2　工时审批流程 1

一个圆角矩形表示的是一个活动（Activity），"活动"可理解为流程中的一个步骤，需用"主动宾"的方式表达，如"员工填写工时""项目经理审批工时""部门经理审批工时"。但主语不是必需的，如果流程中所有的活动的主语都是同一个人，这样就没有必要重复多次写这个主语，如果流程中涉及多个人的活动，则需要用主语表示活动的发起者。

从菱形开始有两个或以上的分支，这个菱形叫"判断"（Decision），表示从这里开始将根据条件选择其中一条分支继续下一个活动。每一条分支上用中括号"括"起来的文字，表示条件，如"[项目工时]"表示如果是项目工时的话，则走这条分支。用中括号"括"起来的这段内容叫"监护"（Guard）。

分支流程汇合到另外一个菱形，然后"合并"为一条线路，这个菱形叫"合并"（Merge）。一般来说，前面有"判断"分支线路的话，后面应该有相应的"合并"来合并线路。但有时候"判断"的某一分支线路可能会"绕"回到前面的流程，这个时候不必使用"合并"来合并线路。

4.3.2　判断的三种处理办法

图 4.2 还可以表示为图 4.3。

判断符号旁边写一问句"是否为项目工时？"，通过"[是]""[否]"这两个监护来选择不同的分支。这个图的表达方法与流程图很类似，流程图也是使用菱形来表示分支判断，不过判断的句子写在菱形里面，很多活动图初学者也会在活动图的判断菱形中写下判断句子，这是不合适的，在菱形的外部写就可以了。

出现分支时无非都是根据某些条件选择路线，分支之前一般需要对条件进行判断。关于判断有三种不同的处理办法，可根据实际情况选择：

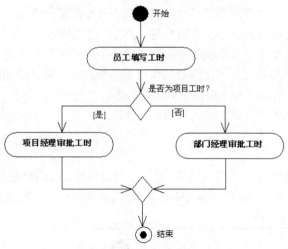

图 4.3　工时审批流程 2

（1）在判断菱形旁边写下判断的句子，如图 4.3 所示。

（2）不需要写下判断的内容，直接通过监护来表示这个判断，如图 4.2 所示。

（3）在判断菱形之前增加一个活动，表明判断的动作，而判断菱形不需要写下判断的句子。

4.3.3　多层分支

上面这个图简单吧！不过你可能会问，如果工时被拒绝怎么办？好问题！现在就请你修改图 4.3，将拒绝工时的情况也表达出来！请你完成后再继续往下看噢！

工时被拒绝了，无非就是需要工时提交者去修改工时，请看图 4.4。

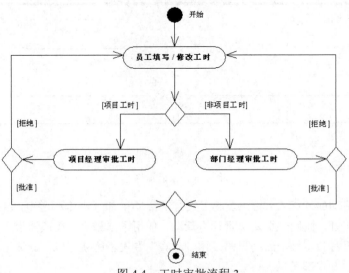

图 4.4　工时审批流程 3

　　一些朋友画这个图可能会有点招架不住，不是画不出来而是画得有点乱。这个图有两层判断，稍微不注意图的组织就会出问题。为了简化此图，我将"员工填写工时"与"员工修改工时"合并为一个活动，首次执行这个活动当然就是"填写工时"了，被拒绝后则是"修改工时"。关于如何组织好 UML 图，我的原则是在能表达清楚的情况下尽量简洁，通过适当的注解（Note）、文字说明等来说明一些异常情况，而不在 UML 图中直接表达。作为 UML 新手，其实通过不断地实践和总结，自然可以摸索出属于你自己的简化图的表达方法。

4.3.4　泳道/分区

　　这个活动图中的活动发起者一共有三类：员工、项目经理、部门经理，为了更好地表达动作的发起者，可以在活动图中用"泳道"（Swimlane），泳道也叫做分区（Partition），如图 4.5 所示。

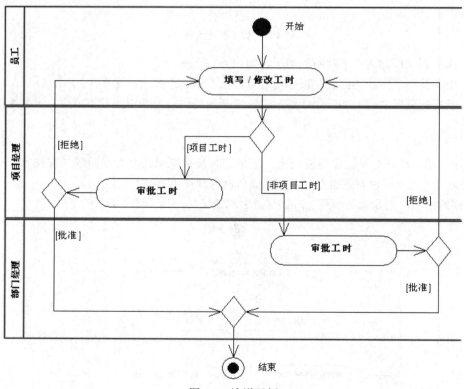

图 4.5　泳道示例

　　在泳道中表明活动的发起者，将该发起者发起的活动全部画进该泳道中，这样就可以很清楚地看到有多少活动发起者，他们分别要负责什么活动。使用了泳道后，在该泳道上的活动，全部默认主语就是该泳道的所有者，每个活动只需要用"动宾"方式表达就可以了。泳道可以画成横的，也可以画成竖的，两种方式都可以。

开始状态、结束状态画在哪个泳道都可以，画在泳道外面也行。

判断、合并也可以画在任意的泳道，但如果判断是由某种角色负责的，则应该将这个判断的工作抽离为一个活动，将这个活动画在合适的泳道上。

流程涉及多个参与者时，用泳道可很好地区分他们，并能清晰地表达出各参与者的关系。但使用了泳道也会导致一些问题，活动与活动之间的箭头可能会"飞来飞去"，活动图的篇幅很可能要增大，组织好活动图是一大挑战。

我曾经试过在涉及多个活动发起者的活动图中不使用泳道，我为每一个活动发起者定义一个英文缩写，如"审批工时（A）"表示审批工时活动是由"A"所代表的活动发起者发起的。这样通过这个英文缩写标记，能很容易区分活动的发起者，也避免了使用泳道后图形组织的困难。总体来说，使用泳道的好处还是远大于麻烦的，我也在不少活动图中使用了泳道，大家可在自己实际工作中体会使用和不使用泳道带来的好处及麻烦，适当取舍。

4.3.5　对活动图分析业务流程的思考

仔细分析这个工时审批流程，不知道你对这个流程有没有发现这些问题：

（1）被拒绝的工时一定要修改吗？员工可以删除该条工时，直接进入结束状态呢？

（2）项目经理、部门经理不需要提交工时吗？如果他们也要提交工时，那么谁来审批呢？

我以前所在的公司就是需要员工每天提交工时的，工时提交者可删除被拒绝的工时；审批者会查看员工当天的所有工时，从整体上来考察员工当天的工作情况、工时利用率等，进而改善以后对该员工的工作安排；项目经理、部门经理也需要提交自己的工时，他们的工时由他们的上一级领导来审批。

类似地，你可能还会发现很多工时审批流程的相关问题，能发现问题是好事，其实用活动图来分析业务流程的重要目的之一就是发现问题，通过这些问题你可能会牵扯出一大堆的业务逻辑，引发你更多的更深入的思考，帮助我们更清晰地认识客户的需求，协助客户进行业务重组。

本小节我们认识了活动图的基本语法：开始状态（Initial State）、结束状态（Final State）、活动（Activity）、判断（Decision）、合并（Merge）、监护（Guard）、泳道（Swimlane）等，体验了活动图对整理业务流程的帮助。如果你确认已经掌握了，就开始下一节的学习吧！

4.4　会签评审流程——活动图进阶

4.4.1　"并行"的活动

某公司文档评审的其中一种方法叫"会签评审"，具体如下：

（1）文档作者完成文档后，以 Email 方式发出评审通知并附上文档，邮件分别发给高层领导、开发人员、测试人员、质量部成员等角色。

（2）各角色收到邮件后，分别对文档提出意见。

（3）当所有角色都同意文档时，才认为评审通过。

（4）哪怕只有一个角色不同意，则认为评审未通过，作者需要修改文档再次发起评审。

请你用活动图表达上述过程。如果你觉得目前所学到的活动图知识还不能画出此图，那请你用自认为合适的图画出以上内容。

请你完成后再继续往下阅读噢！

图 4.6 是参考答案。

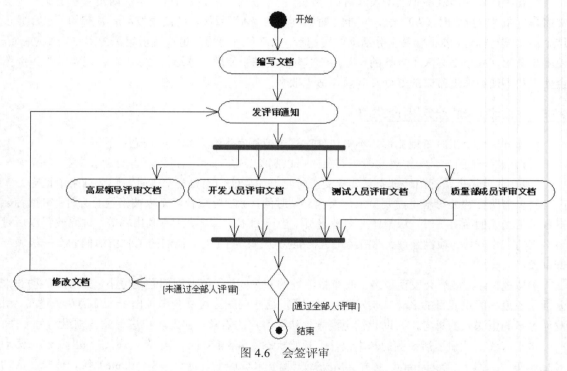

图 4.6　会签评审

上小节我们知道"菱形"可以根据不同的情况走不同的分支，但每一次只能走其中一个分支。而这个"会签评审"有点特殊，文档需要经过多种角色同时评审，他们之间是"并行"工作的，这样的情况我们可以使用"粗短棒" ▬▬▬▬▬ 。

第一个粗短棒有一条箭头指入，多条箭头指出，这个短棒叫"分叉"（Fork），表示从这里开始，将会"并行"地进行多个活动，也就是多个角色将分头评审这个文档。

第二个粗短棒有多个箭头指入，一个箭头指出，这个短棒叫"汇合"（Join），表示"并行"的多个活动必须全部都完成，才能继续下一个活动，也就是所有的角色都必须完成评审活动才能进入下一步。

有"分叉"必须有"汇合"，"分叉"与"汇合"必须成对出现。实际工作中常见的错误是只画了"分支"，而忘记画"合并"。"分叉"与"汇合"可以横着画，也可以竖着画。

一些朋友画这个图时，会在各角色评审活动和汇合符号之间加入"菱形"（判断），用来表示该角色同意或者不同意这两条分支路线，这样画会让图形异常复杂难看，也很难画出来。

实际上只要各角色得出同意或者不同意的结论，都可以认为该角色已经完成了本次的评审活动，所以我们可以在汇合符号后加入"菱形"（判断），如果未得到全部人同意，则需要修改文档重新评审，如果得到全部人同意，则评审结束。

你可能会有这样的问题：如果当中某个人不同意，重新修改后让他再看一次就可以了，为什么全部人都要再看一次呢？这个问题非常好！通过画这个图，我们想到了这个问题，而这个问题的答案还不能从题目本身找到。我们用活动图来整理业务流程时，会发现很多平时发现不了的问题，这些问题是我们需要思考和解决的。

我们回到这个问题，为什么修改文档后要全部人再看一次？我认为每个人对文档表示同意，意思就是对文档的全部内容表示满意，如果文档被修改了，应该所有人都再看一次，所以我就画了这样的一个活动图。当然如果在实际工作中觉得这样做太复杂了，太劳师动众了，没有必要，那么可以修改为只需要给提出意见的人再次审批就可以了。

那么如何修改这个图呢？这样势必需要在各角色评审活动和汇合符号之间加入"菱形"（判断），这个图岂不是超级复杂？并不是非要用活动图表达出所有的分支情况，我们可以：

（1）通过注解（Note）来说明，甚至直接使用文字来说明。

（2）"修改文档"活动的后续活动为"之前不同意的人评审文档"，同意则结束流程，不同意则继续修改文档。

上述方法仅供参考，当然还有很多其他更合适的办法，只要你能想到。

4.4.2　工作产品如何表示——对象流

图 4.7 与前面学到的图有点不一样，该图表示由需求到开发的大致过程，你能猜出它的具体意思吗？

图中虚线框并不是活动图的内容，虚线框框住的部分是我们即将学习的活动图新知识——对象（Object），活动图中的矩形框，矩形框中的文字带下划线，这个东西就叫对象，回忆一下前面学习过的对象图，是不是也是这个样子？

但用"对象"来理解这个活动图的话，可能会让你迷惑，我们换另外一个易懂的说法，矩形表示的是工作产品！以"技术研究点"为例，"需求分析"这个活动产出"技术研究点"这个工作产品，而"技术研究点"这个工作产品是"确定难点技术方案"活动的输入。

当我们用活动图来进行软件设计时，对象的说法就容易理解多了，但现在我们是用活动图来进行需求分析工作，矩形框表示的就是一个具体的工作产品，它是该种工作产品的一个具体实例，所以它就是一个对象。

"矩形"表示工作产品，"矩形"里面的文字要用名词或者名词短语来表达，与活动的文字表达要求不一样，活动的文字表达要求是"动宾"或"主动宾"的方式。

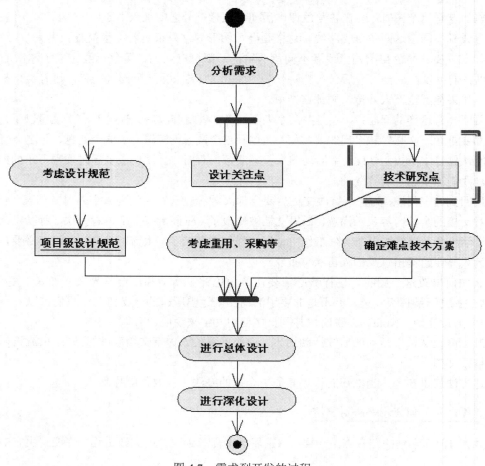

图 4.7　需求到开发的过程

引入对象这个矩形框后，我们将很容易看清楚每个活动的输出与输入。当我们需要明确表示每个活动的输入输出时，应使用"矩形"。

活动图中的每个活动可能有一个或多个"输入"，每个活动可能会有一个到多个"输出"，这个活动的"输出"可能是另外一个活动的"输入"，和"输入""输出"直接相连的箭头叫对象流（Object Flow），而活动与活动之间的箭头叫控制流（Control Flow）。

我们通过图 4.8 这个示例图来进一步体会对象流。

工作产品 1、2 是活动 A 的输入，活动 B 输出工作产品 3、4、5，其中工作产品 5 是活动 C 的输入。

本小节我们学会了利用分叉（Fork）和汇合（Join）来表示"并行"的活动，学会了表示工作产品的方法。我们还体会到用活动图的过程并不是简单地将流程变成书面上的表达，而是要思考流程中不合理的需要调整的地方；体会到活动图并不是非要表达所有分支情况。

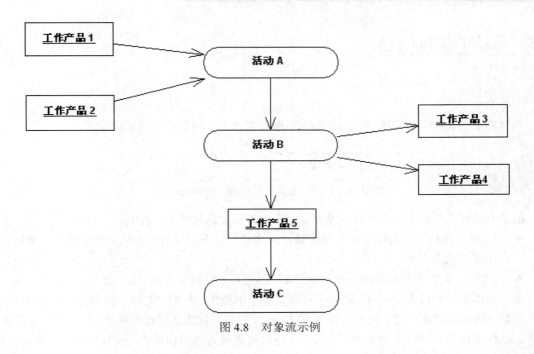

图 4.8　对象流示例

4.4.3　活动图的组织——连接件（Connector）

有时候活动图很庞大，一张纸画不下，那么就需要在另外一张纸继续画下去，这时我们可以使用连接符来连接两张图纸，如图 4.9 所示。

图 4.9　连接件（Connector）

左边的符号是箭头指向 A，表示活动图到这里要转到另外一张图。右边的符号由 A 开始指出一个箭头，这表示从这个 A 符号开始继续这个活动图。还可以用 B、C、D 等其他符号来表示这个连接符号。

使用连接件可以将一张大的活动图分割为几张小的活动图，但一般情况下我们会用 UML 软件来画活动图，活动图可以缩放，基本上不太需要使用连接件，而且很多 UML 工具并不支持画连接件。使用连接件只是进行活动图组织的一种方法，要组织好活动图其实更多地靠我们自己去规划。而 UML 图中还有一种图叫交互概览图（Interaction Overview Diagram），可以很好地组织活动图、顺序图（Sequence Diagram），我们将在 "12.2　认识交互概览图（Interaction Overview Diagram）" 中再介绍。

4.5 活动的粒度问题

4.5.1 活动与动作

活动图中的圆角矩形是活动，其实圆角矩形还可以表示动作，如图 4.10 所示。

图 4.10 活动（Activity）与动作（Action）

活动与动作在外形上没有什么大差异，但它们表示的意思是不一样的：

● 活动：活动表示流程中的一个步骤，活动可大可小，可进一步细分为子活动，最后可以分解为多个动作。

● 动作：动作也表示流程中的一个步骤，但它是不可再细分的。

用活动图应用于需求分析时，基本上可以完全不用动作，流程中的每个步骤其实可大可小，是否已经足够细而不能再细分，这也是相对而言的，我建议只使用活动就可以了。活动图用于软件设计时，动作可以表示调用某个类的某个方法，这时可以视为该动作是"原子性"的、不可再分的。

4.5.2 活动粒度的问题

我在课堂上曾让学员做这个练习：用活动图表达出冒泡排序算法。请看图 4.11 是否合适？

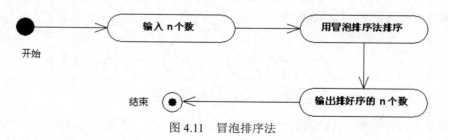

图 4.11 冒泡排序法

就算你不懂冒泡排序法，你也一定不满意这个答案，画得实在太"粗"了！

这个图确实太粗了，但至少也反映出三大基本步骤：输入、运算、输出，只是"运算"这一步粒度实在太大了！

如何控制活动的粒度，没有标准答案，下面是一些实践建议：

（1）想清楚本活动图要表达什么内容，表达的重点是什么。

（2）根据第一点来确定合适的活动图粒度。

（3）可先用比较大粒度的活动，大致搞清楚流程的总体情况。

（4）流程大体情况明确后，可逐步细化活动的粒度。

（5）需要重点说明的部分，活动的粒度应该足够细，能说明问题。

下一节的练习，你将会实践这些建议。

4.6 版本发布流程——用活动图表达复杂流程

4.6.1 活动图的实践建议

我是以前公司研发活动流程的总体设计师，一直都想用一张图就能从宏观上表达出公司的研发流程总体情况，但一直都画不出来，一张图无论如何也兼顾不了所有方面，而最终我是通过几张图来完成对研发流程总体情况的描述。

开发某一个系统，所涉及的业务流程可能很复杂，我们需要适当地分解这些业务流程，将其变成一个个可以用活动图表达的流程。一个活动图只表示一件事情的"经过"，一个活动图只表达一个事情，不要指望一个活动图表达很多流程，若想表达多个流程，应该使用多个活动图。

对活动图进行适当规划后，就应该开始画每一个流程了，下面是一些建议：

（1）明确该流程要达到怎样的业务目的。

（2）该流程有什么角色参与？哪些是主要角色？

（3）排除异常情况，画出正常情况下的流程，这就是流程的主干，通常是线性的流程。线性流程是指一条线从头走到尾的流程，中间没有分支。

（4）明确流程主干中的活动涉及的角色。

（5）逐步增加分支流程，关键的分支流程都应该表达出来，但要注意并不需要画出所有的异常情况，必要时通过注解或文字说明。

（6）适当控制活动的粒度。

（7）先画出反映当前情况的流程，再画出优化后的流程。

（8）对照前后的差异，整理出业务需要调整的地方，客户管理需要改善的地方，尽快与客户确认。

整体上规划好所有流程并优化好每一个流程是难度很高的工作,需求分析工作其实也是业务流程整合与优化的咨询工作,我们需要为客户提供有价值的需求方案。

4.6.2 实战版本发布流程

每个公司的软件版本发布过程是不太一样的，或许你们公司很严谨，或许你们基本就没有什么流程，甚至是拍脑袋发布！

请你用活动图表达出贵公司的软件版本发布过程并进行优化，要求如下：

（1）这个软件版本发布过程从软件正式测试开始，到软件可正式发布为结束。

（2）如果你对这个过程不是很清楚，那么请你想办法去弄清楚，这就是你获取需求的一次锻炼机会。

（3）你可以先画出你们当前现状的活动图。

（4）如果你觉得当前的过程可以优化，请分别画出优化前后的活动图。

练习建议：

（1）识别出这个过程的所有活动者，并按重要程度排列。

（2）识别出这个过程的关键活动，假定没有异常，先画出大致流程主干。

（3）使用泳道来区分不同活动者的活动。

（4）逐步增加这个活动图的分支及其他活动者。

（5）列出当前版本发布过程存在的问题，思考如何改善流程来解决这些问题。

这是一个综合练习，你会用上之前学到的所有活动图知识。为了能让你收获更大，请你完成后再继续阅读！

某公司的版本发布过程大致如下：

当软件开发到一定程度，项目经理认为软件可进行正式测试时，则发出第一个发布候选版（Release Candidate 1），称之为 RC1。测试工程师针对 RC1 进行测试、记录缺陷等，完成测试后，如果认为缺陷情况达到发布要求，则可召开发布评审会，否则需要开发工程师修复缺陷，然后发出 RC2。直到 RCn 满足遗留缺陷要求并通过发布评审，则 RCn 成为正式的发布版本。

图 4.12 详细描述了该过程，但这个图有点复杂，有多个分支，而且箭头有点绕来绕去。请你从"开始状态"读起，慢慢将这个图看完。

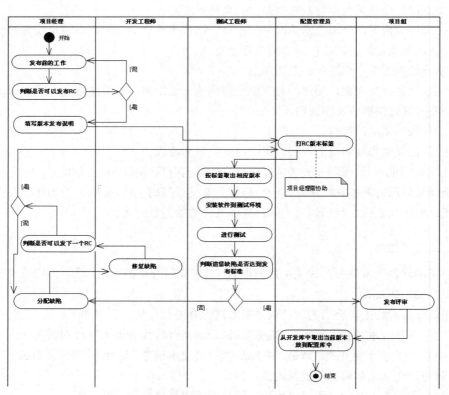

图 4.12　软件版本发布流程

我们先从本流程涉及的角色开始，介绍一下这个流程。

参与本流程的几个重要角色分别是项目经理、开发工程师、测试工程师、配置管理员，除此以外还有一名重要的角色在图中没有表达出来，就是 QA（Quality Assurance，质量保证）。QA 是保障项目按照既定过程和规范执行的角色，他可能会参与到每一个活动中，也可能对某些活动或活动的工作产品进行抽查。在活动图中要表达这样角色的活动是有点难度的，我的做法就是不在图中表达，另外加以说明。

通常情况下，活动要尽量细分为单一角色的活动，但会有例外，下面列两种情况：

（1）有些活动可能是以一种角色为主进行，另外一种角色协助，如果难以拆分这个活动，可以参考这样的方法来处理。如：配置管理员泳道中的第一个活动"打 RC 版本标签"，这个活动有一个注解，说明这个活动项目经理必须提供协助。

（2）有些活动可能是多个角色同时参与的，并且每种角色都同等重要。如：画在项目组泳道的"发布评审"活动，这是项目组全体参与的活动，而且除了图中提到的角色会参与外，还有实施工程师、产品经理、公司高层也会参加。对于这样的情况，图中的处理办法就是用项目组这个角色来笼统代表这些参与发布评审的角色。

介绍完角色，我们来看看这个图的表达重点是什么？是为了全面细致地表达出版本发布过程中的每一个环节吗？其实该图的表达重点主要有三点：

（1）表达出版本发布的整体流程及关键步骤。

（2）强调各种角色之间的工作关系。

（3）强调版本发布过程的配置管理。

细心一点你会发现，该图对缺陷处理过程的表达还不够细致。你可能还会发现这样一个大问题："发布评审"这个活动得到的结论一定是同意软件发布吗？如果发布评审不通过怎么办？这个图并没有表达出来。实际上发布评审也是一个复杂的过程，判断的标准就有不少，评审的结论并不是通过或不通过这么简单。但这些并不是这个图的表达重点，故该图简单处理。对于详细的发布评审流程，其实有另外一个活动图。

看一个活动图应思考这个活动图的表达重点是什么，这样有利于我们更好地理解该图。接下来从第一个活动开始，详细拆解一下这个图。

第一个活动的名字很怪，叫"发布前的工作"，这个名字其实不符合"动宾"的表达要求。软件发布前可以有很多工作，有可能是调试代码，也可能是检查项目组成员的工作等，难以确定。这里破坏"动宾"的表达规则，是想用一个笼统的名称来代表这些可能的软件发布前的工作。

第二个活动"判断是否可以发布 RC"，这是很重要的一个活动。判断的依据可以有很多，如：各功能点的完成情况、各项目组成员的工作报告、软件的调试情况等，项目经理需要根据各种情况判断是否适合发出 RC1，如果觉得不可以，那么还需要继续进行"发布前的工作"这个活动。这里也可以看出，为什么要弄一个"发布前的工作"这个活动，因为想表达"判断是否可以发布 RC"这个活动很重要，如果还没有达到要求，那么软件必须打回头继续做"发布前的工作"。

"填写版本发布说明"这个活动是做什么事情的呢？就是要列出本版本增加了什么功能、修改了什么功能，测试时应该注意的事情等。

　　写好这个版本发布说明，就到配置管理员打标签了，这个活动是防止配置管理混乱的关键一步。项目组成员会使用代码管理工具（如 SVN、CVS）来管理代码，代码每天都在更新，但在发出 RC1 时，所有代码应该锁定，同时将该版本对应的所有代码打上标签。这个时候做的事情可能还会清理掉没有用的内容，用打了标签的代码编译程序，制作安装程序等。而这些工作，应该在项目经理的协助下完成。

　　测试工程师按标签取出安装程序，在测试环境上安装好系统，然后进行测试，逐一记录测试过程中发现的缺陷，这些缺陷会记录到缺陷管理系统中。

　　完成完整的测试后，测试工程师判断遗留缺陷是否达到发布要求，如这一轮测试发现了 100 个缺陷，不满足要求，软件需要"打回去"修改缺陷。项目经理则会将缺陷分配给不同的开发工程师处理，直到这些缺陷认为被修复，会发出 RC2。这时配置管理员需打上 RC2 的标签，测试工程师再对这个 RC2 进行新一轮测试，检验上一轮发现的缺陷是不是真的修复，并进行必要的回归测试。

　　一般说来，第一轮测试发现的缺陷至少都在几十到上百个，而往后每一轮的缺陷数量会减少很多，经过几轮后遗留的缺陷数量会很少，达到了可以发布的标准，这时就可以召开项目组成员都会参加的"发布评审"了。

　　测试、修复缺陷、再次测试、再次修复缺陷这个过程是比较复杂的，缺陷由最初被发现，开发工程师去修复，测试工程师再次验证，缺陷有多个不同的状态。这个活动图并没有详细表达缺陷的处理流程，我们将在介绍状态机图（State Machine Diagram）的一章再来探讨这个缺陷处理流程。

　　虽然图中只是简单表达了缺陷处理流程，但该图表达了下面几个关键点：

　　（1）不允许边测试边修改代码，测试是一轮一轮进行，修复缺陷是在完成当轮测试后才进行的。

　　（2）每一次发出 RC，都需要做好配置管理。

　　（3）测试工程师可以独立判断是否可以召开发布评审。

　　图 4.12 你可能还会有一些疑问，你也不一定能读懂图 4.12 的全部，这很正常，每个公司的发布过程不太一样，你无需强求必须理解图 4.12 的全部内容。

　　对于复杂的活动图，还有这样的一些实践建议：

　　（1）泳道是个好东西，多角色时应多多考虑采用。

　　（2）可将交互最多的角色的泳道摆在附近，这样图的组织会更简单。

　　（3）每个泳道可使用不同的颜色，颜色在 UML 语法中并没有固定的规定，每个泳道用不同的颜色，既好看又容易区分。

　　（4）活动也可以使用颜色，不同颜色代表什么意思，完全由你来决定。

　　（5）不要只用活动图，往往活动图加上必要的文字说明，才能完整表达出你想表达的意思。

　　这是一个比较复杂的活动图，如果你能成功将自己公司的发布流程有条理地表达出来，那么恭喜你，你基本掌握活动图了！如果你不仅如此，而且还优化了原来的发布流程，那么要大大地恭喜你，你已经进入佳境了！

4.6.3　版本发布流程存在问题的思考

图 4.12 所表达的版本发布流程应该是比较正规而且有效的，但不少软件公司的版本发布流程可能很混乱、问题很多，通过这个练习可能会让你更加明确当前存在的问题。下面列出来的是比较常见的严重问题。

（1）前期工作没有抓好，后期发布时间很紧，只能"拼命"加班。

（2）测试时间成为开发时间的缓冲时间，测试时间被大大压缩，软件质量难以保证。

（3）团队疲于奔命，完全没有工作热情可言，视一切改进意见为"洪水猛兽"。

（4）缺陷没有定义好，缺陷处理流程也没有定义好，缺陷记录及处理工作混乱。

（5）发布标准没有定义清楚。

对上述问题的分析：

问题（1）、（2）：要彻底改善发布流程，需要上游流程先做好。

问题（3）：团队气氛出现问题，大家已经毫无生气，要想办法为团队带来活力。

问题（4）、（5）：可以在本流程范围内改善。

流程整合是痛苦的过程，用活动图来分析流程能帮助我们发现很多问题，要注意发现一些深层次的问题，如：哪些问题与其他流程相关？哪些问题涉及到团队建设？哪些问题可在本流程范围内改善？用活动图来分析流程，就是发现问题、分析问题、解决问题的好机会。

活动图只是一种工具，问题的发现与解决还依赖于你对业务的理解，还有你的分析能力。希望通过这个章节，你不仅掌握了活动图，还掌握了用活动图分析流程的方法，提升你的流程分析能力。

类图帮助我们提炼业务概念，而活动图则是帮助我们提炼流程。画 UML 图并不是将现实情况表达出来就可以了，更重要的是要分析、发掘、提炼，提出你自己的想法、你的解决方案！

请仔细品味本练习，然后思考以下问题：

（1）活动图画不出来是因为你不会活动图语法，还是因为你没有理清活动？

（2）绘制活动图的过程是不是整理你的思路的过程？

（3）如果已经把活动图画出来了，你能否确认自己的思路已经相当清晰了？

（4）你打算如何通过绘制出来的活动图与项目组其他成员以及客户交流？

4.7　小结与练习

4.7.1　小结

结构建模、行为建模是进行需求分析的两个重要方面，我们可用结构型的 UML 图进行结构建模，用行为型的 UML 图进行行为建模。

流程图是流程分析工具的鼻祖，活动图与流程图很相似。

活动图的语法并不复杂，图 4.13、图 4.14 是对活动图语法的小结。

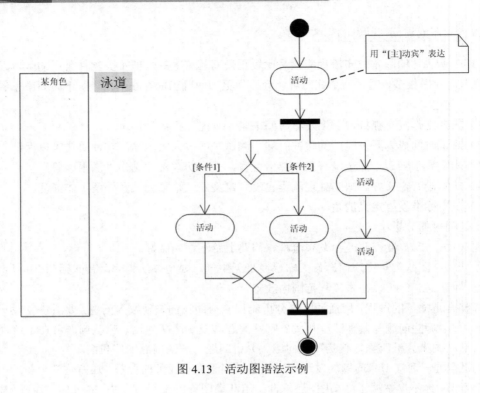

图 4.13 活动图语法示例

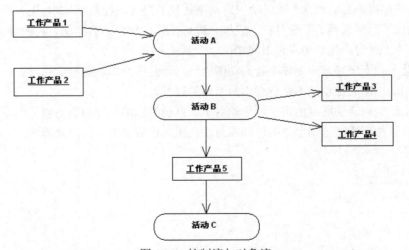

图 4.14 控制流与对象流

　　我们需要从总体上规划好业务流程，逐一优化各流程。一个活动图只表示一件事情的"经过"，一个活动图只表达一个事情，不要指望一个活动图表达很多流程，若想表达多个流程，应该使用多个活动图。

绘制活动图的一些实践建议：

（1）明确该流程要达到怎样的业务目的。

（2）该流程有什么角色参与？哪些是主要角色？

（3）排除异常情况，画出正常情况下的流程，这就是流程的主干，通常是线性的流程。

（4）明确流程主干中的活动涉及到的角色。

（5）逐步增加分支流程，关键的分支流程都应该表达出来，但要注意并不需要画出所有的异常情况，必要时通过注解或文字说明。

（6）适当控制活动的粒度。

（7）先画出反映当前情况的流程，再画出优化后的流程。

（8）对照前后的差异，整理出业务需要调整的地方、客户管理需要改善的地方，尽快与客户确认。

活动图是表达复杂业务流程的好工具，能帮助我们理清思路、发现问题，能帮助我们进行业务流程重组，为客户提供有价值的需求解决方案。

4.7.2　练习

1．将图 4.1 起床到上班的流程图转换为活动图。

2．A 君编写了需求文档，产出物是《需求规格说明书》，B 君根据《需求规格说明书》进行架构设计，请用活动图表达出来。

3．请用活动图表达出你所在公司的请假流程。请留意多级审批的情况，多种角色涉及其中时，建议使用泳道。

4．在你做过的项目中挑选一个，用活动图表达出其中一个的业务流程。

4.7.3　延伸学习：如何应对需求变更？

如何应对甲方的需求变更？（声音+图文）

（扫码马上学习）

第5章

流程分析利器之二——状态机图

（State Machine Diagram）

看上去状态机图与活动图很类似，新手很容易从活动图的角度来理解状态机图，实际上这两种图是两种完全不同的分析角度。活动图可以说是流程分析的万能图，什么流程都可以用活动图来表达，但如果流程是围绕某一事物的状态展开时，应该首选状态机图！

5.1 请假审批流程——认识状态机图

状态机图，很多资料会说成状态图，漏了一个"机"字，其实是同一个东西，状态机图的英文是 State Machine Diagram。另外要说明的是，"状态图"的说法不符合 UML 中文术语标准，"状态机图"才符合。

5.1.1 请假流程活动图

不管你是学生还是已经工作了，一定尝试过请假，我们先看看请假审批流程的活动图是怎样的，如图 5.1 所示。

这是一个只有一级审批的请假流程，请假申请的最终结果有两个："通过审批"或者"不通过审批"。第一次申请如果被拒绝，申请者可以考虑修改申请（如修改请假时长、日期等），让审批者再次审批。当然申请流程也可以是审批不通过后直接进入"不通过审批"的结束状态，你不能修改原来的申请，但你可以发起一个新的申请，同样可以达到修改申请的效果。

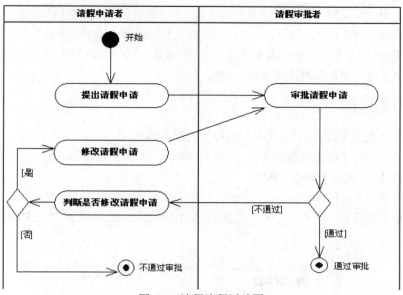

图 5.1　请假流程活动图

5.1.2　请假流程状态机图

活动图将流程分解为一个一个的活动，通过活动的先后顺序来展示流程；而状态机图从某个事物的状态是如何变化的角度来展示流程。上述流程如果用状态机图来表达，会是怎样的呢？

首先我们要思考，请假流程围绕什么"事物"展开？没错，就是请假申请！请假申请的载体可能是纸张，也可能是电子记录，这点可以先不管。请假申请从开始到最终一共经历了什么状态呢？状态之间是如何变化的呢？

图 5.2 中，请假申请一共有三种状态：提出、批准、拒绝。

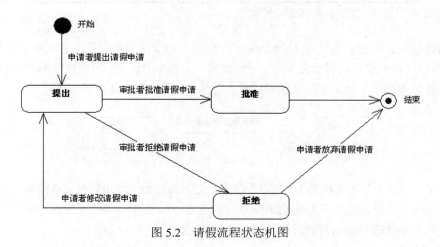

图 5.2　请假流程状态机图

申请者提出请假申请后，该申请的状态为"提出"，表示该申请正在等待审批。审批者审批这个申请，如果批准，则申请状态变为"批准"，这样流程便结束。如果拒绝了申请，则申请的状态变为"拒绝"，这时申请者可以考虑修改申请，则申请重新变为"提出"状态，需审批者再次审批；或者申请者放弃了这次申请，则流程也进入结束状态。

5.1.3 状态机图基本语法

为了更好地理解图 5.2，我们来学习状态机图的基本语法。

类似于活动图，每个状态机图都有一个开始状态、一个或多个结束状态：

- 开始状态（Initial State）：●
- 结束状态（Final State）：◉

一个圆角矩形框代表一个状态，这个框框与活动图的活动框很类似，图 5.3 和表 5.1 说明了它们的区别。

图 5.3　活动图、状态机图圆角框的区别

表 5.1　活动图、状态机图圆角框的区别

	活动图	状态机图
文字表达	采用主动宾或动宾的表达方式，表示某某做什么事情	一般使用形容词或名词，表示某种状态（图 5.2 中状态的用词为"提出""批准""拒绝"，看上去是动词，实际上表达的是"提出的""批准的""拒绝的"意思，为了表达更加精炼，省略了"的"字）
框框的形状	左右两边框全部都是弧线	只有四个角是弧线

注：在某些画图工具中，这两种框可能区别不大。

状态与状态之间的箭头叫转换（Transition），箭头上的文字说明发生了什么事情导致状态发生变化。留意图 5.2 转换箭头的说明文字，每一句说明文字都带有主语。流程涉及两种或以上角色时，应清楚说明什么角色做了什么事情从而导致状态发生变化，如图 5.4 所示。

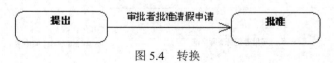

图 5.4　转换

请假申请由"提出"状态转变为"批准"状态，是因为发生了这个转换：审批者批准请假申请。各种角色如何参与这个流程、各种角色的动作，都通过"转换"来体现，而活动图是通过"活动"来体现的。这点是状态机图与活动图的重大差别体现。

转换一般都应该有文字说明，但有例外情况：

● 不想说明或者不好说明转换的具体原因，只想表达状态 A 可以转换为状态 B，那么可以只画箭头，不加说明。

● 达到该状态后，流程直接进入结束状态，这时只需要画箭头，不用加说明。如图 5.2 的"批准"状态直接指向结束状态。

状态机图的基本语法很简单，下面开始会有点难度了。

5.2 关于状态数量的思考

请假申请者想申请一个重要的请假，写下了一段诚恳而又长篇的请假理由，但还没有写完。他想先把这个请假申请保存起来，可是只要他单击"确定"按钮，这个请假申请就会变成"提出"状态，领导就可以来审批这个请假申请。他想保存这个请假申请，但又不想这个请假申请马上变成可以审批的状态，你会如何应对呢？

有一个方法可以不修改这个请假系统就能解决问题，就是让用户先把请假申请的内容写下来，保存成 Word 文档或者 TXT 文档。如果你是用户，对这样的解决方案可能会很不爽，明显就是对请假流程的需求分析不到位，而导致系统出现这样的问题！那应该如何修改这个系统呢？

增加一个"草稿"状态如何？请假申请还没有写好之前，可以先保存起来，状态为"草稿"。这时审批者还不能审批这个请假申请，只有等请假申请者确认提交申请后，请假申请才变为"提出"状态，如图 5.5 所示。

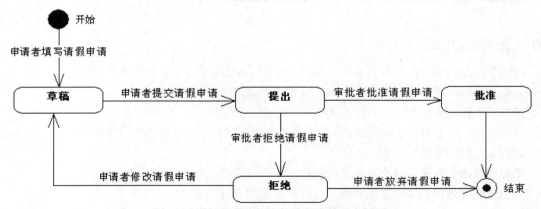

图 5.5 增加了草稿状态的请假流程状态机图

增加"草稿"状态解决了前面的问题，但该流程的复杂程度增加了，要考虑的事情变多了：

（1）新增的"草稿"状态与另外三个状态的关系是怎样的？

（2）如果申请者只想写一个简单的请假申请，也要先经过"草稿"状态，然后才到"提出"状态，是不是有点复杂？

（3）请假申请变成"提出"状态时，申请者能不能修改这个请假申请？如果能修改，那么修改后的请假申请应该是什么状态？是"草稿"状态还是继续是"提出"状态？

当然以上问题都可以有比较妥善的解决方法，我想说明的是：

（1）流程不合理，可以考虑通过增加、减少、修改状态来完善。

（2）增加一个合适的新状态，可能会解决很多问题。

（3）但新增状态的副作用就是增加流程的复杂度，可能会因此带来其他问题。

图 5.6 是状态数量与流程复杂度之间关系的示意图。

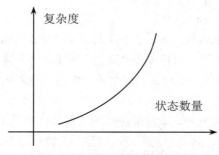

图 5.6　状态数量与流程复杂度的关系

合适而准确的状态划分，是画好状态机图的难点和关键，这需要长时间的磨炼。

5.3　请假的多级审批流程——状态机图进阶

5.3.1　多级审批的问题

前面学习的请假审批流程只有一级审批，都已经这么复杂了，实际上我们的请假审批可能会有条件分支，有时需要两级或以上的审批，这时应该如何应对呢？

图 5.7 用活动图表达了一个需要两级审批的请假流程。

该图表示：少于等于 3 天的请假，部门经理审批就可以了，超过 3 天的请假还需要高层经理审批。请留意此图与图 5.1 的区别。

请你用状态机图表示这个请假审批流程，完成后再继续往下阅读。

我们首先要考虑的是状态的问题，二级审批流程中有多少个状态呢？

为了简化问题，前面提到的"草稿"暂不考虑，而因为存在高层经理审批的情况，我们需要增加一个状态"高层经理批准"，原来的"批准"状态修改为"部门经理批准"，如图 5.8 所示。

要特别说明，"高层经理批准"表示的意思不是一个动作，而是经过高层经理审批同意后的状态，"部门经理批准"状态也是类似的意思。你也可以考虑不使用这两个词语做状态的名称，例如"部门经理批准"修改为"一级通过"，"高层经理批准"修改为"二级通过"，总之是容易理解的意思就可以了。

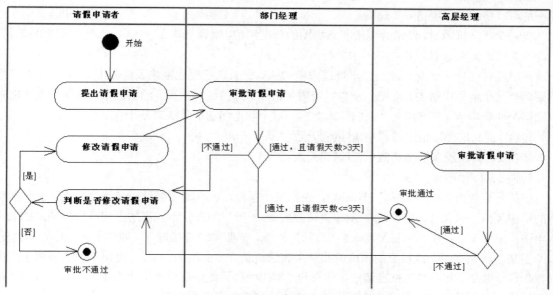

图 5.7　请假申请两级审批活动图

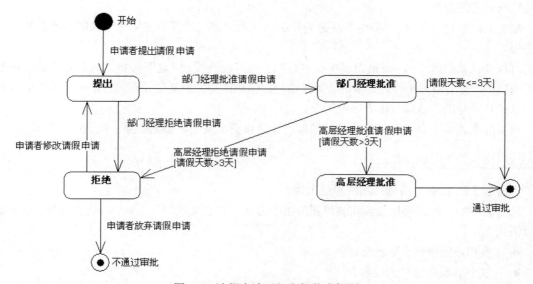

图 5.8　请假申请两级审批状态机图

5.3.2　状态机图的分支结构

请仔细阅读图 5.8，有没有发现问题？

有朋友可能会问：为什么"高层经理批准"状态直接指向"通过审批"这个结束状态，高层经理不是可以拒绝请假申请吗？

我初学状态机图时，经常会混淆状态机图的分支结构，就算是现在，一不小心也会很容易搞错。上述这个问题挺有意思，且看下面的分析：

高层经理在什么情况下才会去审批请假申请呢？如果部门经理拒绝了请假申请，高层经理是不需要理会这个请假申请的，对吧？所以，请假申请在"部门经理批准"的状态下，高层经理才能去审批这个请假申请。图 5.8 从"部门经理批准"这个状态指出的箭头有三个：

转换 1：高层经理拒绝请假申请[请假天数>3 天]

转换 2：高层经理批准请假申请[请假天数>3 天]

转换 3：[请假天数<=3 天]

中括号这段内容叫"监护"（Guard），表示某个条件，符合这个条件时走这个分支，这与活动图的监护类似。转换 1、转换 2 表示在"请假天数>3 天"的条件下，高层经理可以拒绝或批准请假申请；转换 3 表示在"请假天数<=3 天"的条件下，请假申请直接进入"通过审批"的结束状态。

当某个状态有两个或以上的指出箭头时，表示这里有分支结构。如："提出"状态有两个指出的转换，分别是"部门经理批准请假申请"和"部门经理拒绝请假申请"；"拒绝"状态也有两个指出的转换，分别是"申请者修改请假申请"和"申请者放弃请假申请"。

状态机图表示分支结构的方式就是通过多个转换来表示的，转换还可以加上监护，表明执行这个转换应具备的条件。

接下来回答这个问题："拒绝"状态为什么不分为"部门经理拒绝"和"高层经理拒绝"两种状态呢？

可以尝试按照这样拆分，能发现什么好处吗？你可能会发现，这两种拒绝状态后续的处理方式都是一样的，高层经理拒绝后，申请者修改请假，仍然需要先由部门经理进行审批。两个状态后续处理方式是一样的，这样就没有必要拆分。

更多的状态可能会带来更多的分支结构，让流程更加复杂，如无必要，状态应该尽量少。

5.3.3 应用状态机图的常见问题

【问题 1】 如何克服活动图的思维习惯？

从活动图的思维习惯切换到状态机图的思维方式是有点难度的，一不小心就会搞错。心中要记住以下几点：

- 流程是围绕什么事物开展的？
- 这个事物有怎样的状态？
- 当一个状态可以转换为两个或以上状态时，这表示分支结构。

【问题 2】 活动图的泳道非常好用，状态机图可以用吗？

提出这个问题，说明深入思考了，但表明仍然没有能搞清楚活动图和状态机图的区别。

活动图的每一条泳道，表示当中的活动都是由该泳道所代表的角色发动。状态机图中的圆角框代表的不是活动，而是某个事物的状态，这个状态是属于该事物的，而不是属于某个角色的。状态机图中的"活动"，通过那些带箭头的线条（转换）来体现。所以我们无法将状态机图的"活动"放入泳道中，也不能将代表状态的圆角框放入泳道中。

因此，状态机图是完全不同于活动图的一种表达方式，泳道在状态机图中完全不适用。

【问题3】 活动图和状态机图只能选择其一吗？

当流程是围绕某一事物的状态展开时，可首选状态机图。但不代表状态机图与活动图是互斥的，使用了其中一种另外一种就不能用。实际上我更建议你同时使用两种图来分析，有这样的好处：

- 你会对两种图有更深刻的认识，让你更加娴熟地应用这两种图。
- 两种图是两种角度，用两种角度来分析问题，会有相得益彰的效果，让你分析问题更加全面透彻。

5.4　缺陷管理流程——演练复杂的状态机图

5.4.1　状态机图的实践建议

通过学习前面的内容，你已经具备掌握应用状态机图的所有基本知识了。状态机图入门不是很容易，要进一步深入就更难。下面这些实践建议请你先体会一下，然后就可以接受后面的挑战！

（1）流程围绕某一事物展开时，可考虑使用状态机图来分析。

（2）不管用什么图来分析流程，都必须清楚该流程的目的是什么，有什么角色参与，这些角色如何推动流程的发展？

（3）针对该流程的目的，列出流程中存在的问题。

（4）确定流程围绕什么事物展开，思考该事物在流程不同阶段有什么状态，状态为什么会发生变化？

（5）尝试用状态机图表达出当前流程的情况。

（6）根据流程的目的和当前存在的问题，思考状态应该如何调整。适当地增加、减少状态，引入适当的状态转换，可能会简化问题，达到流程的目标。

（7）用状态机图绘制出优化后的流程。

5.4.2　一封求助信——混乱的缺陷管理

以下是某客户发给你的一封信。

亲爱的××：

我已经快陷入崩溃了，我们正在开发产品，目前进入测试阶段，产品的缺陷每日剧增，更糟糕的是，我们居然没有缺陷管理工具！

我们的测试人员用邮件记录发现的缺陷，发送给 PM（PM 是 Project Manager 的简称，即项目经理），PM 再转给开发，超级混乱！缺陷内容有时描述不清，不知道缺陷发给了谁，不知道解决了没有！有些人干脆不用邮件了，直接写便条，我的天啊，一些人的计算机已经全贴满了黄色纸条了！

更麻烦的是，我去问他们有多少缺陷，有什么严重缺陷，什么时候可以发布，他们都答不上来！你能帮我建立一套系统，解决这些问题吗？

这封信很简短，但隐藏的问题超多！请你思考：

（1）信中涉及的角色有哪些？

（2）信中提到的及隐含的问题有哪些？这些问题是哪些角色所关注的？

（3）邮件中体现的缺陷管理流程是怎样的？

（4）缺陷应该有哪些状态？状态之间应该如何转换？如何规划好缺陷管理流程，才能解决好邮件中的问题？

（5）规划好缺陷管理流程，能解决邮件中提到的及隐含的全部问题吗？

5.4.3　缺陷管理流程状态机图

缺陷状态最简单的情况可能是这样的，如图 5.9 所示。

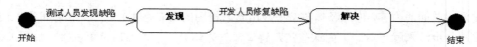

图 5.9　缺陷状态的最简单情况

这个图表示：软件测试时发现了一个缺陷，这个缺陷的状态就是"发现"，开发人员修复这个缺陷后，状态变为"解决"，然后缺陷可以直接进入结束状态了。问题是，现实情况有这样理想吗？请结合你的实际工作情况，思考缺陷解决过程中的一些问题，以下是一些常见的问题：

（1）项目经理会指派缺陷给某位开发人员修改吗？

（2）开发人员修复缺陷后，不需要再次测试验证吗？

（3）对于某些缺陷，测试人员与开发人员意见不一致时，如何处理？例如，测试认为是缺陷，开发认为不是缺陷。

（4）有些缺陷不能重现，如何处理？

你的问题可能与上述问题不同，请以你的问题为准，规划好缺陷的状态及状态是如何转换，画出这个状态机图，对照这个图看看能解决多少你列出来的问题。请完成后再继续往下学习噢！

图 5.10 中，测试人员、实施人员、客户、项目组其他成员都可能发现缺陷，这时缺陷进入"未解决"状态。开发人员修复该缺陷后，可将缺陷状态设为"已修复"。测试人员验证缺陷是否修复，如果缺陷确实已修复，则缺陷变为"已关闭"状态；如果缺陷仍未修复，则缺陷重新变为"未解决"状态。

从图 5.10 看来，缺陷进入"无法重现"或"已关闭"状态时，似乎就可以进入结束状态。实际上此图并没有画出所有的转换，请留意注解（Note），某些特殊情况下，"无法重现"和"已关闭"的缺陷有可能重开，状态再次变为"未解决"。有时候为了简化状态机图的表达，可以不画出经常出现的转换，通过注解或另外的文字来说明。

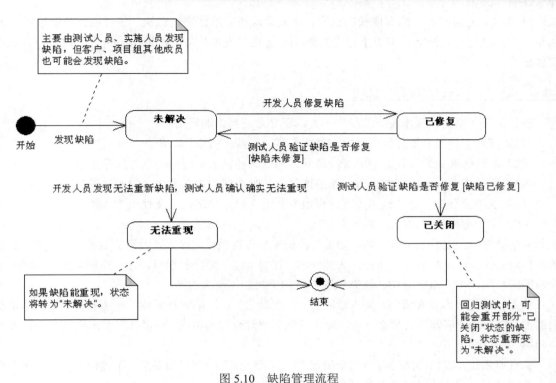

图 5.10　缺陷管理流程

图 5.10 只有 4 个状态，但注解就有 3 个之多，但图中仍然没有回答下面这些问题：

（1）项目经理会指派缺陷给某位开发人员修改吗？

（2）对于某些缺陷，测试人员与开发人员意见不一致时，如何处理？例如，测试认为是缺陷，开发认为不是缺陷。

项目经理对项目整体把握比较强，由项目经理分配缺陷给开发人员是合适的。但一个项目的缺陷少则几十个，多则几百个，项目经理如何分配？我以前公司的最佳实践是这样的：开发人员需要主动看缺陷，如果该缺陷是在他负责的模块发生的，他就应该主动领取此缺陷去修复。而某些未有人领取的缺陷或某些重要缺陷，项目经理会主动分配开发人员去修复。

如果一个缺陷不是缺陷，就不会进入这个缺陷管理流程。但现在的麻烦是，测试人员认为是缺陷，但开发人员觉得不是，你们公司是如何裁决这样的争议呢？

不少公司通过项目经理来裁决，但我以前公司的最佳实践是：测试人员有最终的裁决权！是不是缺陷，判断的唯一标准就是是否符合需求，而测试人员是最接近客户的，他在这个问题的判断上更加"清醒"。开发人员、项目经理的判断都带有技术的色彩，背负进度压力等，容易将"是不是缺陷"与"软件能否准时发布"挂钩，而不能作出客观的判断。

如果需求定义不清楚、测试人员能力不足，遇到这样的情况，又该如何处理呢？仍然由测试人员负责最终的裁决吗？需求定义不清时，我们会集合项目组全体的智慧一起来定义清楚，而测试人员能力不足则应该让他有成长的机会，还是勇敢地交给他来做裁决，他可以充分听取各方的意见，作出自己的判断。只有勇于作出判断，才能获得进步！其实不怕作出错误的决定，只怕不敢作出决定。

5.4.4　缺陷管理流程存在问题的思考

还记得第 4 章的"版本发布流程"吗？以下是之前列出的问题：

（1）前期工作没有抓好，后期发布时间很紧，只能"拼命"加班。

（2）测试时间成为开发时间的缓冲时间，测试时间被大大压缩，软件质量难以保证。

（3）团队疲于奔命，完全没有工作热情可言，视一切改进意见为"洪水猛兽"。

（4）缺陷没有定义好，缺陷处理流程也没有定义好，缺陷记录及处理工作混乱。

（5）发布标准没有定义清楚。

缺陷处理阶段是项目后期阶段，如果之前的工作没有做好，埋下了大量的地雷，现在将会是艰苦的扫雷工作。这段时间的工作是让人抓狂的，切忌冲动，要冷静面对，逐一排解问题。前面章节介绍的活动图，和本章节介绍的状态机图都有利于帮助你理清头绪。

从上一章的版本发布流程，到本章的"一封求助信"及缺陷管理流程的状态机图，还有本章稍后的部分练习题，请你认真体会一次，你会发现需要综合运用类图、活动图、状态机图来分析及解决问题。

到目前为止，我们仍然没有能完全满足"一封求助信"中客户的要求，不过没有关系，随着后续章节的学习，我们将具备更强的分析问题及解决问题的能力。

5.5　小结与练习

5.5.1　小结

活动图将流程分解为一个一个的活动，通过活动的先后顺序来展示流程；而状态机图从某个事物的状态是如何变化的角度来展示流程。

类似于活动图，每个状态机图都有一个开始状态、一个或多个结束状态：

● 　开始状态（Initial State）：●

● 　结束状态（Final State）：◉

一个圆角矩形框代表一个状态，这个框框与活动图的活动框很类似，图 5.11 和表 5.2 说明了它们的区别。

图 5.11　状态与活动的区别

表 5.2　活动图、状态机图圆角框的区别

	活动图	状态机图
文字表达	采用主动宾或动宾的表达方式，表示某某做什么事情	一般使用形容词或名词，表示某种状态
框框的形状	左右两边框全部都是弧线	只有四个角是弧线

状态与状态之间的箭头叫转换（Transition），箭头上的文字说明发生了什么事情导致状态发生变化，如图 5.12 所示。

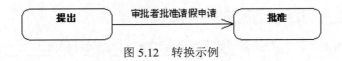

图 5.12　转换示例

当某个状态有两个或以上的指出箭头时，表示这里有分支结构，可同时使用监护（Guard）来说明这个分支的条件。

初学者阅读或绘制状态机图时，容易从活动图的角度来理解，要时刻提醒自己转换思维习惯。活动图的泳道很好用，但状态机图是完全不适用的。

当流程是围绕某一事物的状态展开时，可首选状态机图。但不代表状态机图与活动图是互斥的，使用了其中一种另外一种就不能用。

用状态机图分析问题的实践建议：

（1）流程是围绕某一事物展开时，可考虑使用状态机图来分析。

（2）不管用什么图来分析流程，都必须清楚该流程的目的是什么，有什么角色参与，这些角色如何推动流程的发展？

（3）针对该流程的目的，列出流程中存在的问题。

（4）确定流程围绕什么事物开展，思考该事物在流程不同阶段有什么状态，状态为什么会发生变化？

（5）尝试用状态机图表达出当前流程的情况。

（6）根据流程的目的和当前存在的问题，思考状态应该如何调整。适当地增加、减少状态，引入适当的状态转换，可能会简化问题，达到流程的目标。

（7）用状态机图绘制出优化后的流程。

本章开始你会发现不能单靠一种 UML 图来解决问题，例如版本发布及缺陷管理的问题，我们需要应用前面学到的类图、活动图和本章的状态机图来解决问题，并且需要学习更多的 UML 知识来增强我们的分析和解决问题的能力。

5.5.2　练习

1．增加"草稿"状态，重新绘制请假申请两级审批状态机图。

2．从你做过的项目中挑选一个，用状态机图画出其中一个业务流程。

3．用活动图表达出缺陷管理流程，并且和用状态机图表示的缺陷管理流程比较，列出你的心得体会。

4．要管理好缺陷，那么缺陷应该具备怎样的属性？请用类图画出缺陷的属性，思考这些属性应该分别由哪些角色来填写？什么时候填写？请注意，这个题目的答案要与之前你用状态机图及活动图表达出的缺陷管理流程相匹配，必要时可修改之前的缺陷管理流程图。

5.5.3　延伸学习：乙方为什么老说我们需求变更？

切换到甲方的角度，乙方为什么老说我们需求变更？（声音+图文）

（扫码马上学习）

第6章

流程分析利器之三——顺序图
（Sequence Diagram）

如果说活动图与状态机图在样子上相似，那么顺序图就完全不一样了。刚学 UML 时我特喜欢用顺序图，它描述流程的角度很特别、很有魅力，我常常在客户面前使用顺序图来获取需求，这让我很有成就感！当流程涉及多种角色，并且通过多对角色交互展开时，顺序图是不二选择。

6.1 如何和餐厅服务员 "眉来眼去" ——认识顺序图

我以前称顺序图（Sequence Diagram）为序列图，不过序列图不符合 UML 中文术语标准，顺序图才是标准的说法。

6.1.1 复习一下中文语法

在介绍顺序图之前，我们需要先来讨论一下中文表达的基本语法，不要以为很无聊噢，这可是用好顺序图的基本功！

请看下面两个句子：

（1）我自己打了自己一顿。

（2）小甲送给了小乙一束花。

第一句：自己打自己，主语是 "我自己"，谓语是 "打"，宾语是 "自己"。

第二句：主语是 "小甲"，谓语是 "送"，宾语是 "小乙" "一束花"，这句话是双宾语噢！

日常生活中，我们会与很多人互动，对象要么是自己，要么是别人，也就是上述两句话所代表的情况。所有的交互活动，都可以分解为类似以上两句话的情况，也就是说所有的复杂交互活动，其实都可以通过一系列的类似这两句话的简单句子来表达。

下面测试一下你是否掌握了这个基本语法。

你一定去餐厅吃过饭（如果没去过，请你去一次再来做这个练习），请用类似于以上两句话的形式，按时间顺序写出一系列的句子，表达出从你进入餐厅到离开餐厅，你和服务员之间发生了什么事情。请完成该练习再继续往下看噢！

你可能会写类似以下的句子：

（1）我进入餐厅。

（2）服务员领我到座位。

（3）服务员给我菜单。

（4）我挑选菜式。

（5）我向服务员指示点菜。

……（这里省略几千字）

请看看哪些是你自己对自己做的事情，哪些是你对别人做的事情，哪些是别人对你做的？

6.1.2 你和服务员的"眉来眼去"

如果我们用顺序图，可以比较简洁明了地表达上述情况，如图 6.1 所示。

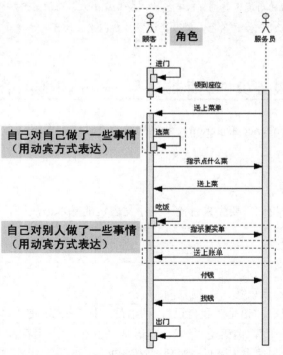

图 6.1 你和服务员的"眉来眼去"

说明：图 6.1 中的文字说明、虚线框不是顺序图的一部分，只是用来说明而已。

顺序图基本语法如下：

（1）图 6.1 表达了顾客从进入餐厅到离开餐厅的过程中发生的事情，事情涉及的人物有顾客与服务员，顺序图的每一"竖"表示一种角色。

（2）顺序图的读法是由上而下、由左到右来阅读，这个顺序表示按照时间顺序所发生的事情。

（3）"进门""选菜""吃饭"这些事情是顾客自己对自己做的事情，直接将箭头指向自己，用文字标记所做的事情就可以了。

（4）"领到座位"是服务员对顾客做的事情，这样箭头应该由服务员指向顾客，用文字标记所做的事情。

图 6.1 形象简单地表达了你和服务员"眉来眼去"的过程，如果由上而下、由左到右读这个图，得到的就是一系列类似最开始那两句话形式的句子。

现在我们已经初步认识了顺序图的语法了，你前面不是已经写下了一系列你和服务员"眉来眼去"的句子吗？现在请你用顺序图重新组织一下。不要照抄上面那个图啊，请你独立完成！

6.1.3　你和服务员的另外一种"眉来眼去"

图 6.1 还有另外一种画法，如图 6.2 所示。

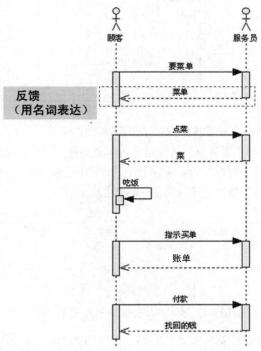

图 6.2　你和服务员的另外一种"眉来眼去"

说明：图 6.2 中的文字说明、虚线框不是顺序图的一部分，只是用来说明而已。

顾客向服务员"要菜单"，而服务员将菜单给顾客，给菜单这个动作其实是对上一个动作的"反馈"，我们可以简化画法，用虚线箭头由服务员指向顾客，同时用文字表示反馈的内容，"反馈"需要写名词或者名词短语，而不是动宾的表达方式。

6.1.4　顺序图的基本语法

其实前面你已经学习了顺序图的基本语法，我们一起回顾一下，如图 6.3 所示。

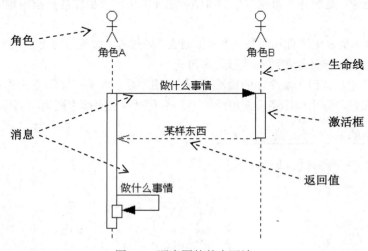

图 6.3　顺序图的基本语法

角色：

人形公仔表示一种角色，公仔下面的文字说明该角色的名字。

图 6.2 表示了"顾客"与"服务员"两种角色之间是如何交互的，这两种角色其实分别代表"顾客"与"服务员"两类人。该流程发生时，实际上是具体的某个顾客与具体的某个服务员发生了交互。图 6.2 的"顾客"与"服务员"角色还可以用图 6.4 表达。

图 6.4　顾客与服务员的对象表示方式

还记得对象图是如何表示对象名和类名的吗？表示格式为：[对象名]:类名。

其中冒号和类名是必需的，而对象名是可选的。"张三:顾客"表示张三是顾客的实例，":服务员"表示服务员的某个实例，但没有说明实例的名字。通常不需要表示出具体的实例名字，只需要表明是什么类的实例就可以了。

这种表示方式我命名为"对象（Object）表示法"，与"角色表示法"表达的意思是一样的。通常来说，用角色表示法更容易让人读懂，客户也更容易理解，而如果需要表达具体的实例时，则需要用对象表示法。

生命线（Lifeline）：角色或者对象下面的那条虚线，就是生命线。

激活框（Activation Box）：激活框也叫会话，就是生命线中的细高矩形。生命线中往往会有多段这样的细高矩形，每一段细高矩形表示一次"会话"，每次会话表示一次交互。怎样才算一次会话，这不太好把握，我一般是"置之不理"的，因为 UML 工具会自动生成激活框，不需要我们操心，而我手绘顺序图时，一般不表示激活框，只画生命线。

消息（Message）：

（1） ────做什么事情────▶ ：由角色 A 指向角色 B，表示角色 A 对角色 B 做了什么事情。

（2） ◀────做什么事情──┐ ：自己指向自己的箭头，表示角色自己对自己做了什么事情。

返回值（Return Value）：◀--------某样东西--------。

对象 A 一般不会无缘无故给对象 B 一个东西，通常是对象 B 向 A 发出某个消息，然后对象 A 响应该消息，反馈某个东西给对象 B，这时就可以使用"返回值"。但返回值并不是一定要画出来的，没有必要时可以不表示。

本小节通过顾客与服务员的故事，体会了顺序图的以下内容：

（1）任何复杂的交互，其实都可以分解为自己与自己、自己与别人、别人与别人的多个简单交互。

（2）顺序图其实就是以图形的方式将复杂的交互按时间顺序分解。

（3）顺序图基本语法很简单，有角色（对象）、生命线、激活框、消息、返回值。

（4）顺序图的读法是由上到下、由左到右。

6.2　餐厅服务员背后的故事——发掘隐藏背后的业务流程

6.2.1　服务员背后"有人"

你向服务员点餐，过了一会服务员会送菜上来，你肯定知道，菜不是这个服务员煮的，她背后有人！你指示买单，钱肯定也不是服务员自己收的，她背后也有人！

如果你要做一个餐厅管理系统，需要调研清楚这一系列事情背后的"真相"，你会怎样办呢？顺序图可以画出背后的"真相"，请看图 6.5。

点餐这个事情背后，原来还有厨师！顾客向服务员点菜后，服务员向厨师下单，厨师做好菜后，服务员取菜给顾客。这个图揭示了点菜的完整过程，而对于顾客来说他并不需要和厨师打交道，一切由服务员搞定。

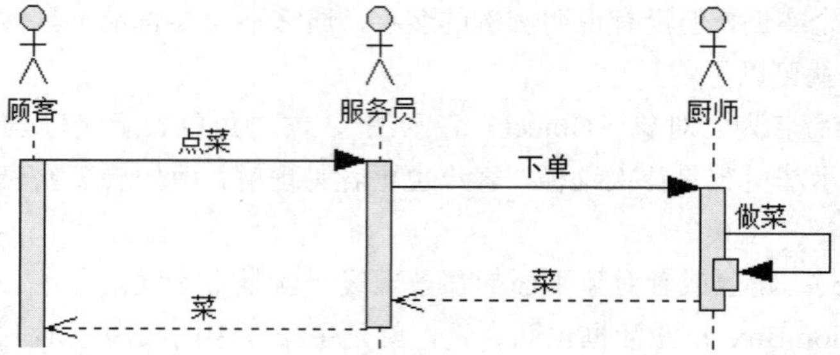

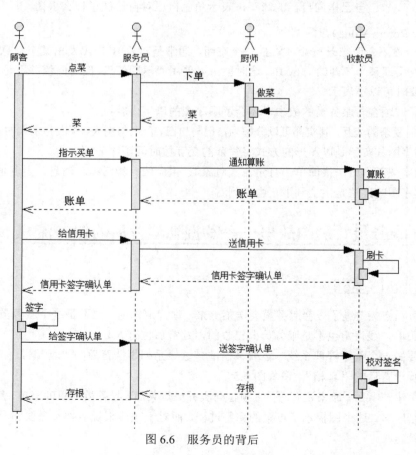

图 6.5　点餐的背后

【练习】请用顺序图继续画出"指示买单"和"付款"这两个事情背后的故事。

请完成再继续往下阅读啊！

图 6.6 完整揭示了顾客到餐厅用餐过程中，餐厅有什么角色需要为之服务，工作流程是怎样的，每个角色负责怎样的工作等重要信息。你可能会问：顾客可以选择信用卡或者现金付账，那应该如何表示？这个问题很好，稍后的小节将会介绍顺序图的分支结构，现在暂时放下这个问题。

图 6.6　服务员的背后

6.2.2 如何用顺序图发掘业务流程

很多事情，往往需要多个专业工种合作才能顺利完成，但对于被服务对象来说，他不需要了解整个过程。就好像你作为餐厅的顾客，只需要跟服务员接触就行了，有什么要求和投诉全部找服务员。

而我们作为需求分析人员，自然不能只了解到服务员这个层次就可以了，她后面的故事全部都需要搞清楚。顺序图可以帮助我们逐层拨开业务的内部运作，往往你会发现业务背后是由多种专业人士协作完成的。

如果我们要做一个餐厅管理系统，用类似这样的顺序图来揭示业务流程是很有必要的。实际项目的业务往往都很复杂，涉及很多角色交互，以下是使用顺序图的一些实践建议：

（1）从复杂的业务中整理出一条一条的流程，每条流程按照以下方法进行分析。

（2）分析出什么角色参与到这个流程。

（3）分析各角色在这流程中担任的职责、各角色的专业特色。

（4）将流程分解为角色与角色之间的交互，想清楚各角色之间的"接口"是怎样的。

（5）用顺序图按时间顺序将这些"交互"组织起来。

（6）在上述过程中，不断思考业务流程的合理性，是否可以优化和重组？

6.3 你和提款机的故事——体会顺序图的粒度控制

前面提到的顺序图，说的都是人与人之间的交互，其实顺序图也可以表达人与系统或者是系统与系统的交互。

请你用顺序图描述出你通过 ATM 取款的过程，不需要考虑 ATM 背后的故事，也不需要考虑异常情况，如密码输入错误、余额不足等。请认真完成后再继续阅读下文哦！

图 6.7 左右两个图是对这个过程的两种不同详细程度的描述。

左图：详细记录了每个步骤，几乎是事无大小全部都记录下来，该图其实还没有画完，由于内容太多为了不浪费纸张就省略了。

右图：记录的内容比较简单和概括，才短短几个交互就表达了整个过程。

你可能会问，顺序图的表达粒度应该如何控制呢？

其实没有统一标准，一切尽在你的掌握之中！

如果说我们需要详细设计人与 ATM 之间的交互界面，那么我们可能需要很详细的描述，类似于左图那样。如果我们只想重点表达部分内容，则顺序图可以用比较简单概括的方式来表达，甚至省略掉部分内容。

实际工作中，所有业务流程事无大小都可以记录下来，但这其实不是我们想要的效果。业务分析关键要抓住核心问题、重点问题、难点问题，我们希望能真正理解核心业务流程，打通各种理解难点，顺序图要用到刀刃上！

6
Chapter

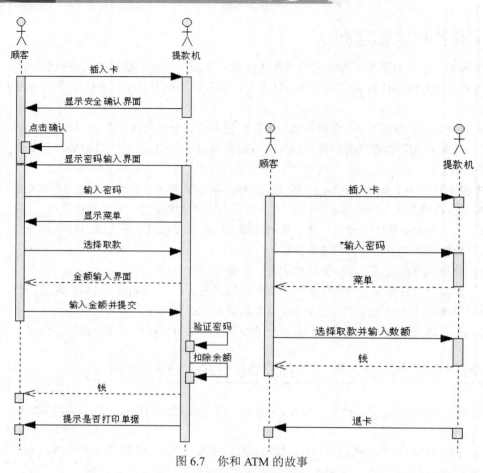

图 6.7　你和 ATM 的故事

6.4　顺序图的循环及分支结构

6.4.1　循环及分支结构

　　前面几个小节的练习，都没有要求大家考虑异常情况，你可能觉得有点霸道，实际业务流程哪会是一条线走到终的呢，中间肯定有分支情况！下面我们将学习顺序图中的三种特殊结构：循环、条件分支、可选分支，这些是 UML 2.x 增加的内容，以前的 UML 1.x 是没有的。

　　业务流程常见的三种特殊情况有：

- loop：循环，在满足循环条件的前提下，不断地重复做某些事情。
- alt：alternative 的缩写，条件分支，根据不同的条件选择不同的分支。
- opt：optional 的缩写，可选分支，满足一定条件则执行该分支，否则就跳过。

请看图 6.8。

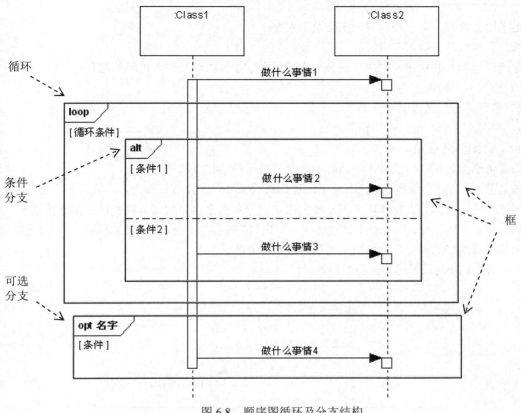

图 6.8　顺序图循环及分支结构

需要进入特殊情况的流程，要放在一个框（frame）中，常见的 frame 有三种：

- loop（循环）：[循环条件]，中括号中的内容是循环条件，表示如果满足"循环条件"，则重复执行本框中的内容。
- alt（alternative 的缩写，即条件分支）：如果满足"条件 1"，则执行 frame 的上部分；如果满足"条件 2"，则执行 frame 的下部分。如果有三个或以上分支条件，则可以继续增加虚线以分割出更多的分支。
- opt（optional 的缩写，即可选分支）：如果满足"条件"，则执行框中的内容，否则跳过不执行。

alt 可以理解为 if…else…或者是多个 case 的选择结构，满足哪个条件就走哪条分支；opt 可以理解为只有一个 if 的条件分支，满足该条件则走该分支，否则跳过。

frame 是可以嵌套的，嵌套的层次并没有限制。如图 6.8 中 alt 嵌套在 loop 中，则表示每一次循环都需要做一次 alt 的判断。

6.4.2 要用好循环及分支结构不容易

学习了以上内容，马上来挑战一下你是否掌握了！

【练习】提款机－输入密码。

请你运用刚学习的知识，用顺序图表达出插入卡到提款机以及输入密码的过程：

（1）插入卡，输入密码。

（2）密码正确，进入下一步菜单。

（3）密码不正确，提示再次输入密码。

（4）三次输入不正确，吞卡。

不需要考虑提款机背后的故事。请你完成练习后再继续往下阅读！

在画之前，你可能会觉得应该不难，不知道你画得怎样？有没有折腾出来？我在很多培训中让同学们画这个图，大部分人都难以一下子画出来，就算画出来也是超复杂或者自己都觉得怪！

如果循环、条件分支、可选分支这些情况没有出现嵌套情况，还是比较容易画的，一旦出现嵌套，特别是超过两层的嵌套，你就会觉得很难画，很难表达！

图 6.9、图 6.10 是关于这个过程的两种画法。

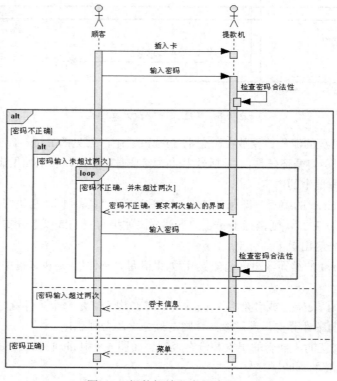

图 6.9　提款机输入密码流程 1

88

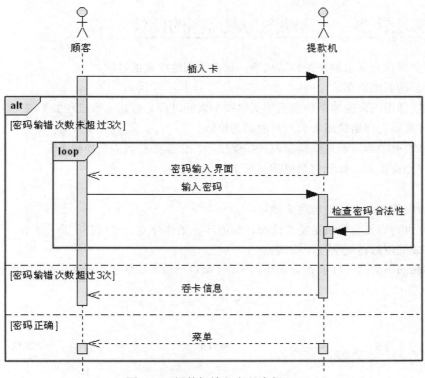

图 6.10　提款机输入密码流程 2

第一个图是我最开始画的，有三层嵌套，我觉得超难画也超难读懂。第二个图我整理思考后稍微简化了一下，只有两层嵌套，我觉得易读很多，但还是觉得不是很顺。

当我第一次了解到 UML 2.x 增加了这三种 frame 的时候，我确实也高兴了一会，但在实际工作中发现这三个 frame 并不是很好用：

（1）嵌套层次达两层以上时，很难画出来，就算画出来也难读懂。

（2）没有嵌套情况是比较容易画的，如果有特殊流程可以用注解（Note）说明，或者另外画一个顺序图来说明，这样表达其实会更加清晰易懂。

顺序图表达循环及分支结构有点"高不成低不就"，在实际工作中，顺序图我用得很多，但很少会直接画循环或分支结构，我通常的做法是：

（1）先用顺序图画出主要流程，用注解或文字说明特殊流程。

（2）如果特殊流程也很重要，那么我会再用一个顺序图来表达。

（3）分支很多并且都比较重要时，我会首选活动图而不是顺序图。

不知道你画出来的这个图是怎样的？或许你的功力深厚，能用好这三个 frame！不过顺序图主要还是用来表达交互关系的，这三个 frame 只是锦上添花的东西，不必非要用上，能简单易懂有条理地表达清楚就行了。如果想强调循环、分支等特殊情况，建议还是使用活动图，而不是顺序图。

6.5 购买地铁票——活动图与顺序图的比较

本小节要求你分别用顺序图和活动图，画出购买地铁票的过程。

【练习】购买地铁票。

请用顺序图画出你向地铁售票机购买地铁车票的过程。假定大致过程如下：

（1）你需要先问地铁服务员到目的站的价钱。

（2）你没有硬币，而地铁售票机只接受硬币，你需要找服务员换硬币。

（3）得到硬币后，你到售票机购买车票。

要求：

（1）请用你认为合适的粒度来描述。

（2）你可考虑是否要表达特殊情况，如循环、条件分支、可选分支。

请你完成练习后再继续往下阅读！

如果你画的图与图 6.11 有很大差异，不用怀疑自己是不是画错了，请先继续完成下面这个练习。

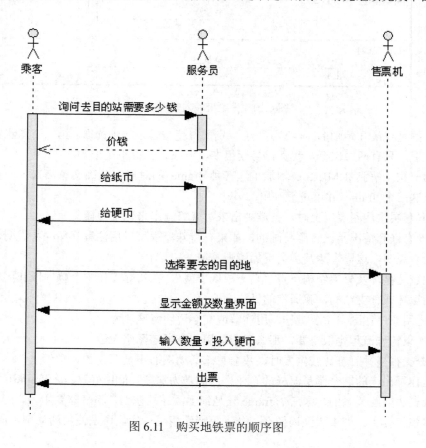

图 6.11　购买地铁票的顺序图

【练习】对照你刚才所画的顺序图，用活动图表达出相同的内容。

要求：

请用你认为合适的粒度来描述。

（1）你可考虑是否要表达特殊情况，如循环、条件分支、可选分支。

（2）你必须使用泳道。

（3）请你完成练习后再继续往下阅读！

如果你画的图与图 6.12 有很大差异，不用怀疑自己是不是画错了，很可能你画得很好！

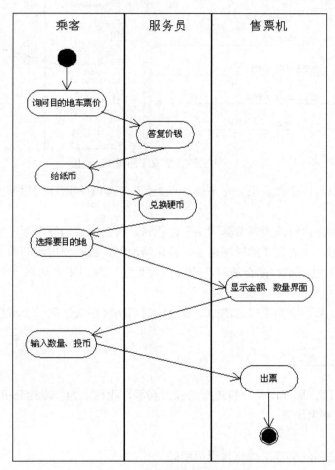

图 6.12　购买地铁票的活动图

上述的参考答案中，无论是顺序图或活动图，都没有考虑特殊情况，如果你的图中考虑了，这很好！请你思考一下，同样的特殊情况，分别用顺序图和活动图来表示，你有什么不同的感觉？

我们可以将这两个图摆在一起，看看它们的异同，如图 6.13 所示。

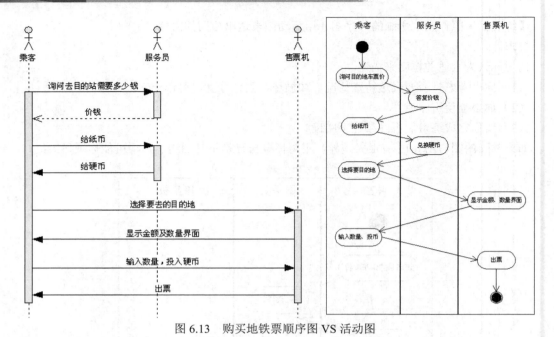

图 6.13　购买地铁票顺序图 VS 活动图

活动图使用泳道后，两个图看上去是不是有点类似？活动图和顺序图用哪个更合适呢？实际工作中，我往往会这样：

（1）没有什么特殊流程或者需要强调主干流程时，我会比较偏好用顺序图。

（2）分支比较多，或者需要同时强调各种特殊情况时，我会使用活动图。

（3）有时候不知道用哪种图合适时，我会同时使用两种图来表达同一个事情，仔细考虑再做取舍。

（4）有时候为了从不同角度表达清楚，我会同时用两种图表达同一个事情，互为补充。

6.6　流程分析三剑客

活动图、状态机图、顺序图是分析流程的三大利器，我称之为"流程分析三剑客"，三种图有不同的特点和不同的应用场景。

顺序图的特点：

（1）强调角色之间的交互，信息传递很明确。

（2）强调按时间顺序分别发生了什么事情。

（3）不太适合表达复杂的特殊流程（循环分支、条件分支、可选分支）。

活动图的特点：

（1）强调每个角色做了什么事情，这些事情的先后关系。

（2）适合表达各种特殊流程，如分支、并发等。

状态机图的特点：

（1）事情围绕某东西开展。

（2）该东西有不同的状态，状态会因为发生了一些事情而变化。

实际工作中如何在活动图、状态机图、顺序图中取舍呢？我的实践建议是：

（1）如果事情是围绕某个东西开展的，可以考虑用状态机图。

（2）如果事情不是围绕某东西开展的，状态机图可能不合适，可考虑用顺序图或者活动图。

（3）如果没有复杂的特殊流程，可考虑顺序图。

（4）如果有较复杂的特殊流程，可考虑活动图。

（5）不要限制自己只能用一种图，可同时使用两种甚至三种图，从多个角度来分析问题，稍后再适当取舍。

6.7　通信图——顺序图的另外一种表示方式

UML 1.1 时，协作图英文名字叫 Collaboration Diagram，UML 2.0 时，英文名字变为 Communication Diagram。Collaboration Diagram 的中文翻译为协作图，Communication Diagram 的中文翻译为通信图，通信图符合 UML 中文术语标准。

如果理解了顺序图，那么通信图将很容易理解，通信图是顺序图的另外一种表示方式。顾客从 ATM 中取钱的过程，用顺序图表示如图 6.14 所示。

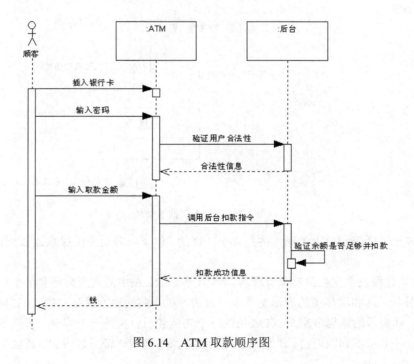

图 6.14　ATM 取款顺序图

取钱的是"顾客"这个角色，顾客只需要与 ATM 打交道，而 ATM 要完成工作还需要后台的支持。该图表示了取钱过程中的两大关键步骤，第一步是输入密码，第二步是取款，而对于整个过程中的诸如"显示菜单""选择菜单"等其他步骤均予以忽略。

第一步输入密码，密码验证其实是由后台完成的，这里也忽略了"密码不正确"的异常流程。还需要特别说明的是，有些 ATM 不是在一开始就验证密码的，而是直到你输入取款金额并确定后才进行的，如果是这样的情况，这个图应该如何画呢？

第二步取款，后台需要验证余额是否足够，余额足够才能扣款，而这里忽略了"余额不足够"的情况。第二步取款的过程应该是很严格的，要保证安全性，要保证不能出现金额上的差错，要保证中间如果出现突发情况不会异常等。实际的 ATM 与后台的交互过程可能有多次的"握手"，上述交互过程可能并不能代表实际的情况。

理解了用顺序图表示的 ATM 取款过程后，我们来看看用通信图来表示这个过程是怎样的？如图 6.15 所示。

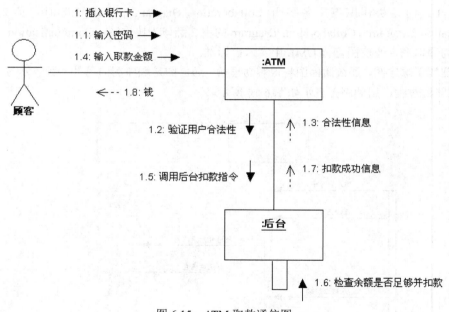

图 6.15　ATM 取款通信图

这个图表示的意思和前面的顺序图是完全一样的，但乍一看这个图很难读懂！不用急，下面为你一一讲解。

ATM 取款过程发生交互的对象有顾客、ATM 和后台，图中的人形公仔和两个矩形分别表示的就是这三种对象，这和顺序图的表示是基本一致的。稍不同的地方就是对象":ATM"和":后台"带有下划线，其表示的意思分别是 ATM 类的一个实例和后台类的一个实例，表达的意思和顺序图是一样的，只是多了下划线而已。严格来说，表达对象时是应该带下划线的，前面顺序图的对象不带下划线，是由绘图工具导致的。这里顺带要说明一下，不同的 UML 工具画出来的 UML 图可能会有细微的差别。

这个交互中，顾客与 ATM 发生交互，ATM 与后台发生交互，而顾客与后台不会发生直接交互。如果两者发生直接交互，则需要用线条连接，留意图中顾客与 ATM 之间有条直线，ATM 与后台之间也有条直线，而顾客与后台之间并没有直接的线条连接。这些连接的线条叫关联（Association）。如果自己对自己做了一些事情，则需要画一线条从自己出发，然后回头指向自己。留意图中的后台对象，因为后台会执行"检查余额是否足够并扣款"的动作，故有一条自己连接自己的线条。

顺序图我们可以通过由上到下、由左到右来读图，就能按顺序读出一系列的交互，但通信图不能用这样的方法来读图。留意图中的箭头以及箭头的说明文字，实线箭头就是消息（Message），而虚线箭头就是返回值（Return Value）。如下：

1：插入银行卡 ➡　　（消息）

1.1：输入密码 ➡　　（消息）

1.2：验证用户合法性 ➡　　（消息）

……

1.8：钱 ⬅-- （返回值）

说明文字都带有序号，序号的顺序就是交互发生的顺序。不同的 UML 软件工具生成的序号方式可能不一样，如：有一些会生成"1、2、3、……"的序列号。首先发生的交互是由顾客指向 ATM 的实线箭头"1：插入银行卡"，这表示顾客向 ATM 做的动作，然后按照以下顺序发生一系列的交互：1.1、1.2、1.3 一直到 1.8。

不知道经过上面的解释能看懂这个通信图没有？

这些交互要根据序号的顺序来判断，通常相邻的序号不会放在附近，所以看通信图时眼睛要跳来跳去，不是很爽。通信图还有一个缺点就是不能表达循环及分支结构，而顺序图是可以表达的。当然通信图也有优点，就是两个对象之间有什么交互一目了然，看得清清楚楚。

我在实际工作中很少用到通信图，更喜欢用顺序图，顺序图简单形象，表达效果好，也很容易跟客户沟通。顺序图更强调先后顺序，通信图则更强调相互之间的关系，你可根据实际需要决定用顺序图还是通信图。

6.8　小结与练习

6.8.1　小结

任何复杂的交互，其实都可以分解为自己与自己、自己与别人、别人与别人的多个简单交互，顺序图其实就是以图形的方式将复杂交互按时间顺序分解。

顺序图的基本语法如图 6.16 所示。

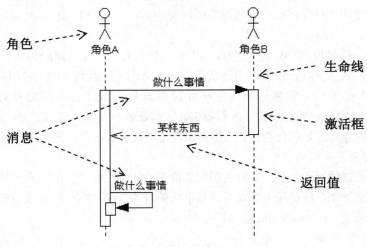

图 6.16　顺序图基本语法

顺序图的循环及分支结构语法如图 6.17 所示。

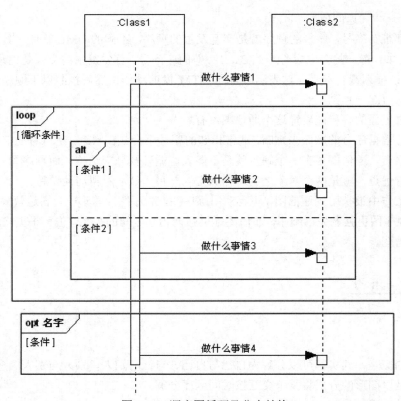

图 6.17　顺序图循环及分支结构

顺序图的实践建议：

（1）从复杂的业务中整理出一条一条的流程，每条流程按照以下方法进行分析。

（2）分析出什么角色参与到这个流程。

（3）分析各角色在这个流程中负责的职责、各角色的专业特色。

（4）将流程分解为角色与角色之间的交互，想清楚各角色之间的"接口"是怎样的。

（5）用顺序图按时间顺序将这些"交互"组织起来。

（6）业务分析关键要抓住核心问题、重点问题、难点问题，应适当控制好表达的粒度。

（7）不断思考业务流程的合理性，是否可以优化和重组。

（8）不建议用顺序图表达复杂的分支结构。

活动图、状态机图、顺序图是"流程分析三剑客"，三种图有不同的特点和应用场景，但实践中不必限制自己只能用其中一种，可同时使用两种甚至三种图，从多个角度来分析问题。

顺序图更强调先后顺序，通信图则更强调相互之间的关系。我在实际工作中用顺序图居多，很少会用到通信图，但你可根据实际需要决定用顺序图还是通信图。

6.8.2　练习

1．请分别针对以下三种情况，用顺序图表达请假审批流程。

● 一级审批，不考虑异常流程。

● 多级审批，不考虑异常流程。

● 多级审批，考虑异常流程。

2．比较请假审批流程的活动图、状态机图、顺序图，写出你的心得体会。

3．完成题目 1 的"多级审批，不考虑异常流程"的顺序图后，将该图"转换"为通信图。

4．从你做过的项目中挑选一个，用顺序图画出其中一个的业务流程。

6.8.3　延伸学习：科学流程的重要性

机场安检遗忘笔记本电脑，空姐送回——论科学流程的重要性！（声音+图文）

（扫码马上学习）

第7章
描述系统的行为——用例图
（Use Case Diagram）

用例图（Use Case Diagram）中有很多小人公仔，于是有人将用例图叫做"公仔图"。用例图可能是最"好看"的一种 UML 图，但好看归好看，用例图实用吗？有人对用例图推崇备至，也有人不屑于使用，用例图对需求分析到底有多大的帮助呢？

7.1 初识用例图

7.1.1 为什么需要用例图

第一次接触用例图时，我对它并没有什么好感。当时我用功能点的方式来描述需求，硬是要我改成用例的方式，我觉得特别扭！我有这样的一些疑问：

（1）只要配置了相应的权限，系统的任何角色都可以使用任何一个功能点，为什么需求偏偏要写成什么角色对应什么用例这样的模式？这样不是一开始就限制了自己？

（2）这个是桌面软件产品，使用它的用户成千上万，对于我们来说，它们都是无差别的，我们需要设计全面的、方便的、有竞争力的功能。硬是将这些用户分成什么角色，不是没事找事吗？

我从事的第一份与 IT 相关的工作是写代码，写了三年的桌面产品代码。后来负责我的第一个分布式系统的工作时，开始学习用例图，我的疑问也就来了，如果用例图不能改善我的工作，为什么还要用它呢？你可能也会有类似的疑问，这些问题将在本章中逐步解答。

在实际工作中不断地实践用例图，我逐步发现用例图的强大作用，用例图还需要和其他 UML 图配合使用，才能发挥更大的威力。当然也发现用例图并不是在任何情况下都是作用巨大的，用例图和其他 UML 图一样，只是我们可以利用的一种工具。

那用例图到底有什么作用？用例图简单说就是描述系统需求的一种方法。事实上描述需求的方法可以有很多，下面这个小练习可以测试一下你的需求描述能力。

【练习】描述系统能做什么事情。

如果你有项目经验，那么请从你经历过的项目中挑选一个，用简单的话写出这个系统能做什么事情。

如果你没有项目经验，那么请思考如果让你设计一个订餐系统，该系统将能做什么事情？订餐系统的大致情况如下：某公司为员工提供午餐，公司希望做一个系统，员工可以通过该系统挑选菜式，然后公司汇总这些信息到指定餐厅订餐。

请你用简短的文字表达出来，不需要使用什么图，完成后再继续阅读下文。

我面试项目经理和软件设计师的时候，常常会让面试者选一个他做过的项目，简要地说明该项目的需求。我目的之一是想测试面试者的表达条理性，我对该项目是一无所知的，他会用怎样的话让我听懂呢？面试者的表达往往有这样的问题：

（1）系统功能比较复杂，不知道怎样整理成简单的话。

（2）喜欢用比较技术的语言来介绍，让人摸不着头脑。

（3）喜欢说本系统划分为什么什么模块，每个模块都能说一堆介绍，但让人难以理解每个模块有什么用，模块之间有什么关系。

现在请检查前面那个练习你写下的答案，你的答案有没有上面列出的三个问题？你觉得你的答案让一个不懂该项目的人看，他能看懂吗？

为了搞清楚这个项目的大概需求，我往往会问这两个问题：

（1）这个系统有谁在用？

（2）这些人通过这个系统能做什么事情？

通过这两个问题，面试者一般就能比较条理清楚地表达系统的需求了。其实用例图就是用来回答这两个问题的，它能从比较清晰易懂的角度来表达系统的需求，而且不会涉及技术用语。

7.1.2　用例图基本语法

下面开始我们来认识用例图！先看看用例图是什么样的，如图 7.1 所示。

用例图看上去还是挺好看的，图中有一个个的小人，有点像看公仔书的感觉。用例图好看归好看，它到底是用来做什么的？

用例图是用来描述什么角色通过某某系统能做什么事情的图，用例图关注的是系统的外在表现、系统与人的交互、系统与其他系统的交互。

下面逐一说明用例图中各种符号的意义。

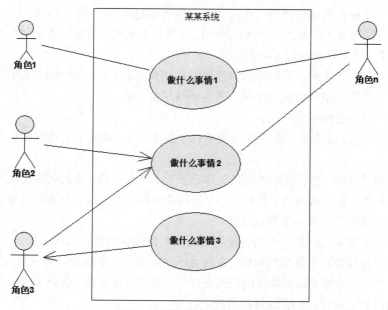

图 7.1　用例图基本语法示例

1. 小人（执行者，Actor）

对使用某系统的用户进行分类后，可以总结出使用本系统有哪些角色，不同的角色的工作责任不太一样，他们需要用到的系统的功能也会不太一样。图中的小人就是角色，它给了我们一个启示，我们思考某系统的需求时，可从不同角色的角度来思考。

例如，我们要做一个考勤系统，你会怎样思考呢？你会一下子列出很多功能吗？比较好的方式，应该是先思考什么角色会用这个系统，然后逐一思考不同的角色对系统有什么需求。

我们大概可以估计到一般员工、高层领导、前台、财务等都会用这个系统：

- 对于一般员工来说除了打卡，他还关注什么？
- 高层领导使用这个系统是不是想查看大家出勤情况？
- 对于前台，她是不是要做一些考勤的统计？
- 财务是不是要根据考勤情况来调整员工的薪金？

这样的思考方式，会让我们更容易全面发掘系统的需求。

角色是对系统使用者的抽象，一个角色可以代表多个具体的人，而同一个人可以戴上好多顶角色的帽子。一般来说可以将某些职位或岗位抽象为角色，但很多时候需要我们再加以分析和提炼。

"小人"的 UML 术语标准是"执行者"，与系统交互的可能是人，如果是人的话，可称之为"角色"。执行者也可能不是人，而是另外的一个系统，本系统与另外一个系统交互的话，可以将另外一个系统画成某某执行者就行了。

2. 圈圈（用例，Use Case）

圈圈里面会有一段动宾结构的文字，也就是"动词+名词"的方式，这个圈圈以及圈圈里面的文字，就是用例，这些用例表明了系统能做什么事情。

以考勤系统为例，有两个用例叫"打卡""查看自己的考勤情况"，这两个圈圈分别用一条线连到"一般员工"这个角色上。

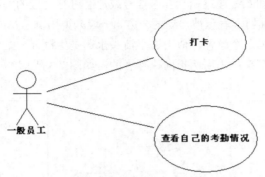

图 7.2　考勤系统的部分用例

我们可以按这样的顺序来读这个图：先读出执行者的名字，然后读出用例中的文字。按着这样的读法，可以得到两个完整的句子：

● "一般员工打卡"。

● "一般员工查看自己的考勤情况"。

大家可以用这样的方式来检查自己的用例图画得是否合适。

一个用例并不一定只能连接一个执行者，一个用例可以连接多个执行者，这表明多个执行者都可以执行这个用例。

3．大框框（系统边界，System Boundary）

在所有用例的外面，有一个方框，这个方框只框住了用例，没有框住执行者，这个东西就叫做系统边界，框框的上部注明本系统的名字。我们所做的系统，是不包括执行者的，系统要发挥各种作用，要靠各执行者"穿越"系统边界来使用本系统的用例。系统边界能清晰表达出系统的范围，不过系统的范围不是那么好确定的。

并不是所有用例图都需要画出系统边界，所有用例图都画系统边界的话会显得很累赘，我通常的做法是这样的：使用一个全局的用例图来宏观表达系统的需求，这个宏观的用例图需要画出系统边界。但一个全局的宏观用例图并不能充分说清楚需求，还需要多个细化的用例图，这些细化的用例图不需要画出系统边界。

4．线条（关联，Association）

线条是指角色与用例之间的线条，线条有三种：无箭头的、指向用例的箭头、指向执行者的箭头。无论是否有箭头，这些线条是用来联系执行者和用例的，表示某某执行者能执行什么用例。

关于箭头的意义，有两种解释：

● "数据流向"的解释。

有箭头的线条，表示执行者与系统交互的过程中数据的流向，如果箭头指向用例，就说明执行者需要向系统输入数据，如果箭头指向执行者，说明系统向执行者输出数据。而没有箭头的线条，则没有明确表示数据的流向。

● "谁启动谁"的解释。

箭头用来表示执行者和系统通过相互发送信号或消息进行交互的关联关系。箭头尾部用来表示启动交互的一方，箭头头部用来表示被启动的一方，一般来说用例总是要由执行者来启动。这种解释看起来比较晕，而且根据这个解释，似乎这个箭头永远是由执行者指向用例的。

其实只有少数的情况箭头是由用例指向执行者的，如图 7.3 所示。

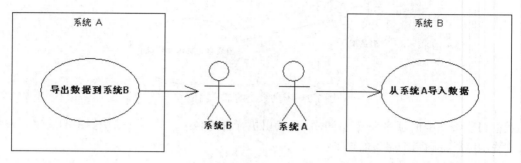

图 7.3　执行者与用例之间的箭头

左边的用例图，系统 A 中的用例"导出数据到系统 B"，系统 B 作为系统 A 的一个执行者，箭头是由用例指向执行者的。而右边的用例图，系统 A 变成了执行者，用例变为"从系统 A 导入数据"，箭头是从执行者指向用例的。上面这个图，无论用"数据流向"还是"谁启动谁"的解释，都是能解释过去的。

而在我看来箭头的解释容易将人搞晕，建议你全部画成没有箭头就行了，如果没有出现类似图 7.3 的情况，全部画成执行者指向用例也行。

我还没有学习用例图之前，描述系统需求喜欢用什么功能、什么模块之类的表达，描述需求会不自觉地用到很多技术用语，这其实是很多技术人员做需求分析工作的通病。要分析好一个系统的需求，首先要搞清楚本系统的目标，然后思考什么角色会用这个系统，这些角色希望通过这个系统完成什么事情，由粗到细地理出细致的需求。

用例图语法不复杂，其实用好用例图的关键在于改变需求分析的旧有习惯，要学会从角色入手，从用户的角度来思考他们需要什么，用他们能看懂的语言来表达需求。

7.2　用例图进阶

上小节介绍的是最基本的用例图语法，在你每次绘制用例图的时候都必定会用到。而本小节将会介绍你可能会经常用到的角色的继承、Include（包含）、Extend（扩展），以及可能会比较少用到的用例的继承。

7.2.1 角色的继承

请看图 7.4。

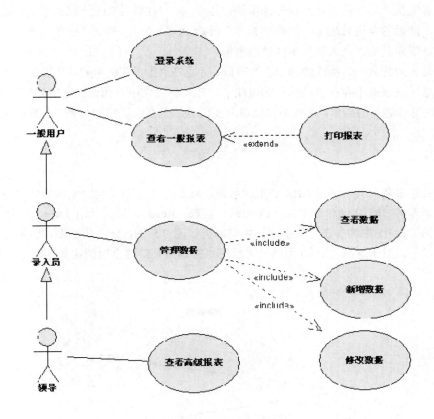

图 7.4　用例图进阶语法示例

"登录系统"这个用例，应该是每个执行者都需要用到的，如果有 n 个执行者，那是不是每个执行者都需要拉一条线到"登录系统"这个用例？这样画是不是比较无聊？这个图岂不是很难看？

有人会建议对于这样的用例可以不必画出来，用文字说明一下就可以了。其实不仅是"登录系统"这样的用例，一个系统中往往有不少所有执行者都需要执行的用例，这时该怎样办呢？

细心的你可能会发现，上图执行者之间怎么会有一个类图中的"继承"符号呢？从上图看来，就是"录入员"继承"一般用户"，"领导"继承"录入员"，这是什么意思？无论是录入员还是领导，都需要先登录系统，才能使用各种功能，我们是否需要分别在"登录用户"与"录入员""领导"之间各拉一条线？

继承的意思就是，儿子具备了父亲的特点，父亲可以做的事情，儿子也可以做，儿子可以做的事情，儿子的儿子也可以做！所以，"一般用户"能做的事情，"录入员""领导"都可以做，也就是说"一般用户"的"登录系统""查看一般报表""打印报表"用例，"录入员"和"领导"都可以执行。

我进行用户分析时，经常会抽象出一种"基层"执行者，其他执行者都直接或者间接继承他，该基层执行者能执行所有执行者都执行的用例。另外，用户往往是有上下级关系的，越是上级的用户权限越大，能做的事情就越多，例如"领导"继承"录入员"，表示"领导"能做"录入员"的事情，并且还能做其他"录入员"不能做的事情。

执行者是人的时候，即执行者为角色的时候，才存在"继承"的可能，如果执行者是另外一个系统或者机器，应该就不存在"继承"的可能了。在实际工作中，我们往往需要用好这个"继承"符号，将角色进行适当的抽象，这些抽象能帮助我们看清楚系统用户的关系，并且能大大简化用例图的画法。

7.2.2　用例的 Include

我们做的很多项目其实都是 MIS 类型的系统，MIS 系统最常见的功能就是数据库的四轮马车工作，即数据库的 CRUD 动作：增加（Create）、读取（Read）、更新（Update）、删除（Delete）。

系统中的 CRUD 用例实在是太多了，如果用类似图 7.5 的画法，用例圈圈会遍地都是，用例显得很多、很杂。对于这些 CRUD 用例，可以用"管理某某"这个用例代替之，如图 7.6 所示。

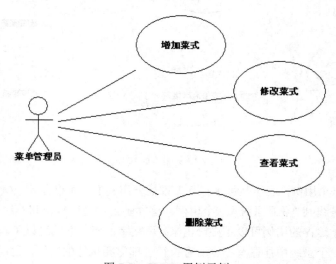

图 7.5　CRUD 用例示例

"管理菜式"用例有四根虚线，箭头分别指向"增加菜式""修改菜式""查看菜式""删除菜式"，虚线上有"<<include>>"字眼，这表示"管理菜式"包含这四个子用例，子用例是父用例的一部分，这就是 Include 的意思。

这个类似书名号的符号"<<　>>"框住的内容是关键字（Key Words），关键字表示特定的意义，后面我们将会学习到更多的关键字。

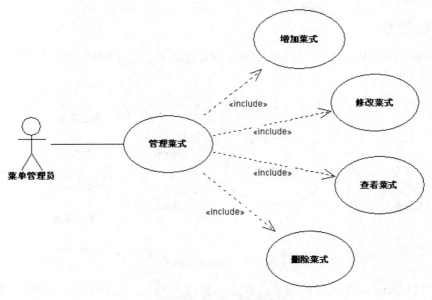

图 7.6　Include 的用法 1

Include 的两种主要用法：

（1）以"树"的方式组织各种用例，用 Include 来组织好父子用例，子用例可以再次 Include 自己的子用例，这样用例有粗有细、层次分明。

（2）某些用例的一部分可以抽离出来成为子用例，该子用例同时也被其他用例包含。

图 7.6 展现了第一种用法，图 7.7 展现了第二种用法。

图 7.7　Include 的用法 2

"管理菜式"包含"查看菜式"用例，而员工在订餐过程中需先查看菜式，故"订餐"用例也包含"查看菜式"。

要特别说明一下，子用例并不一定是父用例的"完全分解"，所有子用例加起来并不一定能代替父用例，所有子用例加起来可能仍只是父用例的一部分，而父用例可能还具备一些所有子用例没有的内容。要通过看父用例及子用例的用例说明，才能确认子用例是否是父用例的"完全分解"。

7.2.3 用例的 Extend

查看某报表，在此基础上用户可以导出报表或打印报表。用例图如何表示呢？如图 7.8 所示。

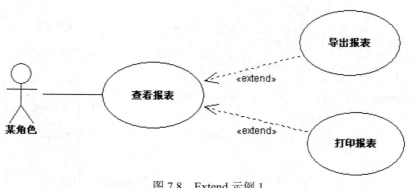

图 7.8 Extend 示例 1

"扩展"（Extend）表示的意思是：在某用例的基础上，还能做什么事情。请注意带有"<<extend>>"标志的虚线的箭头方向，箭头方向表明了谁扩展谁。

如果"导出报表"或"打印报表"不存在，是不会影响"查看报表"的，而"查看报表"如果不存在，则用户无法在"查看报表"的基础上做"导出报表"或"打印报表"的工作。要特别说明的是："导出报表"和"打印报表"是"查看报表"的扩展用例，扩展用例并不是可有可无的，无论是扩展用例还是非扩展用例，都是系统应该满足的需求。

图 7.8 如果画成图 7.9 这样，你觉得合适吗？

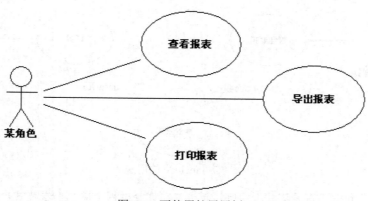

图 7.9 不使用扩展用例

图 7.8 表示用户可以在查看报表的基础上导出报表或打印报表。想象一下，用户使用本系统的场景可能是这样的：用户选择查看某个报表，在该报表的显示界面上可选择"导出报表"和"打印报表"。在看得见报表内容的基础上再选择导出或打印，这是很合理的，用户体验非常好。

图 7.9 表示用户在不查看报表的基础上，直接导出报表或打印报表。同样可以想象一下用户使用本系统的场景，用户如果还没有见到报表的内容就直接导出或打印报表，这样的用户体验是不是不太好？

在大部分情况下，用户应该想先看看报表的内容，再决定是否导出或打印。当然也有可能用户已经很清楚报表的内容，无需再看，可以直接导出或打印。请看图 7.10，这个用例图是不是表示：用户既可以直接导出或打印报表，也可以在查看报表的基础上导出或打印报表呢？

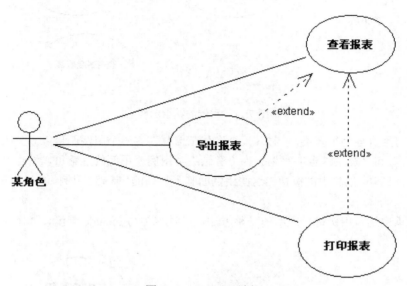

图 7.10　Extend 示例 2

图 7.8、图 7.9、图 7.10 这三个图都表示用户可以查看、导出和打印报表，但有细微的差异，这些差异反映了用例之间的关系。

Extend 其实不难理解，只要记住"在……基础上做……事情"就可以了，但通过 Extend 来精心设计用例之间的关系却不是那么容易。好的用例关系设计，能给用户带来更好的用户体验。

7.2.4　用例的继承

一般来说，Include 是用例关系中用得最多的，Extend 次之，而用例的继承关系用得最少。用例的继承一般很难让客户理解，而且有更好的容易理解的替代方案，故我不建议使用。关于用例的继承如图 7.11 所示。

还记得类图的继承吗？类 B 继承类 A，表示类 B 具备类 A 的特点，同时类 B 还可以有自己个性化的特点。"查询员工信息"等三个用例继承"查询"用例，表示这三个用例都具备"查询"用例的特点，同时也会有各自的特点。

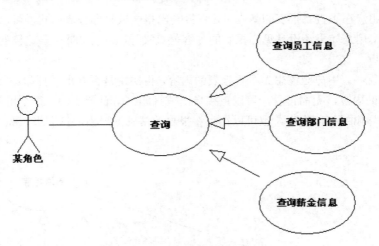

图 7.11　用例的继承示例

　　我们可以将用例分为很多类，例如："查询员工信息"这三个用例，可以划分为"查询"类用例，"登录后台"和"登录前台"等划分为"登录"类用例。用例的继承可以看作是对某些用例按照某种标准进行划分，抽象出能概括出这些用例的基本特征的"基础"用例，其他用例继承这个"基础"用例。

　　用例的继承也是对用例进行组织的一种方法，但很容易与 Include 混淆，如图 7.12 所示。

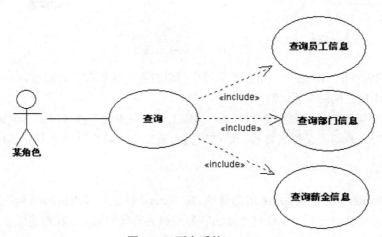

图 7.12　不合适的 Include

　　将"查询"看成一个大用例，它包含"查询员工信息"等三个子用例，这样的表达合适吗？
　　与 CRUD 用例比较一下，这类用例通常可以用"管理某某"作为父用例，然后再包含 CRUD 这四个子用例。作为被 Include 的子用例，都是父用例的一部分，而父用例是切切实实存在的，并不是被抽象出来的用例，这点是用例的 Include 与用例的继承的最大区别。

图 7.12 想表达的意思是"查询员工信息"等三个用例是"查询"类用例，这时只适合使用用例的继承，而不是 Include。"查询员工信息"这三个用例其实可以笼统地称为"查询"用例，当你发现用例是这样的关系时，应该使用继承而不是 Include。

从我的实践经验来看，用例的继承将会让客户很困惑，你也很难解释清楚。那个被继承的父用例，往往是一个抽象出来的、不可能被具体执行的用例。以图 7.11 为例，用户是不可能执行"查询"用例的，因为用户具体执行的用例，必定是"查询员工信息"等三个用例之一。"查询"用例其实是"虚用例"，或者叫"抽象用例"，这就像"抽象类"一样，抽象类永远不可能被实例化，抽象用例也是不能被实例化（即执行）的。对于没有软件开发经验和面向对象设计经验的用户来说，要他们理解用例的继承难度是很高的。

如果你希望使用用例的继承来更好地分类和组织好用例，那么我建议你使用包图，本书将在包图章节详细介绍这方面的知识。

7.2.5　用例的粒度控制

用例的粒度控制并没有固定的法则，需要通过实践来慢慢体会，下面给一些实践建议。

对于 CRUD 型的用例，有时只需要用"管理某某"概括就可以了，有时候却需要分解为 CRUD 四个用例。

如果"管理某某"这类用例已经成为大家的"常识"，则不需要再分解。如果 CRUD 中某些操作比较特殊，则需要分解出来单独说明。如果做这个系统的开发人员是新手，那么用例就需要表达得更加详细一点。我通常的做法是：类似"管理某某"的用例，只会选择其中一两个分解和详细说明，而其他相似的"管理某某"，只说明需要注意的地方，而不会逐一分解和详细说明。

CRUD 类的用例占了 MIS 型系统的大部分，以上是对于此类用例的粒度控制的一些实践建议。另外还有这样的一些实践建议：

（1）在客户能准确全面理解的基础上，用例越精简越好。

（2）用例应使用客户的语言，需保证客户能看懂能理解，而不应处于开发人员的角度来描述。

（3）全面并且有重点地表达好用例，对于重点难点用例应详细描述，对于"常识"型的用例则不需要过多笔墨。

（4）可通过 Include 和 Extend 分解和细化用例，最底层的用例粒度应大体一致，注意这点应该灵活把握，不应僵化。

（5）我们需要立于客户想法，但又要高于客户的想法。尽管客户自己会提出很多想法，我们不应盲目地从客户的这些想法直接导出用例，用例更多地是从系统的目标、待解决的客户问题而推导出来的。

（6）用例图不是万能的，也不是表达需求的唯一方式。我往往会以用例图为主同时附加其他方式来表达，某些特殊项目，我甚至不用用例图来描述需求。

7.3　小试牛刀——订餐系统的用例图

7.3.1　订餐系统的用例图

某 IT 公司约有 100 名员工，为了让大家方便吃午饭，由公司统一订餐，并且费用全包。这样的做法，大家当然开心了，不过行政部的同事就要辛苦一点，我们看看具体的情况。

文员每天都要向餐厅索取最新菜单，然后拿着菜单找每位员工确认今天吃什么。大家都确认后，文员以电话或者传真的方式，向餐厅订餐。餐厅送来午饭，文员通知大家，然后大家来取餐。这样的做法维持了一段时间，但是问题逐渐就出现了。

员工 A 抱怨："我明明点了酸菜鱼，干嘛给我送来红烧鱼。"

员工 B 抱怨："我刚才去开会了，没有点餐，怎么就这样把我的餐给漏了呢？"

员工 C 抱怨："我对中午饭要求不高，每天吃麻辣牛肉就可以了，不需要天天来问我吃啥，打断我的工作。"

……

大家都开始来责怪文员了。文员受了一肚子的委屈，她的解释如下：

"有些人写的字不太清楚，有时会搞错。"

"公司这么多人，有人上厕所，有人去开会，我哪能保证每次都不漏人。"

"我按员工 C 的说法做了，没有再问他了，但有一天取餐的时候，他说上火，不吃麻辣牛肉，要我换！都订了，怎么换啊？保险起见，我以后天天都问他了。"

"呜呜……"

公司领导觉得问题责任不在于文员，而是这样的订餐方式太落后了，导致诸多问题！好歹是一个 IT 公司嘛，订餐也需要信息化！于是领导萌生了要做一个订餐系统的想法。

【练习】订餐系统的用例图。

请你用用例图来描述这个系统的需求，你需要考虑以下问题：

（1）什么角色会用这个系统？

（2）每个角色通过这个系统能做什么事情？

（3）哪些功能是基本必需的功能？哪些功能是"锦上添花"的功能？

（4）请需要考虑本系统的投资规模，你觉得该公司会愿意花多少钱做这个系统，你觉得在这样的投资下应该做什么功能，哪些功能应该优先做呢？

请你思考上述问题，并用用例图描述本系统的需求，完成后再继续往下阅读！

我在以前公司做这个练习时，将这个 IT 公司定为本公司，于是很多人处于普通员工的角度来思考要具备怎样的功能，而对于其他角色的思考就往往忽略掉或者不够充分。

请对照你画的用例图来回答下面这些问题：

（1）没有订餐系统时，仅靠手工操作，订餐是如何进行的？

（2）谁负责汇集订餐信息，谁负责和餐厅订餐？

（3）该 IT 公司是如何和餐厅结账的？这点系统需要考虑吗？

（4）订餐系统应该具备的基本功能是不是都具备了？

（5）你是不是画了一些"花哨"的功能而漏了基本功能？

图 7.13 仅画了订餐系统应该具备的基本功能，这些基本功能是不是必不可少呢？而你有没有漏画呢？

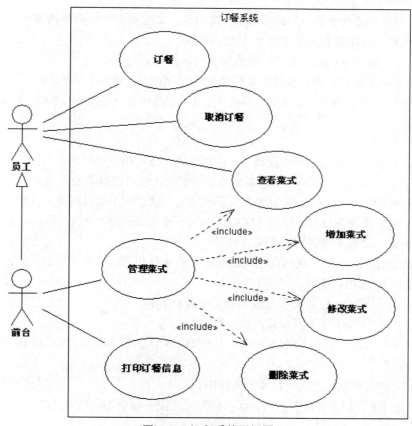

图 7.13　订餐系统用例图

前台也是需要通过这个系统来订餐的，前台是员工的一种，故图中的"前台"继承"员工"。"打印订餐信息"是指将每个人的订餐菜式打印出来。图中没有考虑该 IT 公司与餐厅的结账问题，结账可以不纳入系统的范围，在系统外解决该问题更直接、成本更低。图中也没有考虑"花哨"的功能，先满足最基本的功能。

在我以前的公司做这个练习时，常见问题有：

（1）漏掉了"取消订餐"这个用例。

（2）订餐时需要有菜式可选，但忘记了需要"管理菜式"的用例。

（3）遗漏"打印订餐信息"用例。我以前的公司是前台负责汇总订餐信息并通知餐厅的，但很少人知道前台是如何通知餐厅的，我们的通知方式是传真，同时电话确认。所以图 7.13 设计了"打印订餐信息"这个用例，目的就是方便前台传真。我们不少人忽略了这方面的考虑，缺少相应的用例。

（4）用例没有以"动宾"方式来表达，这是初学者的常见问题。

总结一下绘制用例图的几个要点：

（1）要仔细分析现有业务，在此基础上整理需求。如上例：如果你不清楚前台是如何通知餐厅的，那就会漏掉"打印订餐系统"这个关键用例。

（2）分析有什么用户使用本系统，他们需要的基本功能是什么。

（3）必须先保证基本功能，然后再考虑"花哨"功能，不要本末倒置。

（4）使用用户的语言来表达，表达的模式就是用户通过本系统能做什么事情，避免用技术用语。

7.3.2　用例的组织

我曾经看过这样的需求文档：里面放了一张用例图，该图的内容特多，但由于 Word 文档的篇幅所限，那个图被"微缩"显示在那里，需要放大很多倍才能看清楚里面的内容。图是可以通过放大看清楚，但那时 Word 文档中的其他文字显示得巨大，以致你无法看清楚。其实 Word 文档的一个基本排版要求是：图文并茂时，图和文字应该在同一放大率下能"舒适"显示，而不是图能看清楚时，字看不清楚，字能看清楚时，图看不清楚。

排版的问题只是其一，更严重的问题是用例图中的角色和用例没有组织好，仅是简单地罗列在那里，没有层次，让人难以读懂。

实际项目中用例图不会像订餐系统这个例子这么简单的，有几十个甚至上百个用例是常见的事情，那用例图应该如何组织呢？我通常的做法是：

（1）画一个表示系统宏观需求的用例图，该用例图我会使用系统边界，每个用例圈圈会用比较高度概括的语言。

（2）将宏观用例图分解为多个具体的用例图。

（3）用例比较多、层次比较复杂时，我会分层次地展开用例图，也就是将宏观用例图分解后，再次分解。

（4）通过包对用例进行适当的分类，这点会在包图章节详细介绍。

（5）用户角色比较多时，我会先单独画出角色以及他们的关系，并用表格说明每个角色在本系统期望解决的问题、关注点等。

7.4　用例表——用例的进一步细化

一个用例一般就是几个字最多十来个字,这样就能说清楚每个用例吗？光靠用例图我们还不能详细地说清楚需求，每个用例还需要填写类似表 7.1 的这张"用例表"。

表 7.1　用例表模板

编号	[用例编号，如 UC-01]	名称	[用例名称，即用例图中用例的描述]
执行者	[用户、角色等]	优先级	高□　中□　低□
描述	[简单地描述本用例，重点说明执行者的目标]		
前置条件	[列出执行本用例前必须存在的系统状态，如必须录入什么数据、须先实现其他什么用例等。注意除非情况特殊，不要写类似"登录系统"等每个用例几乎都需要具备的前置条件]		
基本流程	[说明在"正常"情况下，最常用的流程。通常是执行者和系统之间交互的文字描述]		
结束状况	[列出在"正常"结束的情况下的用例的结果]		
可选流程 1	[说明和基本流程不同的其他可能的流程]		
可选流程 n	[说明和基本流程不同的其他可能的流程]		
异常流程	[说明出现错误或其他异常情况时和基本流程的不同之处]		
说明	[对本用例的补充说明，如业务概念、业务规则等]		

这是一张用例表的模板，中括号中的内容说明了需要填入什么内容。请你先仔细品味一下，你可能会觉得这个用例表中的说明"八股文"太多了，说了几乎等于没说，一点指导意义都没有。没关系，后面练习会帮助你理解这个用例表。

【练习】填写"订餐"用例的用例表。

你可能对用例表模板还有很多疑问，请先按照你的理解来填写这张用例表，请考虑清楚"订餐"用例的细节。

请完成练习再继续往下阅读！

表 7.2 是参考答案，接下来我将从上到下、从左到右逐一介绍里面的内容。

表 7.2　订餐用例的用例表

编号	UC-01	名称	订餐
执行者	员工	优先级	高■　中□　低□
描述	员工可以通过选择当天菜式、填入日期成功地订餐		
前置条件	系统已经有当天的菜单可选，即需要先实现管理菜式（UC-05）用例		
基本流程	1．指示订餐。 　2．显示菜单、日期等录入信息。 3．选择菜式、日期。 4．确认订餐。 　5．显示订餐成功的信息		
结束状况	系统提示相关信息，并保存用户的订餐数据		

可选流程	4．取消订餐。 　　5．显示订餐不成功的信息
异常流程	确认订餐时，如果当前菜单以及修改，系统应给予提示：用户订餐不成功，需重新订餐
说明	订餐信息包括订餐者、菜式、订餐日期、创建时间。 订餐者、创建时间不需要用户输入，系统自动记录；订餐的日期，系统自动填入当天日期，用户可以修改

编号：指用例的编号，通常的格式是："UC-" + 数字，UC 是 Use Case（用例）的缩写，数字就是用例的序号。各公司可以制定自己的编号规则，如果觉得没有必要有编号，则直接删除。

名称：就是用例的名称，直接写用例图中圈圈中的文字即可。

执行者：指谁发动这个用例，也就是用例图中的执行者，如果有两个角色可发动这个用例，就写两个执行者的名称进去。

优先级：最基本的、最重要的、需要先实现的用例优先级请标为高。常用的等级是高、中、低，有时候可能会觉得三个等级都有点多，这时使用"高、低"两级就可以了。各公司可根据实际情况取舍，不必拘泥于"高、中、低"还是"高、低"。

描述：就是对用例的简单描述，简单说明执行者能做什么事情、达到怎样的效果。

前置条件：要发动该用例，需要先满足其他用例，要实现"订餐"，首先应该有菜单可选，也就是需要先实现"管理菜式"用例。"管理菜式"包含 4 个子用例，其实只需要实现"增加菜式"这个子用例，"订餐"用例就可以执行，当然如果 4 个子用例都实现了，"订餐"用例的前置条件就更加"雄厚"了。

不少人会将前置用例写成登录系统，基本上所有用例都需要满足这个条件，对于这样的情况没有必要每个用例表中都重复写一次，在文档某个地方统一说明便可。

有一些情况下是没有前置用例的，这样可直接写"无"。

对于基本流程、可选流程、异常流程，应该按照一定书写格式来书写，具体如下：

（1）以阿拉伯数字编号。

（2）执行者的操作顶头写。

（3）系统的操作空两格写。

基本流程：

1．指示订餐（顶头写的，表示是执行者的动作，这里省略了主语，以下类似）。

　　2．显示菜单、日期等录入信息（缩进写的，表示是系统的动作，这里省略了主语，以下类似）。

3．选择菜式、日期。

4．确认订餐。

　　5．显示可以让用户知道订餐成功的信息。

基本流程是用例表中最关键的信息，在这里我们要思考用户与系统是如何交互的，你需要注意：

（1）要用比较高层次的语言来表达，不要明确写出实现方式。

如"指示订餐"，而不是写"点击订餐按钮"；"显示菜单、日期等录入信息"，而不是"弹出一个窗口，显示菜单、日期录入界面"。

（2）系统与用户的交互要符合用户的使用习惯，尽量减少交互的次数，尽量减少信息输入量。

结束状况：这是指用例正常结束情况下，系统会有什么效果，一般就是提示相关信息和保存相关数据了。这里也不需要明确指定实现方式，如不需要说"系统将订餐数据保存到数据库中"。

可选流程：在基本流程的基础上，某些步骤可能是有分支的，这时可用"可选流程"，流程不止一个时，可用多个"可选流程"来说明。

可选流程是在基本流程的某一步骤上产生分支的：

4．取消订餐（这表示在基本流程的第三步后，则进入这个分支）。

5．显示可以让用户知道没有订餐成功的信息。

我们将基本流程和可选流程合在一起看，该可选流程的完整过程是这样的：

1．指示订餐。

2．显示菜单、日期等录入信息。

3．选择菜式、日期。

4．取消订餐（这步开始进入可选流程）。

5．显示可以让用户知道没有订餐成功的信息。

异常流程：异常流程不同于可选流程，可选流程属于正常操作，异常流程是指用例的某些基础条件不满足而导致发生异常，或者是发生了一些特殊情况，这时系统应该如何来处理。如员工正在订餐时，选中菜式"麻辣牛肉"，在这个时候前台正在管理菜式，将"麻辣牛肉"修改为"红烧豆腐"，而员工并不知道，仍然订了这个"麻辣牛肉"。这时要么系统会出错，要么就是员工以为自己订了"麻辣牛肉"，而系统却帮他订了"红烧豆腐"。

异常流程发生机会一般不会很大，也很容易被忽略，一旦遗漏了一些必须处理的异常流程，就会为系统埋下隐患。一些隐患可能会导致"幽灵缺陷"，幽灵缺陷是指一会出现、一会不出现、难以重现的缺陷，幽灵缺陷是开发人员最害怕的缺陷。我曾经试过好几天什么都不干，只管去"追杀"一个幽灵缺陷。

说明：每一个用例都很可能会涉及一个或多个业务信息，例如填写订餐信息，那么订餐信息应该包含什么内容呢？表 7.2 中的说明就规定了订餐信息包括订餐者、菜式、订餐日期、创建时间。表 7.2 的说明还规定了一些用户体验设计：订餐者、创建时间不需要用户输入，系统自动记录；订餐的日期，系统自动填入当天日期，用户可以修改。这些用户体验设计可谓相当体贴。业务信息、用户体验设计要求，这些信息如果不够清晰全面，那么系统实现的用例就可能不好用，甚至不满足需求。

用例表应该使用严谨的、确定的、无歧义的、"无后门"的语言来表达。什么叫"无后门"语言呢？先看看"有后门"的情况是怎样的："订餐信息包括订餐者、菜式、订餐日期等"，这个"等"字就留下了后门。其实填写这个用例表的过程中，你会发现很多不确定的内容，这时就要想办法搞清楚状况，写下确定的内容，不要留下"后门"。

用例表看上去非常像"八股文"，实践中很多人写不好这个用例表，主要是因为还没能理解好用例表的每个部分。用例表应该重点说清楚这些内容：

- 本用例的目标是什么？即应填写清楚"描述"部分。
- 本用例正常情况下的最常见流程是什么？即应填写好"基本流程"部分。
- 本用例的业务概念、业务规则是什么？即应填写好"说明"部分。
- 本用例必须考虑的可选及异常流程是什么？

用例表是细化用例的有力工具，你可以对这个用例表进行适当的调整，在你的工作中用上它！用例表似乎很强大，那是不是每个用例都应该使用呢？

7.5　综合运用类图、流程三剑客、用例图描述需求

我们应该关注用例表所表达的内容，而不是用例表的表现形式。你可能会觉得用例表这个形式未免有些僵化，为什么非要用表格的形式来表达业务概念、业务规则、基本流程、可选和异常流程呢？为什么不能使用类图表达业务概念，使用活动图、状态机图、顺序图来表达业务规则、基本流程、可选和异常流程呢？

7.5.1　用类图描述业务概念

描述需求时，其中几个很重要的事情就是：

（1）清晰地指出系统中的所有业务概念。

（2）详细定义这些业务概念的属性。

（3）详细定义这些业务概念的关系。

订餐系统中很重要的业务概念有订餐信息、菜式，请看图 7.14。

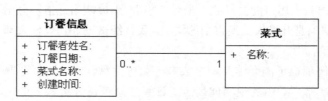

图 7.14　订餐系统业务概念图

当你成功订餐，留下了一条订餐信息，该信息记录了谁订的餐、订了什么餐、什么时候用餐，还有订餐信息的创建时间。每一条订餐信息必定对应一个菜式，而同一个菜式可能会被多个人所订，也就是可能会对应多条订餐信息。图 7.14 表达的就是这个意思。

请注意，图 7.14 全部使用了中文，没有标记属性的类型，类中没有操作。这是我用类图记录和分析业务概念时的惯常做法，中文可直接理解，而中文本身内容已经能表达该属性的类型，没有必要标记上"string"、"date"之类的属性类型，一旦标记了反而不利于与客户沟通。用类图分析业务概念时，是不需要用到类的操作的，如果硬用上了，会显得不伦不类，客户也难以理解。

前面提到，在用例表的"说明"一栏可说明业务概念，但这个做法有以下这些问题：

- 每个用例表中都会涉及业务概念，这些业务概念可能会重复出现在多个用例中，这样多个用例表就可能要重复说明一些业务概念。
- 不能集中在一个地方说明业务概念，也不好表达业务概念之间的关系。

更好的做法就是：使用类图来统一描述所有用例所涉及到的业务概念以及业务概念之间的关系，在每个用例表只需要说明需特别关注的内容。

我通常的做法是：在需求文档中用专门的章节来描述业务概念，我会用一个到多个类图来描述系统中出现的所有业务概念及业务概念之间的关系，在用例表中一般不用再说明业务概念的情况了，可以通过类图来了解。

7.5.2 流程三剑客的威力

我们确定用例图的同时，其实也确定了业务的流程，还需要将相关业务流程用活动图、状态机图、顺序图等表达出来。我在实际工作中，通常是在需求文档的前面章节将系统的重要业务流程用活动图、状态机图、顺序图等表达出来，后面的章节才会使用用例图、用例表来表达系统能做什么。

用例表中的"基本流程""可选流程""异常流程"等这些项目，其实都是流程，你不一定以用例表的方式来表达，你同样可以使用活动图、状态机图、顺序图来描述这样的流程。对于复杂的比较重要的用例，我往往会用活动图、状态机图、顺序图来进一步描述，而一般情况下使用用例表能够说明问题的就使用用例表。

用例表也不是非要采用的，用例表中的内容能表达出来就可以了。需求如何表达，用什么方式表达，同样也是招无定式的。我试过在需求文档中使用了大量的类图、活动图、顺序图、状态机图、用例图、用例表，也试过只使用一部分 UML 图，也试过整个文档都没有见到过一个 UML 图。

其实无论是否使用 UML 图，其目的无非想表达以下内容：

（1）系统所涉及业务的静态概念及它们之间的关系（结构建模）。
（2）系统所涉及业务的动态内容，一般就是各种业务流程（行为建模）。
（3）我们希望这个系统能为什么用户做什么事情。

上述三个目的都可以找到相应的 UML 来辅助实现，但没有规定非用不可，只要达到目的，任何合适的方法都是可以采用的。稍后章节我们将会有综合训练，让你体会在需求分析过程中如何活用 UML。

7.6 从用例分析开始还是由业务分析开始

7.6.1 客户主导 VS 项目组主导

【案例一】不敢接的兼职工作。

我刚出来工作不久曾经接到一份软件开发的兼职，为某工厂编写一个桌面软件。本想可以赚一些外快，但和客户谈了半天需求后，我就打退堂鼓了！和我面谈的客户想法很多，一开口就好像开闸泄洪一样，需求源源不绝地汹涌而来。而我只能用纸和笔来招架，逐一记录他的想法，偶尔可以提一些问题。事实上我有很多问题，但不知道怎样提，整个过程基本上就是被客户牵着鼻子走。客户基本上就是想花小钱做大事，而且想法还不成熟，在整个访谈过程中，客户多次自己否定自己的想法。如果做单生意，很可能会陷入无底深潭，于是我选择了撤退。

当时出现这样囧人的情况，原因有：

（1）不了解客户的业务。

（2）不知道客户想解决什么问题。

（3）需求调研缺乏勇气和技巧。

当时并不懂 UML，不知道用例图，获取需求的方式超级原始。如果我当时懂用例图，使用用例图来获取需求，情况是不是会改善呢？

【案例二】新人使用 UML 获取需求。

后来我担任项目经理，带领几名新人参加一个项目的需求调研工作。这几名新人其实也不算新了，都做过项目，有编程经验，UML 也比较熟悉，只不过他们是头一回直接面对客户调研需求。头几天需求调研，各人分头进行，分别访谈不同岗位的客户代表，大家都使用用例图描述需求，但各人得到的需求显得比较表面、凌乱、无条理，甚至有些需求显得很"无厘头"。用例图对获取需求似乎没有发挥很大的作用？

【案例三】项目组主导需求工作。

我亲自担任项目经理的最后一个比较大的项目是某公司的管理系统，该系统要分期实现一套先进的管理理念，该公司期望通过该系统来逐步落实这套管理理念。该管理理念确实是比较先进的，由初级到高级一共分为好几个层次，我们要做的系统就是分期实现前面的几个层次。

客户原来的管理模式比较原始，他们对新的管理理念的理解也不算很深刻，于是他们对系统的需求并不能提出很多很强的要求。而我当时所在的公司是 CMMI5 级企业，我是公司过程改进的主导者，并且有多年的管理经验，所以我对这套管理理念的理解程度是比客户要高的。于是在整个需求调研过程中，我们项目组基本上处于主导的地位，我们可以为客户提供有价值的需求解决方案。在这个过程中，UML 发挥了很大的作用。

用例其实是表面的需求，这些用例解决什么问题才是真正的需求。客户可以提一大堆需求，如果我们不能透视其本质，需求工作就会很被动。UML 是用来增强我们能力的，让我们具备透视客户需求本质的能力，如果达不到这样的效果，说明我们只是掌握了 UML 的皮毛。这三个案例希望能带给你有益的启发。

7.6.2 需要和需求规格

有这样的一种观点，从需求用例开始，分析出用例背后的业务流程，即先获取需求再分析业务。我不太认同这样的做法，准确全面的需求获取依赖于精准的业务理解，应该从业务分析开始，在此基础上整理出需求用例。

其实第 2 章耗尽脑汁的需求分析工作中已谈到"需要"与"需求规格"的问题，应先搞清楚需要才能准确地把握需求规格，而要搞清楚需要，则应先理解业务。如果不太记得需要和需求规格了，请先复习第 2 章的相关内容。

客户口头上表述的需求往往是功能级别的要求，如果不理解客户的业务，刚开始你会一头雾水、一知半解，有好多问题但不知从何问起，就好像"案例一"中我的情况。如果你会用例图，并且尝试使用用例图来表述需求，但如果仍然不理解客户的需要，不熟悉业务，那么就会出现"案例二"的情况。如果你能深刻理解业务，理解客户的需要，你就可以提出有价值的需求解决方案，这就是"案例三"的情况。

本书前面章节介绍的类图、活动图、状态机图、顺序图，其实都是讲述如何利用 UML 来分析业务的问题，我们可以利用类图进行业务结构建模，利用活动图、状态机图、顺序图来进行业务行为建模。前面做了这么多"铺垫"，直到本章节才正式介绍可直接用于记录需求的用例图。

我们需要利用这些 UML 图来理解、发掘、整理客户的业务，然后根据客户的目标、期望整理出系统的需求，这个时候我们就需要使用用例图。能否精准全面地把握客户的需求，其实 70% 靠我们对业务的准确深入全面理解，30% 靠需求的整理。

我建议需求分析应该从业务理解开始，在把握客户需要的基础上逐步整理出需求规格。当然这个过程也不是绝对的，我们也可以从客户直接提出的需求规格中发掘其背后的需要，再回过头来完善需求规格。

7.7　非要使用用例图、用例表吗

7.7.1　不使用用例图和用例表的情况

UML 有强大的威力，用例图和用例表更加是表达需求的利器，但我在实际工作中却有不使用用例图和用例表，甚至是完全不使用 UML 的情况。

第一种情况：完全不懂 UML 或只懂 UML 的皮毛的时候。

完全不懂自然谈不上用 UML 了，如果只懂一些，又该如何呢？是不是因为只懂一些，就不敢用呢？如果不在实践中练习，又如何能进步呢？如果你已经开始学习 UML，我强烈建议你在实际工作中用上它，在项目组内部交流时完全可以使用，但需要注意的是：和客户进行沟通时要慎用 UML 图，进行需求确认及签署时不能乱用 UML 图。

我遇到过的客户，100% 是不懂 UML 的，尽管你似懂非懂也能忽悠过去，而且可以在客户面前装一回 UML 专家。但我建议你千万不要这样做，首先尊重客户是我们最起码的要求，另外使用 UML 不是为了装酷，而是为了更好地沟通，你必须让客户能准确地理解 UML 图所表达的内容。

第二种情况：单机软件。

我从事 IT 工作的前三年，大部分时间在做一个单机的桌面软件。这是一个建筑工程量三维自动计算软件，你可以通过这个软件构造三维的建筑模型，软件会自动计算各种工程量，为建筑造价计算提供工程量数据。当时我还不懂 UML，并没有使用 UML 来描述该软件的需求，如果我懂 UML，那是不是使用用例图和用例表会更好呢？我觉得不是！该软件的需求主要来自于两个方面：

（1）没有使用工程量计算软件之前，用户是如何工作的？

使用该软件的用户是建筑造价从业人员，没有工程量自动计算软件之前，他们通过手工的方式来计算工程量，工作量大，容易出错，而使用工程量自动计算软件后，他们的工作方式发生了革命性的变化。要设计好这个工程量自动计算软件，我们需要首先熟悉用户原来的手工工作模式。

（2）竞争对手的同类软件具备怎样的功能和特点？

当时同类软件也不少，有基于表格的工程量计算软件，也有基于图形的，但没有基于三维图形的！手工计算时，其实就需要你在脑袋中不断地构造三维模型，于是我们决定让我们的软件直接三维建模，柱、梁、板、墙等直接在立体空间中呈现。除此之外，我们还要吸收和提升同类软件的一些优点，同时让软件具备我们特有的有竞争力的优势。

如果让你来规划 Office 下一个版本的需求，你会使用用例图和用例表吗？

如果让你来设计 QQ 客户端应该具备怎样的功能，你会使用用例图和用例表吗？

这个三维建筑工程量自动计算软件，和 Office、QQ 客户端这样的软件一样，都具备以下特点：

（1）软件不是以数据库四轮马车的工作为主。

（2）软件的用户很多，不太好对这些用户进行分类。

（3）软件变革了用户原来的手工工作模式，而变革后的工作模式是由软件设计者主导的。

（4）软件有很多创新点，这些创新点提升了社会的生产力。

对于具备上述特点的软件，倒不是说一定不适用用例图和用例表，而我建议工作模式是：

（1）软件的用户分析还是相当必要的，可以利用用例图的执行者部分进行用户分析。对软件用户大致进行分类，分析每一类用户的关注点等，由此导出一个个功能点。

（2）以"功能树"的方式来规划和组织需求，也就是以"树"的方式分层次地逐一展开各功能。

（3）这类软件的创新性相当重要，需要经常思考功能树是否需要调整。

（4）这类软件的易用性相当重要，没有必要在开始的时候就规定软件与用户是如何交互的，技术的革新会带来用户体验的革新。在用例表的基本流程中规定系统与用户是如何交互的，这是完全没有必要的。

第三种情况：公司的门户网站。

这是我带领新人完成的一个项目，某公司需要一个形象好、能吸引客户的公司网站，项目规模不大。这个项目的需求规格说明书没有使用任何 UML 图，但仍然很好地发挥了作用。

为了锻炼新人，我让他起草第一稿的需求规格说明书。这第一稿的需求文档，需求基本表达出来了，但我仍然不得不用"惨不忍睹"四个字来形容这个文档：文档的条理性极差，面条式的文字，表达逻辑混乱，文字严谨性很差，客户看了肯定很让他抓狂。

于是我花了几个小时来重新梳理这篇文档，尽管没有使用 UML 图，但我是按照 UML 的表达逻辑来重新整理文档的。

（1）需求中涉及概念，如公司新闻、产品信息等，尽管我没有使用类图，但我会逐一说清楚其全部属性。

（2）我在文档开始部分就阐述清楚了网站的几种用户：公众、潜在商家、管理员，并逐一说清楚其关注点。

（3）重新组织网站功能的表达架构，让客户更容易看懂。网站分为前台和后台两部分，前台部分是公众及潜在商家使用的，后台是网站管理员使用的。

第（1）点的做法，其实是替代了类图的作用；第（2）、（3）点的做法，其实是替代了用例图的作用。项目的需求不复杂时，如果能参照 UML 的表达逻辑，用文字也能较好地表达出需求。

当时项目还是相当急的，而且新人对 UML 还不熟悉，于是我偷懒了，没有使用 UML 图。项目需求比较复杂时，建议还是使用 UML，使用用例图，如果不用 UML 也需要使用 UML 的表达逻辑。不建议大家学我，偷懒的后果往往是后面会更忙，得不偿失。

7.7.2　使用用例图但不使用用例表的情况

我做过的大部分项目都使用了用例图，但除了早期的一些项目使用了用例表外，后期的项目我基本没有使用用例表，也就是说我经常只使用用例图而不使用用例表。

用例表的基本流程、可选流程、异常流程部分要求我们规定系统与用户是如何交互的，尽管这些规定还不是很具体，弹性空间很大，但实际上这些规定没啥意思，到软件实现的时候往往不是这个样子的，往往有更好的实现方案。

系统与用户如何交互，这其实是软件用户体验设计的内容，我不建议在需求文档中就予以规定，并和客户签署该需求文档。当然光靠用例图还不能充分说清楚需求，我觉得在用例图的基础上，再重点说清楚每个用例的以下内容就可以了：

（1）用例所涉及的业务概念、业务规则。

（2）用例的目标，通过该用例用户能做什么事情，达到怎样的效果。

（3）该用例的前置条件。

（4）必须考虑的特殊情况。

第（1）、（2）点必须描述清楚；第（3）点不是经常有，需要你去想清楚；第（4）点提到的特殊情况其实是不时会出现的，但我们往往没能发现，千万不要忽视了，这里可能是为软件埋下地雷的地方。

以前公司的需求文档模板要求每个用例都需要填写类似表 7.1 的用例表。最开始还觉得这样挺好，通过用例表能让我们想清楚具体每个用例的情况。但一个项目少则几十个用例，多则上百个用例，这个用例表填得多了就觉得大部分时间在做类似的重复工作，比较无聊。其实每个用例规定系统与用户如何交互，显得很死板，缺乏弹性，这是我不使用用例表的重要原因，但用例表中其他有用的内容我都是有使用的。

但如果不规定每个用例系统和用户是如何交互的，该用例到了程序员手上，特别是新人手上，做出来的效果可能很差。新手经验不多，通过用例表来提升新人的水平还是有必要的，于是我们对之前的需求模板进行这样的改进：

（1）针对大部分用例是数据库的四轮马车操作的情况，我们专门编写了数据增加、查看、修改、删除用例的详细用例表样板。

（2）每个项目需要将这四个用例表样板修改为适合本项目使用的样板，必要时需为本项目准备两套或以上的用例表样板，这些准备好的用例表样板被称为"参考用例"。

（3）本项目的每个用例，不再需要详细填写用例表的全部内容，只需要填写简化的用例表模板（表 7.3）。如果该用例的系统与用户交互的过程与某一参考用例类似，则填写该参考用例的编号。

表 7.3　简化的用例表模板

编号	[用例编号，如 UC-01]	名称	[用例名称，即用例图中用例的描述]
执行者	[用户、角色等]	优先级	高□ 中□ 低□
描述	[简单地描述本用例，重点说明执行者的目标]		
前置条件	[列出执行本用例前必须存在的系统状态，如必须录入什么数据、须先实现其他什么用例等。注意除非情况特殊，不要写类似"登录系统"等每个用例几乎都需要具备的前置条件]		
结束状况	[列出在"正常"结束的情况下的用例的结果]		
参考用例	[填写标准用例的编号]		
说明	[对本用例的补充说明，如业务概念、业务规则等]		

（4）如果该用例情况比较特殊，没有可供参考的参考用例，则需要填写完整版的用例表模板。

上述的做法其实就是将大部分用例中相似的内容抽取出来，定为"参考用例"，供其他用例"调用"。这样的做法能为新手提供经验借鉴，同时也避免了很多重复工作，如相似的内容重复书写、更新时需要重复更新等。

本小节介绍了我在实际工作中应用用例图与用例表的特殊情况，其实这些特殊情况还是相当常见的。我的经验仅供参考不可照搬，你的情况可能比我的还要复杂，希望我的经验对你有帮助，能帮助你做出属于你自己的最佳实践！

7.8　小结与练习

7.8.1　小结

用例图主要用来回答这两个问题：

（1）本系统被什么执行者使用？

（2）每种执行者通过本系统能做什么事情？

用例图基本语法：执行者（Actor）、用例（Use Case）、系统边界（System Boundary）、关联（Association），如图 7.15 所示。

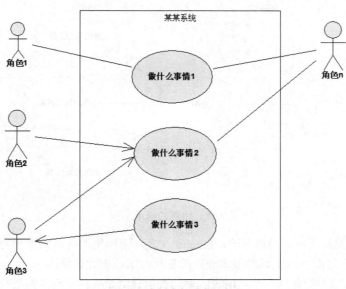

图 7.15　用例图基本语法

用例图进阶语法：角色的继承、用例的 Include、用例的 Extend、用例的继承，如图 7.16 和图 7.17 所示。

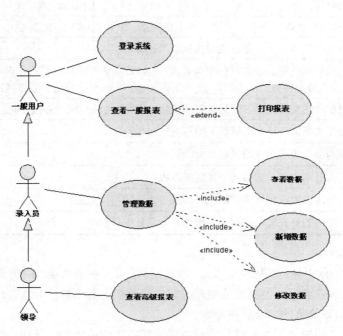

图 7.16　用例图进阶语法示例

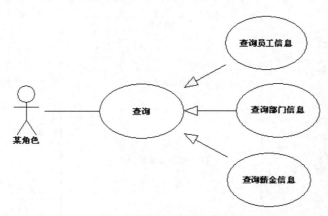

图 7.17   用例的继承示例

Include 是用例关系当中用得最多的，Extend 次之，而用例的继承关系用得最少。用例的继承一般很难让客户理解，而且有更好的容易理解的替代方案，不建议使用。

使用"完整版"或"简化版"的用例表能帮助我们说清楚用例，但用例表只是一种表达格式而已，内容才是关键。

表 7.4   用例表模板

编号	[用例编号，如 UC-01]	名称	[用例名称，即用例图中用例的描述。]
执行者	[用户、角色等]	优先级	高□ 中□ 低□
描述	[简单地描述本用例，重点说明执行者的目标]		
前置条件	[列出执行本用例前必须存在的系统状态，如必须录入什么数据、须先实现其他什么用例等。注意除非情况特殊，不要写类似"登录系统"等每个用例几乎都需要具备的前置条件]		
基本流程	[说明在"正常"情况下，最常用的流程。通常是执行者和系统之间交互的文字描述]		
结束状况	[列出在"正常"结束的情况下的用例的结果]		
可选流程 1	[说明和基本流程不同的其他可能的流程]		
可选流程 n	[说明和基本流程不同的其他可能的流程]		
异常流程	[说明出现错误或其他异常情况时和基本流程的不同之处]		
说明	[对本用例的补充说明，如业务概念、业务规则等]		

用例图实践建议：

（1）用例图和用例表只是一种表现形式，掌握用例图及用例表所承载的需求分析方法才是关键。

（2）理解客户的业务，才能更准确地理解客户的要求。不应盲目听众客户的要求，应立身于客户的利益为其提出有价值的需求解决方案。

（3）分析有什么用户使用本系统，他们需要的基本功能是什么，必须先保证基本功能，然后再考虑"花哨"功能。

（4）使用用户的语言来表达需求，避免使用技术用语，回答这个问题："什么用户通过本系统能做什么事情？"

（5）先画一个表示系统宏观需求的用例图，该用例图应使用系统边界，每个用例使用比较高度概括的语言。在此基础上，利用 Include、Extend 来逐层展开用例图。也可以使用包来组织用例，这将在后面章节介绍。

（6）执行者比较多时，可先单独画出执行者以及他们的关系，并用表格说明每个执行者的需求关注点。

应综合运用类图、活动图、顺序图、状态机图、用例图、用例表来说明需求。

7.8.2　练习

（1）为订餐系统增加"花哨"功能，重新绘制和组织用例图。

（2）从订餐系统的用例图中挑选两个用例（不得挑选"订餐"用例），编写它们的用例表。

（3）从你参与过或者正在参与的项目中选一个，用用例图和用例表描述该项目的全部或者部分需求。

7.8.3　延伸学习：半途接手一个没有验收标准的项目

半途接手一个没有验收标准的项目（声音+图文）。

（扫码马上学习）

第8章
描述系统的框架——部署图、构件图

非功能需求是需求的重要组成部分，而部署图和构件图是获取和描述非功能需求的重要工具。本章开始会涉及技术的内容，如果你不懂技术，不必慌张，学习了本章内容你至少可以成为"半个"技术专家，能用部署图和构件图描述在软件架构上的需求。

8.1　描述需求为什么要用部署图、构件图

调研需求的时候，用户会跟我们说：这个软件要具备怎样的功能、能做什么事情等，这些是功能性的需求。你可能会说：这个功能性需求我懂啊，非功能需求我也懂，非功能需求无非就是对系统的安全性、性能等方面的一些要求而已。部署图和构件图是用来描述软件架构的，软件需求调研也需要确定软件架构吗？这么早就确定软件架构，岂不是自缚手脚？

请看这个例子：对 Oracle "情有独钟" 的客户。

某软件公司采用.NET 技术体系研发了一套电力系统，该系统使用的是 SQL Server 数据库。该软件公司成功中标，成功向某电力部门销售该系统。但安装系统时，客户发现该系统使用的数据库是 SQL Server 时，要求必须使用 Oracle，原因主要有两条：

- 客户原来已经运作的系统，都是采用 Oracle 数据库的，希望新系统也是 Oracle 数据库，这样可以方便管理，也便于以后和其他系统的数据对接。
- 客户已经花钱采购了 Oracle，不想再花钱采购 SQL Server，软件公司应充分尊重客户已经花费的投资。

客户的这两条理由是很强大的，软件公司只能修改系统，使之可以支持 Oracle 数据库，这样

的软件改动工作量是很大的。

以上仅是其中一个对软件技术框架有要求的案例，其实很多软件系统在需求阶段就已经有一些软件技术框架、软件架构上的要求，如果忽视了这些要求，会给软件后期工作带来"灾难"。

很多项目往往在初期就会对技术框架有一定的限制，常见的情况有：

（1）新项目需要在原系统的基础上开发，那原系统的技术必然会影响新系统的技术方案。

（2）新项目需要与某些存在的系统做对接，这些对接要求也必然会影响新系统的技术方案。

（3）新项目需要充分利用客户的现有 IT 资源，尊重和保护客户的投资。如上例：客户已经有 Oracle 数据库服务器，那新项目很可能就需要支持 Oracle 数据库。

（4）软件公司承接新项目时，一般都会采用自己公司成熟的技术框架。比方说：公司采用的是微软技术，那么在需求中往往会列明系统采用.NET 框架、SQL Server 数据库等。

（5）很多项目会有安全性、可靠性和性能等方面的要求，这些要求在一定程度上也会决定系统的技术框架。

需求阶段一般不会决定全部的技术细节，但往往需要确定技术框架层次的一些要求，常见的情况有：

（1）系统的技术选型，包括开发采用的语言（如 Java、.NET、PHP）、数据库平台（如 Oracle、SQL Server、MySQL）等。

（2）系统部署在怎样的服务器上？如：部署在客户原有的服务器上，还是新采购的服务器？服务器需要怎样的硬件和软件配置？

（3）系统需要和原有哪些系统进行对接？将来要与哪些系统进行对接？

（4）系统需要导入什么数据？需要和哪些系统同步数据？

（5）客户原有的 IT 平台需要怎样的改造？怎样才能让新系统运行得更好，同时也能保障客户原有系统的正常运行？

（6）系统在安全性、性能等方面的要求应达到怎样的程度？

为了更好地分析和描述这些技术框架方面的需求，我们需要使用部署图、构件图！一般我会这样做：

（1）使用部署图、构件图描述客户当前的 IT 架构。

（2）列出客户在技术框架方面的要求。

（3）针对第（2）点列出来的要求，用部署图和构件图来设计新系统的技术框架。

（4）和客户沟通和确认这些内容：客户 IT 架构环境需要怎样的改造？新系统将如何部署在客户的 IT 环境中？

8.2　什么是部署图（Deployment Diagram）

部署图和网络拓扑结构图挺相似的,我们先看看某 24 小时便利店管理系统的网络拓扑结构图,如图 8.1 所示。

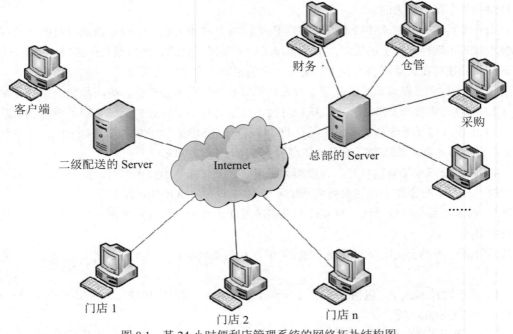

图 8.1　某 24 小时便利店管理系统的网络拓扑结构图

先介绍一下网络拓扑结构图的基本语法：

（1）中间的云状的物体，叫做 Internet，如果某设备连接到互联网，那么就会画成与这朵云相连。

（2）网络上的硬件设备，通过合适的图标来表示。例如 PC 用台式计算机的图标，服务器用服务器的图标。

（3）硬件之间有物理联系的话，会画一条线条相连。

这个图并不代表真实的 24 小时便利店管理系统架构，这个图仅供我们学习部署图参考。从该图可以得到以下重要信息：

（1）该便利店集团有总部和多个门店，总部管理财务、仓管、采购等事宜，而门店就是平时我们在街道和社区见到的 24 小时便利店。

（2）二级配送可能是该集团的一个子单位，也可能是第三方公司，其作用是及时配送货物到门店。

（3）每个门店都有终端计算机，这些终端计算机通过互联网与总部的服务器、二级配送的服务器有联系。

（4）财务、仓管、采购子系统在总部的局域网内。

（5）二级配送的客户端直接与二级配送的服务器相连。

第（1）、（2）点是业务信息，第（3）、（4）、（5）点是技术信息。

分布式系统的整体规划是很重要的，要做好整体的系统规划，需要具备以下知识：

（1）掌握系统的需求。

（2）掌握相关的开发技术。

（3）熟悉网络知识、IT 基础架构知识。

（4）熟悉相关的硬件知识。

部署图的主要目的是在物理的层次上做整体的系统规划，当然网络拓扑结构图也能起到这个作用，但我更建议你使用部署图，部署图的威力更加强大，而且可以在此基础上继续细化设计。

24 小时便利店管理系统的网络拓扑结构图，用部署图表示如图 8.2 所示。

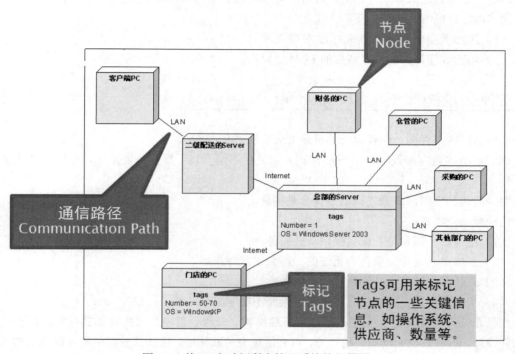

图 8.2 某 24 小时便利店管理系统的部署图

说明：图中的标注及说明文字不是部署图的一部分，仅是用来说明而已。

请你比较一下 24 小时便利店管理系统的网络拓扑结构图和部署图，体会一下部署图的语法。

（1）实际环境中的一台计算机、服务器或硬件设备，在部署图中用节点（Node）来表示，也就是图中的一个个立体矩形。

（2）每个节点都有一个名字，如图中的"财务的 PC"、"总部的 Server"等。

（3）"门店的 PC"并没有画多个 Node，只画了一个 Node，但这个 Node 中有标记（Tags）。标记（Tags）是用来详细说明节点的配置情况的，如"Number=50-70"，表示有 50～70 台门店的 PC；"OS=WindowsXP"，表示门店的 PC 的操作系统是 Windows XP。Tags 的表达格式是"配置项=配置情况"，等号左侧写出你想说明的项目，等号右侧说明具体的内容。可通过 Tags 来说明该设备的数量、操作系统、供应商等关键信息。

（4）节点与节点之间如果有物理联系，则直接拉线条，在线条上面写上连接的方式，这叫通信路径（Communication Path）。如："总部的 Server"与"门店的 PC"是通过 Internet 来联系的，"总部的 Server"与"财务的 PC"是通过局域网（LAN）来联系的。在网络拓扑结构图中，互联网画成一朵云；而在部署图中，互联网只是通信路径的一种方式，画一条线条再加上"Internet"这个文字就可以说明。

用部署图来表示系统架构显得更加专业，而且节点中的 Tags 能帮助你表达更多的内容。部署图的语法其实不只这么多，但在需求分析阶段掌握这么多基本已经足够。掌握上述部署图知识后，你应该可以应付以下这两个工作：

（1）用部署图描述客户当前的 IT 环境架构。

（2）用部署图设计客户改造后的 IT 环境架构。

8.3 什么是构件图（Component Diagram）

构件图也叫组件图，两种说法都符合 UML 中文术语标准。

这个小节的内容涉及软件开发的知识，如果你不懂开发，那你就发达了，可以趁此机会学习一下！

要搞清楚构件图，必须先搞清楚什么是构件。

构件有以下特点：

（1）能实现一定功能，或者提供一些服务。

（2）不能单独运行，要作为系统的一部分来发挥作用。

（3）是物理上的概念，不是逻辑上的概念。

（4）可单独维护、可独立升级、可替换而不影响整个系统。

构件是物理上独立的一个东西，它可单独维护、升级、替换，画构件图的目的就是要做系统的构件设计，思考系统在物理上的划分，可利用现有哪些构件、哪些部分做成构件供以后的项目重用等。

下面有两个问题可以测试你是否理解了构件的概念。

问题 1：我们做软件设计时，往往会提到"模块"这一词，"模块"是不是构件呢？

不一定是，每个人心中的"模块"标准是不太一样的，有时候会按业务逻辑来划分模块，有时候从技术的角度来划分。模块只是为了方便说明问题，将软件人为地划分为几个部分而已，我们可以对照组件的上述几个特点来判断"模块"是不是构件。

问题 2：软件常常会采用分层设计，那一层是一个构件吗？

大部分情况下分层设计中的每一层，仅是一个逻辑上的划分，物理上并不是单独的文件，这时的分层不是构件。但具体要看实际的设计情况，可对照构件的上述几个特点来判断。

构件的样子很简单，如图 8.3 所示。

图 8.3　构件图 UML 1.x VS UML 2.x

左边的图是 UML 1.x 时的构件表示方法，右边的图是 UML 2.x 时构件的表示方法。
再看图 8.4。

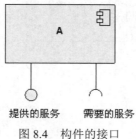

提供的服务　　需要的服务

图 8.4　构件的接口

这个图表示了构件 A 提供了怎样的服务，以及需要别人提供怎样的服务。

图 8.5 表示 Component1 依赖于 Component2，这表示 Component1 需要调用 Component2 提供的一些服务。

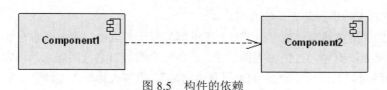

图 8.5　构件的依赖

图 8.6 表示 Component2 提供的服务是 Component1 所需要的，本图也可以画成 Component1 依赖于 Component2。

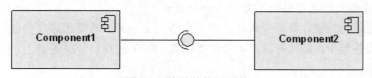

图 8.6　构件的接口对接

学习了以上内容，了解到构件是软件系统的某部分，你可能会有疑问：在需求阶段就需要设计软件的内部结构吗？这个组件图对于我们获取非功能需求有什么用？

一般情况下，需求阶段并不需要设计软件的内部结构，但前面小节提到，这个待开发的系统可能会与别的系统的构件进行交互，或者是与别的系统的数据库进行交互，这时我们很可能需要用到构件图。

8.4 部署图和构件图的"捆绑"应用

部署图和构件图往往需要综合应用才能表达清楚系统在架构设计上的要求，如图 8.7 所示。

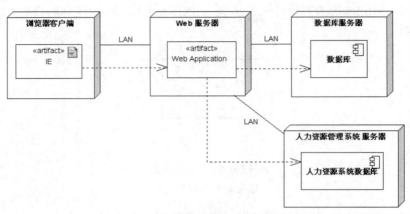

图 8.7 部署图和构件图"捆绑"应用示例

这个图表达了这样的内容：

● 这是一个某 B/S 架构的系统。

● 该系统与人力资源管理系统有关系。

留意图 8.7 的"浏览器客户端"和"Web 服务器"两个节点中，均出现带有"<<artifact>>"标记的内容，这是前面没有学习过的部署图语法。这些带有类似书名号括起来的内容就是关键字，前面的章节我们曾经学习过。而 artifact 的意思是"制品"，也有人称作"工件"，"制品"的说法符合 UML 中文术语标准，"工件"的说法不符合。

artifact 表示的是可以独立运行的一个软件。在"浏览器客户端"节点中有一个名叫 IE 的 artifact，表示这里需要安装 IE 浏览器。在"Web 服务器"节点中有一个名叫 Web Application 的 artifact，表示需要在 Web 服务器上部署本系统的 Web Application。

数据库可以表示为构件，将某个构件画在某个节点上，表示需要在这个节点上部署该构件。上图表示在数据库服务器中，需部署这个系统的数据库，而在另外一台服务器上，已经存在一个人力资源系统的数据库。

节点与节点之间的实线连接，表示它们以 LAN（局域网）的方式联系起来。我们还见到 artifact 之间、artifact 与构件之间有依赖关系，下面逐一说明。

● "IE"依赖于"Web Application"：表示本系统用户需要通过 IE 来访问 Web Application，如果 Web Application 不存在，用户不可能通过 IE 来使用本系统。

● "Web Application"依赖于"数据库"：表示 Web Application 往"数据库"中读写数据，如果"数据库"不存在了，Web Application 将不能正常工作。

- "Web Application"依赖于"人力资源系统数据库"：从这样的关系上我们可以猜测到，本系统可能需要用到某些人力资源数据，也可能会往"人力资源系统数据库"中写入数据。如果该数据库不存在了，可能会导致 Web Application 部分功能不能正常工作，甚至完全不能工作。

某个 artifact 或构件可以"穿越"它所在的节点范围，依赖于另外节点中的某个 artifact 或构件，两个节点中的 artifact 或构件如果存在依赖关系，那么这两个节点之间必定存在物理连接。如"浏览器客户端"的"IE"依赖于"Web 服务器"的"Web Application"，如果"浏览器客户端"与"Web 服务器"这两个节点之间没有"LAN"这个物理连接，这样的依赖是实现不了的。

通过部署图与构件图"捆绑"应用，可以让我们更好地分析和表达本系统在 IT 架构上的宏观要求，以及本系统与其他系统的关系等。当然，综合应用部署图和构件图还可以进行详细的软件架构设计，但这两种图用于需求分析时，掌握到这样的程度已经基本足够了。

8.5　小试牛刀——OA 系统的架构需求

【练习】分析某 OA 系统在 IT 架构上的要求。

某公司当前的 IT 架构情况如下：

（1）大概有 100 台台式计算机，操作平台是 Windows XP。

（2）有一台 Web 服务器，操作系统是 Windows Server 2003。

（3）有一台数据库服务器，安装有 Oracle 数据库。

（4）目前运行有一套 CRM（Customer Relationship Management，客户关系管理）系统，该系统是 B/S 架构，采用 Oracle 数据库。

你需要分两步完成这个练习，第一步要求是：用部署图和构件图画出该公司当前的 IT 架构情况，请完成后再继续阅读噢！

上面并没有直接说明 CRM 系统的 Web Application 和数据库部署在哪里，但该公司有一台 Web 服务器和一台装有 Oracle 数据库的服务器，我们可以推断出 CRM 系统的 Web Application 和数据库部署在哪里了，参见图 8.8。

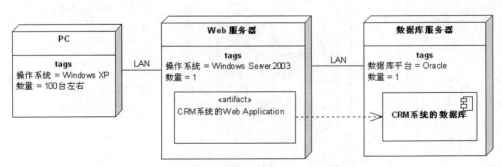

图 8.8　某公司当前的 IT 架构情况

　　在实际工作中，你不能光靠客户提供的资料来"想象"客户的 IT 架构环境，你需要找客户的 IT 负责人了解清楚，直接到客户的 IT 现场环境进行调研。客户的服务器以及上面安装的软件，可能是"日久失修"的，如服务器操作系统未及时打最新的安全补丁、数据库没有备份措施等。我曾经见过客户在服务器上安装了 QQ 软件，甚至感染了病毒的情况。我们即将开发的系统将要运行在这样的 IT 环境上，为了客户的利益，为了系统将来能正常运作，我们需要在需求调研阶段就搞清楚客户的 IT 环境情况，为客户提供改善 IT 环境的专业意见。

　　该公司希望做一套 OA（Office Automation，办公自动化）系统，提升公司内部工作效率，同时要求该系统符合以下的 IT 架构方面的要求：

　　（1）系统需和 CRM 系统共享部分客户数据。

　　（2）系统需要支持能通过智能手机完成部分功能，支持笔记本电脑通过无线上网的方式使用全部功能。

　　（3）该公司已经购买了一个工作流引擎，该系统需用上该引擎。

　　现在你要完成这个练习的第二步了，请用部署图和构件图画出 OA 系统上线后的 IT 架构情况，同样请完成练习后再继续阅读！

　　图 8.9 中深色的部分是新增的内容：

　　（1）因为客户有这样的要求"系统需要支持能通过智能手机完成部分功能，支持笔记本电脑通过无线上网的方式使用全部功能"，故部署图中增加了"智能手机"和"笔记本电脑"两个节点。

　　（2）artifact"OA 系统的 Web Application"中有一个"工作流引擎"构件，表示本 OA 系统需要用到这个工作流引擎。

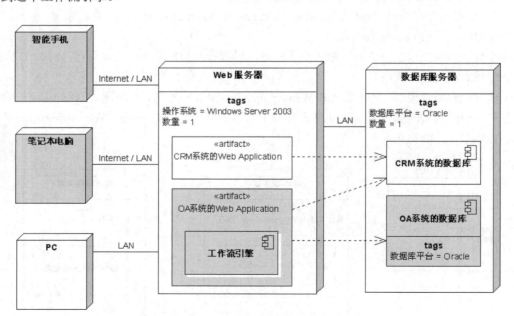

图 8.9　OA 系统上线后的 IT 架构

（3）"系统需和 CRM 系统共享部分客户数据"，故你会看到 artifact "OA 系统的 Web Application"依赖于构件 "CRM 系统的数据库"。

（4）考虑客户已经购买了 Oracle 数据库平台，而且 CRM 系统采用的是 Oracle 数据库，故可确定本系统的数据库也采用 Oracle。构件"OA 系统的数据库"有"数据库平台=Oracle"的标记（Tags），表示的就是这个意思。

图 8.9 清晰地描述了系统的 IT 架构上的要求，但并不是系统的完整架构设计。在需求分析阶段，不需要详细表达设计方案，但需要明确软件架构上的要求，一般你需要考虑这些问题：

（1）客户的 IT 架构需要进行哪些优化工作？如：软硬件需要进行哪些调整？网络需要进行怎样的优化？

（2）如何充分利用客户现有的 IT 资源，既保障客户的已有投资，又保证新系统能良好运作？

（3）新系统需要与已有系统是怎样的关系？如：需要和别的系统做对接接口吗？要利用别的系统的数据库吗？

（4）客户对本系统还有其他哪些 IT 架构上的要求？如上例：需要你用上已购买的工作流引擎。

客户一般不是专业的 IT 人士，客户的 IT 部门其专业水平往往也不高，我们在获取这方面需求时需想客户所想，需深入地了解客户实际的 IT 架构情况，根据客户在业务上的需求，列出符合客户利益的、专业的 IT 架构需求方案。

8.6　如何获取和描述非功能性需求

什么是非功能性需求？这里来一个完整的说明，非功能性需求包括以下两方面：

（1）软件技术架构的要求。

（2）安全性、易用性、性能等方面的要求。

部署图和构件图可帮助我们获取和描述第（1）方面的需求，而第（2）方面的需求，我一般可通过文字和表格来说明，而不使用 UML。

以前公司的需求文档模板中，有安全性、易用性、性能等方面的章节，刚开始我每次填写这些章节的内容，都觉得极为痛苦，不是觉得没啥可写，就是每次写的内容都差不多，如：

● 安全性方面会写成：系统应提供一个完善的、统一的、权限集中管理的安全管理体系，确保系统和数据的安全。

● 易用性方面会写成：系统应提供具备直观指导意义的操作界面，所有操作应该符合用户的使用逻辑。

以上写法可谓"放之四海而皆准"，你可以认为这是软件开发的"常识"，也可以通过这些说法在菜鸟面前"扮"一下专家，但这样做有什么实用价值呢？

当时这些部分的内容我没有写好，一方面原因是需求文档的模板设计得不是很好，然而更重要的原因是自己的水平还没有到那个档次。随着后来自己认识的加深，终于写出了一些有价值的、实用的描述，以下是一些示例。

（1）安全性方面的描述：

● 用户通过 Internet 访问本系统时，只能以 HTTPS 的方式访问。

● 系统需记录用户的重要"写"操作，记录的内容包括用户名及操作的内容。重要"写"操作包括系统登入、系统登出、分派工作、转发工作、拒绝工作、接受工作、……（后面内容省略）

（2）易用性方面的描述：

本系统是客户日常工作所依赖的系统，系统应尽量提供便捷的操作方式。

● 尽量减少用户的输入量，多用缺省值和选择输入，如果选择项比较多，需要提供便捷的筛选方式。

● 能根据用户的输入习惯，智能地提供最常用的输入选择。需要提供智能选择的地方有工作性质选择、负责人选择、部门选择、……（后面内容省略）

（3）性能方面的描述：（省略号表示省略了部分内容）

服务器配置为……，客户端配置为……以上，同时使用本系统的用户数量约 100 人，用户进行常用操作时，系统反应时间不超过 5 秒，常用操作包括：……

性能方面的描述相对来说比较容易量化，但我们也容易走向另外一个极端，就是过度量化。我们曾经试过列出一些吞吐量、响应时间等性能指标，这些指标有可能根本无法做到，或者是度量成本很高。一般来说，如果我们做的是公司内部使用的 MIS 类型的系统，不太需要列吞吐量、响应时间等这些看似很专业的指标，也不太需要考虑极端情况，例如最大吞吐量、最大并发数等，写一些用户能看得懂的人性化指标就可以了（如上例）。但对于对性能要求高的门户网站、同时使用系统的用户数量庞大的公司内部系统，则需要考虑一些比较专业的性能指标了。

除了安全性、易用性、性能方面，其实还可以列很多出来，如可靠性、一致性、开放性等，这些东西的名词解释可能会让你很头晕。我不喜欢纠结于这些名词之间，一切从实际需求出发，列出符合客户利益，而自己公司也具备实力可以做到的要求就可以了。有些内容实在想不出应该写什么，不写就行了，不需要受那个需求文档模板限制。

非功能性需求可以写得很细，你可能会觉得上述的示例已经写得有点过细，甚至可以看成是详细设计级别的要求了。需求文档中的安全性、易用性、性能等方面的要求，应该细到怎样的程度才合适呢？没有标准答案，下面一些实践建议供你参考：

（1）不要写"放之四海而皆准"的内容，这个粒度太粗了，没有实用价值。

（2）根据项目的业务需求、客户的 IT 架构环境，写出针对性的要求。

（3）抓住主要问题，列出具体要求，而不必非要追求面面俱到。

（4）主要考虑客户在正常使用状态下系统应达到的要求，出现几率很低的情况可不考虑。

（5）写出来的内容就是承诺要做到的，只写你们能接受的可以做到的内容。

（6）文字表达要准确，能被客户理解，写出来的内容可被验证。

（7）这些内容应成为后续软件设计和测试的重要依据和基础，后续工作中还需持续细化、更新和补充。

本章节的内容涉及技术方面，如果你不是技术人员，仅靠本章的学习可能仍不足以应付这方面的需求调研工作，你还需要补充大量的 IT 架构、软件设计、软件技术等方面的知识。如果你觉得自己还不能胜任，那么和你项目组中技术最强的组员一起去获取非功能性需求吧，你一定会受益匪浅。

8.7 小结与练习

8.7.1 小结

软件系统的需求包括两部分：功能性需求、非功能性需求，非功能性需求又包括这两方面：
- 软件技术架构的要求。
- 安全性、易用性、性能等方面的要求。

部署图和构件图可帮助我们获取和描述软件技术架构方面的要求。

部署图的主要目的是在物理的层次上做整体的系统规划，部署图和网络拓扑结构图相似，但部署图的威力更加强大，而且可以在此基础上继续细化设计。

节点（Node）表示物理上的一台设备，artifact 的意思是"制品"，可以表示独立运行的一个软件。构件有以下特点：

（1）能实现一定功能，或者提供一些服务。

（2）不能单独运行，要作为系统的一部分来发挥作用。

（3）是物理上的概念，不是逻辑上的概念。

（4）可单独维护、可独立升级、可替换而不影响整个系统。

节点、artifact、构件均可以添加标记（Tags），标记用来说明被标记物的配置情况，表达格式为"配置项=配置情况"。

图 8.10 展示了部署图、构件图的基本语法，同时也展示了这两者的"捆绑"应用。

在节点中放入 artifact 或构件，表示在这个节点上部署该 artifact 或构件，artifact 中包含构件，表示该 artifact 使用该构件。

我们可利用部署图和构件图来描述客户当前的 IT 环境架构，以及设计新系统上线后的客户 IT 环境架构。

获取系统的非功能性需求需注意以下几点：

（1）善用客户本身的 IT 资源，节省客户的投资。

（2）从实用角度出发，定出合适的安全性、易用性、性能等方面的指标。

（3）客户往往不是 IT 专业人士，这需要我们更加深入了解客户 IT 架构需要，提出专业的方案。

要做好非功能性需求方面的调研工作，你需要补充大量的 IT 架构知识（如网络、数据库、操作系统等方面知识）和软件设计经验。当然术业有专攻，你可以让技术高手协助你完成这方面工作，但无论如何你应该掌握一定程度的技术知识，这样才能更好地理解客户的需要，做好需求分析的工作。

智能手机

笔记本电脑

PC

Internet / LAN

Internet / LAN

LAN

Web 服务器

tags
操作系统 = Windows Server 2003
数量 = 1

«artifact»
CRM系统的Web Application

«artifact»
OA系统的Web Application

工作流引擎

LAN

数据库服务器

tags
数据库平台 = Oracle
数量 = 1

CRM系统的数据库

OA系统的数据库

tags
数据库平台 = Oracle

图 8.10　OA 系统上线后的 IT 架构

8.7.2　练习

1．综合运用部署图和构件图，画出你所在公司的 IT 网络架构图。

2．在你参与过的项目中选择一个，运用本章所学习到的全部知识，重新描述该项目的非功能需求，包括用部署图和构件图画出系统的 IT 网络架构图，用你认为合适的方式（如文字或表格）说明系统的安全性、易用性、性能等方面的要求。

8.7.3　延伸学习：项目质量管理

软件的 Bug 太多怎么办？——谈项目的质量管理（声音+图文）。

（扫码马上学习）

第9章

组织你的 UML 图——包图
(Package Diagram)

　　每说起包图，我就想起那种能吃的包子，两者其实毫无关系。Package 这个英文单词有"将……打包"的意思，这个意思能恰好地表达包图的真正内涵。包图是将 UML 图进行"打包"的一种图，能帮助我们有效地组织好各种 UML 图和表达的思路，同时包图也是进行软件架构设计的有力工具。

9.1　什么是包图

　　包图英文名叫 Package Diagram，包图由一个个包组成，包与包之间可能有一定的联系。最简单的包图就是只有一个包的包图，如图 9.1 所示。

　　包的形状很像一个文件夹，文件夹的左上方写上包的名字，这就是一个包（Package）。特别说明一下，有些 UML 工具可能将包的名字显示在包的中心偏上方，如图 9.2 所示。

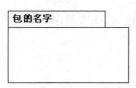

图 9.1　最简单的包图

图 9.2　包名字的其他显示位置

包可以看作一个行李箱或一个容器,包表示里面放的东西是某一类东西,而包里面也可以有包,如图 9.3 所示。

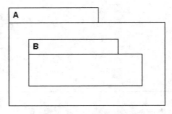

图 9.3　包中有包

包里面可以包含多个包,而包的嵌套层次是不受限制的。

包之间最常见的关系是依赖（Dependency）关系,如图 9.4 所示。

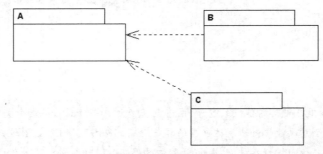

图 9.4　包的依赖关系

B、C 包分别由虚线箭头指向 A 包,这表示 B、C 包依赖于 A 包。

包图的基本语法超级简单！我们需要回过头来再思考一下,什么是一个包?

"包"是一个逻辑上的概念,主要用来组织我们的思路,把相关的同类的东西放在同一个包内。至于将什么东西放到包里面,这些是由我们自己控制的。有很多 UML 工具可以让你双击包来展开里面的内容,这样你组织 UML 图时就更加方便了。

那么包里面到底可以放什么 UML 图呢?

包只是一个容器,它可以放"任意"的 UML 图进去（包括包图自己）,而且一个包内可以放入不同种类的 UML 图。但要留意的是,并不是所有 UML 工具都支持包中可放入任意 UML 图的,如有些 UML 工具只能让你放入结构型的 UML 图。

包里面什么东西都可以放,这样很容易做出一个"大杂烩"。在实践中应用包图,主要是以下两种思路:

（1）将散乱的东西组织起来。

（2）由粗到细地分解问题。

下面将介绍最常用的三种包图应用场景:

①用包图组织类图（主要体现第（1）种思路）。
②用包图组织用例（主要体现第（1）种思路）。
③用包图进行软件设计（主要体现第（2）种思路）。

9.2 用包图组织类图

需求分析时，我们往往会得到数量庞大的业务概念，将这些业务概念绘制成类图是一大考验，图 9.5 是一张"硕大无比的"类图。

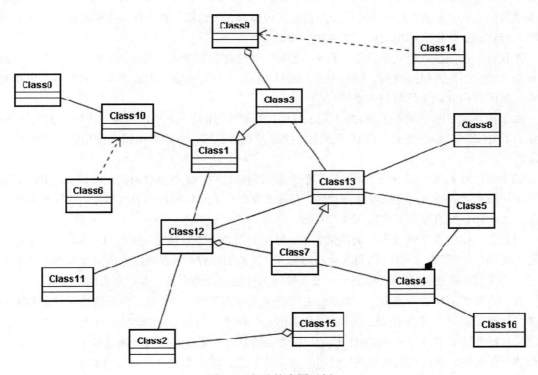

图 9.5 杂乱的类图示例

我会一边需求调研，一边画类图，随着工作的开展，类会越来越多，类图会越来越大。上面这个图才不到 20 个类，这其实只是小 Case，一般项目的业务概念类有几十个是很正常的事情，上百个也毫不夸张。

项目刚开始，我们还不能全面把握业务的状况，我一般会在一张类图中表达所有的业务概念，不断地添加、修改、删除这些类及类的关系。当对业务情况开始有比较清晰全面的把握后，我会开始将这个类图拆解为几个类图，当然你也可以将相关的类放进包内。经过这样整理后，你的条理将会更加清晰，也会更加方便你和客户及项目组其他成员沟通。

用包图适当组织类图后，组织后的图可能如图 9.6 所示。

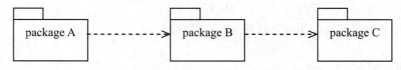

图 9.6　用包图组织类图

对于类图的组织，不同人有不同的喜好，并没有绝对的"标准答案"。

我以前的上司喜欢由粗到细地分解问题，不太喜欢在一张类图中表达太多的内容，他甚至说一张类图如果类的数量超过 10 个（大概是这个数字吧，具体不记得了）就已经很难读懂了。我很喜欢看他写的文档，条理性特强，他总会先从宏观告诉你大致情况，然后逐一分解将内容一步一步地"喂"给你，让你很舒服地理解了全部的内容。

而我有一位同事就喜欢反其道而行之，他喜欢将全部类都画在一张图上。他希望能在一个地方看到全部类，能很方便地找到它们的关系，而且 UML 工具可以随意缩放类图，其实就算把所有类画在一张图，阅读起来还是很方便的。

如果你对项目的情况不了解，想深入了解项目的需求，如果一下子让你看一张巨大无比的类图，肯定会让你晕死！你可能会比较喜欢我上司的那种表达风格，希望能由粗到细地逐层理解项目的需求。

如果你已经是项目组成员了，参与了整个需求调研过程，就不需要由粗到细地去理解了。因为你已经比较了解需求，没有必要兜兜转转，直接看那张巨大无比的类图就可以了，那张图对你来说毫无压力，而且能直接指导你的工作，减少了不必要的阅读环节。

而我自己比较喜欢通过多张类图来表达，每张类图表达相对独立、完整的内容，基本上不需要看别的类图也能理解。每张类图要表达相对独立、完整的内容，多张类图之间可能有部分内容是重复的，而且每张类图的大小可能很不一致，有些图可能有几十个类，有些才有两三个类。

其实不管用怎样的表达方式，类及类之间的关系模型是唯一的，只是我们通过怎样的角度和方式来进行展示而已。很多 UML 工具并不是画图这么简单，而是 UML 建模！在你画图的时候，软件已经自动在背后建立了相应 UML 模型。模型建好后，你完全可以同时通过多个视角来表达。你可以建一张类图，将所有类放进去，也可以建多张类图，每张类图放入合适的类。类放进去后，类的关系就会自动在图中显示出来。

至于采取怎样的表达方式，完全取决于你，每个人都可以有属于自己的有效的表达方式。

9.3　用包图组织用例

项目中的用例常常有几十甚至上百个，要有层次、有条理地组织不是件容易的事情。一些 UML 工具支持"大用例套小用例"，也就是先画一个高层次概括性的用例，我们希望双击它能将里面的内容展开，但很多 UML 工具不支持，它们只支持双击一个包打开里面的内容。

图 9.7 是用例数量"庞大"的一个示意图。

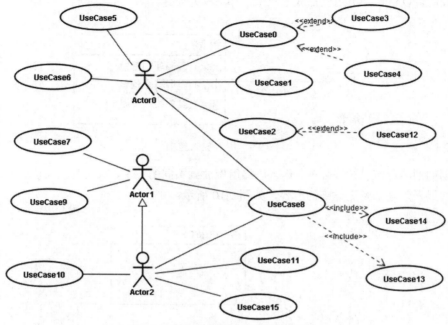

图 9.7 用例数量庞大的用例图示例

图 9.7 说它用例数量"庞大"，那是有点夸张了！小项目用例数量都可以达到十几个，一般项目的用例数量可以达到几十个甚至上百个。面对如此多的用例，如何才能组织好呢？

第 7 章"描述系统的行为——用例图（Use Case Diagram）"介绍了如何利用用例的 Extend、Include、继承来有层次、有条理地组织好用例，如图 9.8 所示，而且提到用例的继承可能会让客户很困惑，我建议使用包图来替代。如果忘记了相关内容，请复习第 7 章后再继续学习本章。

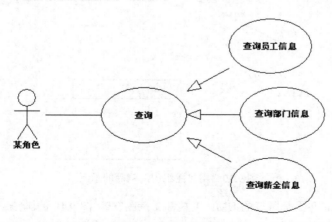

图 9.8 用例的继承

图 9.8 中的 "查询员工信息" "查询部门信息" "查询薪金信息" 三个用例，都可以看成是查询类用例，我们可以将这一类用例都放进包中，如图 9.9 所示。

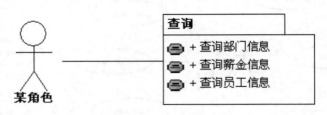

图 9.9　用例放入包中

不仅用例的继承可以这样处理，你可以将用例放到不同的包中，从宏观上表达好需求，而且同时可以通过展开包来了解更详细的内容，如图 9.10 所示。

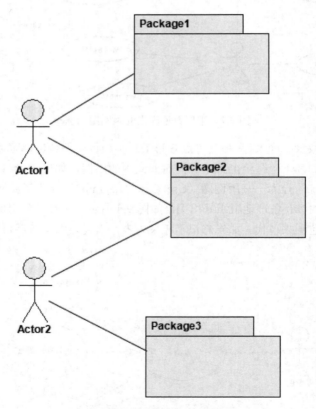

图 9.10　用包图组织用例后的示例

要特别说明的是，并不是所有的 UML 工具都支持图 9.9、图 9.10 的画法。用包图来组织用例，还有一种方法就是将执行者（Actor）和用例（Use Case）都放进包里面，如图 9.11 所示。

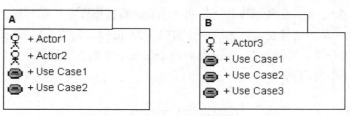

图 9.11　执行者和用例都放入包中

　　在我以前公司有同事用第一种方法来组织用例图，取得了不错的效果。但以上两种用包图组织用例图的方法，并不是所有 UML 工具都支持的。而我自己很少用包图来组织用例图，我通常通过多个用例图，充分利用执行者的继承关系，以及用例的 Extend 和 Include 关系来组织好用例图。

9.4　用包图进行软件设计

　　在我的实际工作当中，需求分析工作用到包图的机会不是很多，而在软件设计时经常需要使用包图，特别是做软件架构设计。本小节的内容已经超出了"需求分析"的范围，你可以继续学习本小节的内容以增长你的知识，或者直接跳过本小节。本小节将不会详细介绍如何用包图来做软件设计，仅会列举一些例子让你来了解包图在软件设计上的用途。

　　图 9.12 和图 9.13 分别表达了两种不同的架构设计思路。图 9.12 体现的是"由底而上"的设计思路，图 9.13 体现的是"由中间到上下"的设计思路。

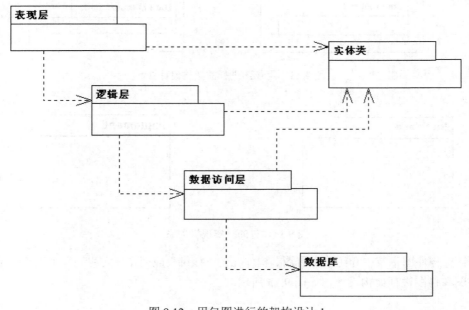

图 9.12　用包图进行的架构设计 1

图 9.13 中包"SQL Server 数据操作层"和"Oracle 数据操作层"都实现了包"数据操作层接口"，这个带虚线的三角形符号表示的意思就是实现（Realize）。如图 9.14 所示，包 Interface 里面的都是接口或者是抽象类，而包 Implement 是对包 Interface 里面内容的实现。包的实现关系，在软件需求分析时一般不需要用到。

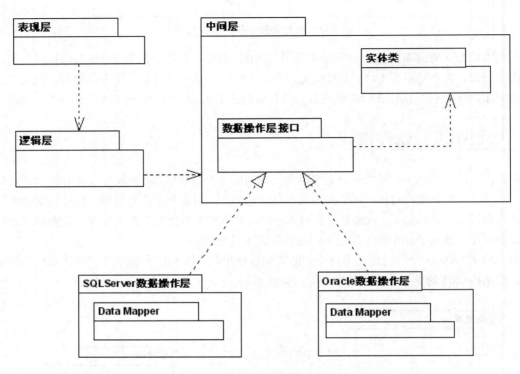

图 9.13　用包图进行的架构设计 2

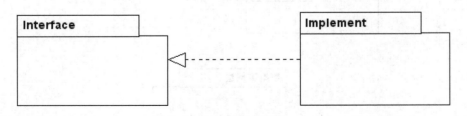

图 9.14　包的"实现"关系

部署图、构件图章节中介绍了部署图、构件图的"捆绑"应用，其实我们还可以综合应用部署图、构件图和包图进行架构设计，如图 9.15 所示。

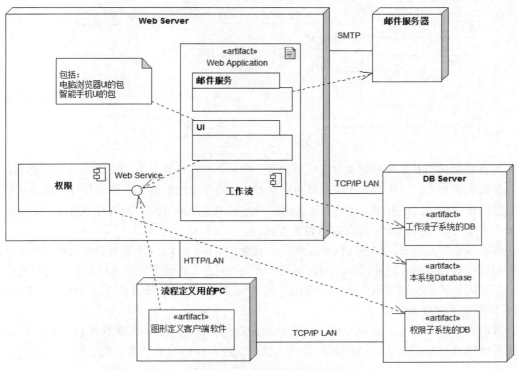

图 9.15　部署图、构件图和包图"捆绑"应用

9.5　小结与练习

9.5.1　小结

包图的英文名为 Package Diagram，Package 这个英文单词有"将……打包"的意思，这个意思能恰好地表达包图的真正内涵。包（Package）只是一个容器，它可以放任意的 UML 图进去（包括包图自己），而且一个包内可以放入不同种类的 UML 图。但要注意的是不同的 UML 工具对包图的支持程度不太一样，不一定能将任意 UML 图放入包中。

包图可能是语法最简单的一种 UML 图，一个文件夹样子的东西就是一个包，包可以嵌套（层次不限），包之间最常见的关系是依赖（Dependency）关系，如图 9.16 所示。

"包"是一个逻辑上的概念，而不是物理上的概念（当然也可以用包来表达物理上的概念）。包图主要用来组织我们的思路，最常见的三种应用场景如下：

（1）用包图组织类图。

（2）用包图组织用例。

（3）用包图进行软件设计。

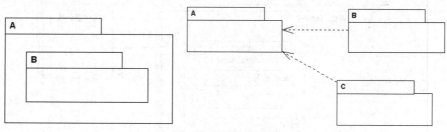

图 9.16　包图的语法示例

　　有人喜欢用包图有条理分层次地组织好类图，有人喜欢在一张巨大的类图中画出所有类，而我喜欢用多张类图来表达。其实不管用怎样的表达方式，类及类之间的关系模型是唯一的，只是我们通过怎样的角度和方式进行展示而已。那么用哪种方式来表达最好呢？没有标准答案，完全取决于你，每个人都可以有属于自己的有效的表达方式。

　　用例太多很容易看晕，咋办？你可以用包图来组织用例，可以只将用例放入包中，也可以将执行者和用例都放入包中，但要注意的是，不是所有的 UML 工具都支持你这样做的。而我则很少用包图来组织用例图，我通常通过多个用例图，充分利用执行者的继承关系，以及用例的 Extend 和 Include 关系来组织好用例图。

　　在我的实际工作当中，需求分析工作用到包图的机会不是很多，而在软件设计时经常用到包图，我们可以使用包图来进行软件架构设计，也可以综合应用包图、部署图、构件图来进行架构设计。

9.5.2　练习

　　请结合你所学习到的本章及之前章节的知识，写出你打算如何在需求分析工作中应用包图。

9.5.3　延伸学习：质量回溯会

　　质量回溯会！（声音+图文）

（扫码马上学习）

第10章

UML共冶一炉——考勤系统的需求分析

与本章节的挑战相比，前面的练习只能算小打小闹。你已经学习了很多种UML图了，现在是你大展身手的时候了！你马上就要接受一个实际项目的考验，用上你学到的所有知识，用上各种UML图，来迎接这个挑战吧！本章的训练，将会打通你全身的UML经脉，让你能融会贯通地应用各种UML图，为你补充各种活用UML的实用技巧、需求分析的实用技巧，学会从零开始来组织需求分析的工作。

10.1　迎接挑战——你的需求分析任务书

你马上就要接受一个实际项目的考验了，你需要运用所学，全力以赴！如果你已经忘记了前面所学，赶紧去复习！

这个超级演练的教学目标是：

（1）学习如何从零开始组织需求分析的工作。

（2）学习如何在需求分析工作中理清你的思路。

（3）体会什么情况下用什么UML图。

（4）学会编写需求文档。

这是一个难得的实际锻炼机会，你将很难在一个实际项目中体验到这么全面的锻炼。本案例经过提炼，代表了实际工作的各个方面，请你务必认真对待，开动脑筋，按照要求一步一步完成！

你的任务：编写考勤系统的需求文档！

考勤系统看上去似乎有点简单，而正是因为简单，我才选取这个案例来做综合练习！我期望通过一个业务不太复杂，大家都容易成为业务专家的系统，让大家演练一次如何综合应用 UML 来进行需求分析工作。不要小看这么简单的系统，说不定你会跌进一些需求陷阱中噢！本系统完全有条件让你成为业务专家，所以对业务不熟悉、不是这方面的专家、客户不知道需要什么、客户需求经常变化等，都不是你做不好需求分析的理由！

你需要为你所在的公司做一个考勤管理系统。如果你目前还是名学生，则请你找一个实习过的公司，为这家公司设计这个考勤系统。总之，请你务必要确定一家具体的公司，该公司将会用上这个考勤系统，你即将编写的需求文档，必须命中该公司的实际需要。

换言之，本书的读者写出来的答案是不太可能一样的，针对不同的公司，考勤系统会有差异。而本书给出的答案只是参考答案，绝对不是标准答案，你写出来的答案是否合适，需要你自己来判断，需要该公司来判断！希望通过比较你自己的答案和本书给出的参考答案，能在你脑袋中产生思维碰撞的火花，让你进一步认识 UML，认识软件需求分析工作。

咱们这个项目和现实中大部分项目一样，在需求方面都是"先天不良"的。项目的合同中对于需求的描述往往只有几句话，如果你把握不好，这几句很可能最后会演变成"无穷无尽"的需求。反之，如果你能分析出客户真正需要，列出有价值的需求方案，那么一切将尽在掌控之中。

本系统的目标是这样描述的：

（1）规范员工的上下班、请假、外出工作等行为。

（2）方便计算员工的薪金。

（3）方便管理各种带薪假期。

请你由系统的目标出发，逐步理出系统的详细需求！

为了能让你充分发挥能动性，我将题目的难度稍微降低一点：你不需要考虑技术上是否可行，也不需要考虑开发成本。当然实际工作中，我们需要考虑技术可行性和开发成本，但这个练习我们先抛开这个限制。

请你按以下步骤完成：

（1）请制定本项目的战略方针。（战略方针是啥？搞不清楚没关系，带着问题继续阅读！）

（2）请分析本系统的需要，包括目标、涉众、待解决的问题、范围、项目成功标准等。

（3）请用类图描述本系统的业务概念，你需要先分析当前的业务情况，必要时进行业务重组。

（4）请用活动图、状态机图、序列图描述出请假审批、外出审批等关键业务流程，请注意你可能需要重组这些业务流程。

（5）请分析出有什么角色将会使用本系统，用用例图描绘出系统的功能，挑选其中至少三个用例，用用例表详细说明。

（6）请用部署图和构件图描述出系统在架构上的要求。

（7）请用合适的方式描述出系统的其他非功能性要求。

（8）请将以上内容组织成需求文档，如有需要请补充必要的内容。

以上步骤其实就是我在实际需求分析工作中的大致过程。这个练习至少要花掉你数小时，但要真正做好一个项目的需求分析，短短几小时是远远不够的，实际项目的需求分析，少则几天多则数月，而且要多次反复迭代。

再次温馨提示一下：你自己其实也是该系统的用户，你需要变换不同的角色，处于不同的角度来思考本系统的需求，你需要磨合和平衡各种角色之间的要求。你除了要对各种用户进行需求调查，更多的在于你的思考，你需要超越客户，提出有价值的需求方案。

10.2　需求分析从零开始

不要急于进入需求分析的战场，如果没有做好准备工作，无疑相当于赤身裸体地直接跳入火坑。本小节将会回顾前面章节的内容，并且给出一些工作建议，通过本小节，你将会变得更强！

前面的任务书说清楚了项目的目标，而且具体列出了完成工作的步骤。但在实际工作中，你不太可能会收到这样一份"详细"的任务书，工作一下子就摆在你面前了，你往往会觉得千头万绪不知道从何理起。

10.2.1　需求分析全过程的活动图

图 10.1 的说明如下：

（1）为了方便说明问题，每个活动都有一个数字序号，一共有 1～13 个活动。活动名字前面加数字序号，不是活动图标准语法。

（2）同样为了方便说明问题，用虚线将此图分割为四个大阶段，分别是战略分析、需要分析、业务分析、需求细化。这些内容并不是活动图的标准语法。

如果忘记了活动图的相关语法，请马上复习第 4 章"流程分析利器之一——活动图（Activity Diagram）"！

图 10.1 描述了由零开始的需求分析全过程，本书章节的设计顺序基本是遵循这个过程的，请回顾本书前面的内容，与此图进行对照，以帮助你加深印象。

下面按照上述的四个阶段对此图进行进一步解说，这四个阶段其实分别对应本书前面的一个或多个章节的内容。

10.2.2　第一阶段：战略分析——你需要高屋建瓴

一开始，你需要高屋建瓴地把握这个项目的战略。项目的招标书，我们公司准备的投标书、技术方案书，我们和客户签署的合同，这些资料都能帮助你了解项目的背景。这些信息，你公司的领导可能很清楚，但我建议你找领导谈这个项目前，先自己尽可能多了解一些情况，做到心中有数并能列出问题，这样找领导谈话才会有更好效果。

你需要搞清楚这些问题：为什么会有这样的一个项目？客户为什么想做这个项目？公司为什么会接这个项目？公司在这个项目上的战略是怎样的？是为了赚钱，积累客户关系，积累业务还是积累技术？

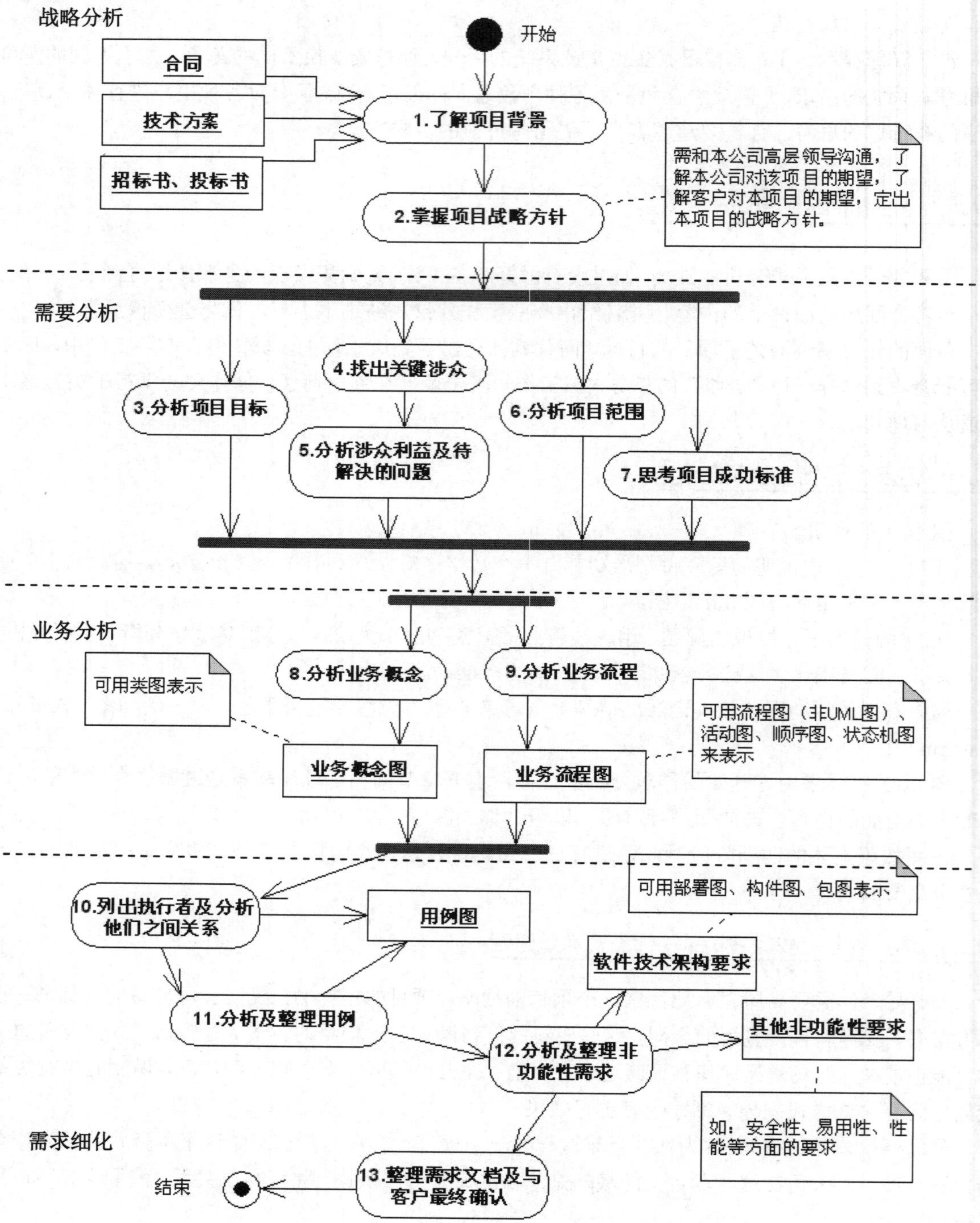

战略分析

开始

| 合同 |

| 技术方案 |

| 招标书、投标书 |

1.了解项目背景

2.掌握项目战略方针

需和本公司高层领导沟通，了解本公司对该项目的期望，了解客户对本项目的期望，定出本项目的战略方针。

需要分析

4.找出关键涉众

3.分析项目目标

5.分析涉众利益及待解决的问题

6.分析项目范围

7.思考项目成功标准

业务分析

可用类图表示

8.分析业务概念

9.分析业务流程

可用流程图（非UML图）、活动图、顺序图、状态机图来表示

| 业务概念图 |

| 业务流程图 |

10.列出执行者及分析他们之间关系

| 用例图 |

可用部署图、构件图、包图表示

11.分析及整理用例

软件技术架构要求

12.分析及整理非功能性需求

其他非功能性要求

如：安全性、易用性、性能等方面的要求

需求细化

结束

13.整理需求文档及与客户最终确认

图 10.1　需求分析全过程的活动图

项目经理和需求调研人员很少能做到这样的层次，就算在我以前的公司也有不少项目经理忽视这方面，他们往往认为将项目做好就可以了，这种层次的事情是公司的事情。这其实就是工作高度问题，高度不够，需求分析中很多东西就把握不好，难以做到双赢，即客户和我们都能赢！

10.2.3　第二阶段：需要分析——你需要命中需要

图 10.1 中的 3~7 号活动，一般没有明显的先后关系。

目标

从项目的背景、合同、方案书等，一般能找到或者整理出项目的目标，这样似乎我们可以很快得到项目目标，完成 3 号活动（"3.分析项目目标"）。事实上我们能不能理解目标才是关键，而且合同上的目标描述可能会存在偏差，要充分理解目标，还必须同时高质量地完成 4~7 号活动。

目标是系统的高层次需求，它控制需求的方向和范围，指导我们进一步细化需求。一些项目经理会"忘记"本项目的建设目标，导致很多工作就没有了方向，因为忙而忙。

涉众及待解决的问题

项目的涉众分为以下几类人员：

（1）系统的用户，即使用该系统的人。

（2）对该项目有商业决策权的人，如客户的高层领导，他对项目付款、验收等有决定权。

（3）对项目的成功有影响的第三方，如：本项目需要采购某硬件，该硬件供应商会影响项目的成功；本系统需要另外一个系统提供数据接口，则另外一个系统的所有者会影响本项目的成功。

（4）系统会影响到的第三方，如本系统需为另外一个系统提供数据接口，另外一个系统的所有者就会被本系统所影响。

第（1）、（2）类涉众是每个项目都一定会有的，第（3）、（4）类涉众就不一定会有，但千万不能忽略。另外要说明的是，涉众有可能同时属于第（3）和第（4）类，这类涉众与系统之间的关系是互相影响的关系。

一般情况下，系统的需求大部分来自第（1）、（2）类涉众，第（3）、（4）类涉众对系统会有间接的需求，或者是软件技术架构上的要求。第（2）类涉众与第（3）、（4）类涉众的利益有时候会有冲突，有时候并不是第（2）类涉众"最大"的，利益如何平衡要考虑他们之间的利益关系和权力关系了，第（2）类涉众有时候还需要看第（3）、（4）类涉众的"脸色"呢。

那如何找出关键涉众呢？

（1）应广度优先地、尽量多地列出可能的涉众。

（2）列出每种涉众需要解决的问题。

（3）对于每一类涉众，都应清楚说明本系统是如何影响他的，以及他是如何影响本系统的。

要留意需求调研时，调研对象提出来的要求，往往是解决方案或者是需求规格级别的需求。不要忘记了"手机订餐系统"的教训，你需要透过这些表面需求，找出调研对象其实是想解决什么问题。

在项目目标的范围内，解决这些涉众的实际问题，满足这些涉众的利益及利益关系，这才是我们需求分析工作的根本和基础。

范围

提到项目的范围，我们往往想到的是功能范围，而功能范围往往一开始是无法清晰界定的。我们应该从三个角度来看范围：

（1）功能。

（2）与其他系统的关系。

（3）系统的地域使用范围。

第（1）点一开始无法清晰界定，但第（2）、（3）点可以在一开始基本确定。减少与其他系统的关系，最好与其他系统无关，会大大降低项目的复杂度，免除不必要的其他涉众的影响。限定系统的地域使用范围，试想一个系统在某办公楼内使用，还是在全国多个分公司同时使用，对系统的要求是完全不同的。

系统是不能一蹴而就的，减少与其他系统的关联，限定系统的地域使用范围，可以大大简化问题，将精力集中在主要矛盾上。以后有机会可以再持续进化该系统，使之适应性更广。

项目成功标准

项目的成功标准并不只是赚钱，更加不是不惜一切谋取最大利益，双赢才是最重要的原则！对于客户来说，首要目标就是要满足他的需要，然后就是合理的预算，对于软件公司来说，首要目标就是为客户提供高性价比的解决方案，赚取合理利润。要达致双赢，客户的成熟度是很重要的，但更重要的是软件公司的成熟度，项目组需要以专家、顾问这样的高度来解决项目中的问题，引导双方达致双赢。要达致双赢，我们需要先保证客户能赢，这样他才会让我们能赢。

在双赢原则指导下，我们需要思考具体的项目成功标准，有几点建议供参考：

（1）命中客户的真正需要，是保证客户能赢的关键。

（2）用简单的方式来满足客户的真正需要，简单意味着工作量低，这是保证我们能赢的关键。

（3）提升项目组成员的水平，能帮助项目克服很多困难，完成很多高难度的工作。

（4）项目组需要持续思考和进化这个项目的成功标准，并用这个标准来指导项目的工作。

10.2.4　第三阶段：业务分析——你需要吃透业务

一个系统上线，不能简单地看作将手工工作模式转化为信息化管理而已。信息化系统能帮助我们将系统的用户"框"死在一定的工作模式内，用户会自然而然地在更先进的工作模式中工作，发挥更大的作用。这是不可能的！工作方式的改变，其实是工作思想和习惯的改变，思想和习惯的改变是最难的，这往往是一些 MIS 系统失败的根源。

你需要吃透业务，才能准确理解客户的需要，才能提出有价值的需求方案。没有不吃透业务也能做好需求分析工作的捷径，不要怕麻烦，硬起你的头皮来，用 UML 图来认真分析业务吧！可以从两个角度进行业务分析：结构建模（图 10.1 的 8 号活动）和行为建模（图 10.1 的 9 号活动），如果忘记了什么是结构建模和行为建模，请复习第 4 章的"4.1 结构建模与行为建模"。

逐步识别出业务概念，用类图逐步绘制出业务概念图。随着对业务概念的清晰化，你对需求的理解就会越来越清晰，你将能更好地理解各种业务流程，也能更容易地提炼出用例。业务概念图同时也是下一步数据库设计、实体类设计的基础。

用活动图、状态机图、顺序图、非 UML 图记录各种业务流程并加以优化，可分别画出优化前和优化后的图。具体用什么图没有什么硬性规定，你可以每种图都尝试一下。经过多次尝试，你将会整理出比较合理的业务流程图，而我们的系统就需要满足这样的业务流程。

重新优化后的业务概念及流程，应该是更先进的一种工作模式。但要注意不要重蹈某些 MIS 系统的覆辙，这种更先进的工作模式应该是量身定做的、用户能适应和掌握的。你也可以趁需求调研的机会，向用户灌输新的工作模式和工作思想，这样可降低后期项目工作的难度。

能否成为业务专家，是能否吃透需求的关键！首先你要端正态度，抱着要成为业务专家的决心，然后运用 UML 等一切必要的知识来提升你的需求分析能力，最后就是通过不断地锻炼在实践中成长！

10.2.5　第四阶段：需求细化——你需要设计有价值的需求方案

需求并不是客户要求我们做什么，我们就做什么，这样未免水平太低了！

软件要做什么功能，要实现怎样的效果，应该是我们根据客户的需要，理解和优化了客户的业务后，我们为客户设计出来的！

执行者（Actor），主要就是前面提到的第（1）类涉众，但也可能是非人类的执行者，如第三方系统。第二阶段分析出来的涉众利益及其期望解决的问题，是进行执行者分析和用例分析的重要依据。我通常会先只画"公仔图"，列出执行者及他们的关系，这个图只有执行者及他们的关系，没有用例。然后再通过一个或多个用例图、用例表来表达细化的需求，即需求规格。

用例的另外一个重要来源就是第三阶段所做的业务分析，为了实现优化后的业务流程，系统需要实现什么用例呢？通常一个流程中的多个步骤均可以提炼为用例，多个用例组合起来能支撑某个业务流程。

我一般分析完功能性需求才分析非功能性需求，其实非功能性需求的分析工作可以同步进行，你完全不必受图 10.1 列出的先后顺序限制。

非功能性需求有两方面的要求：软件技术架构方面的要求和安全性、易用性、性能等方面的要求。用部署图、构件图描述客户当前的 IT 资源、办公系统等情况，然后思考本系统在此基础上应如何搭建？用部署图、构件图、包图来表达软件技术架构方面的要求。从系统的目标及第（3）、（4）类涉众的要求等角度，思考系统在安全性、易用性、性能等方面的技术指标或要求。

需要再次提醒的是：需求分析过程是一个迭代的反复的过程！图 10.1 表达的需求分析先后顺序并不是一成不变的，所谓的四个阶段也不是壁垒分明，不能回退或迭代的。

本小节将本书之前的内容整理成一个完整的需求分析过程，并补充了一些必要的知识。现在你已经是全副武装了，可以杀入战场了！

下面开始将会按照题目要求的步骤逐一给出参考答案，请你先独立完成再看参考答案。你的脑袋只有经过思考的洗礼，才会有质的提高！

10.3 考勤系统的战略分析

本小节将会完成第一步练习：请制定本项目的战略方针。

这第一步的练习，其实是让你演练需求分析的第一个阶段，即战略分析阶段！参见图 10.1。

战略问题，很容易变成"务虚"的事情，实干的朋友一定是不喜欢这些虚的东东的，所以我们这个考勤系统的战略分析，必须是对一个现实存在的公司的考勤系统的战略分析。请你务必选定一家实际存在的公司，最好就是你当前任职的公司。

10.3.1 考勤系统的背景

我选定的公司是这样的情况：这是一家 CMMI5 级的软件公司，员工人数 100 人左右，大部分员工是软件研发人员，包括项目经理、软件设计师、程序员、测试工程师、实施工程师等，除此以外还包括行政人员、财务人员。公司在软件研发及日常管理上有一套成熟的管理方法，在没有考勤系统之前，与考勤相关的管理工作是这样的：

- 每位员工需要上午上班时打一次卡，下午下班时打一次卡，中午休息不需要打卡。
- 期间如果需要外出工作，从公司出发时需要打一次卡，回到公司时需要再打一次卡。
- 员工请假需要填写请假条，请假分为事假、病假、年假等多种情况，请假需要直接领导审批，甚至还需要高层领导的审批。
- 行政部每天统计考勤信息，包括打卡信息、外出信息、请假信息，每月将考勤汇总信息提交给财务部。
- 财务部根据考勤汇总信息，调整员工的薪金。

但这样的管理方式，出现了一些意外事件：

（1）某员工想请年假，但行政部告知该员工的当年度年假已经休完了。年假的管理出现了问题，很可能会影响员工的工作积极性。

（2）某员工投诉当月薪金多扣了钱，原因是考勤信息统计有误。于是财务部将责任推到行政部，行政部推诿财务部要求不明确。

（3）某天出现了紧急状况，高层领导想找员工 A 来处理，但员工 A 当天请了假，高层领导并不知情。

第（3）个事件是本系统的直接导火索，这个事件触动了高层领导的神经，他意识到中层领导的某些请假审批做得不合适，而且请假或外出信息不能迅速在公司范围内共享，这样很可能会导致工作上的麻烦，于是他萌生了要做一个考勤管理系统的想法，他提出了本系统的如下目标：

（1）规范员工的上下班、请假、外出工作等行为。

（2）方便计算员工的薪金。

（3）方便管理各种带薪假期。

10.3.2　战略分析到底要做啥

战略分析阶段要做的事情可总结如下：

（1）用一个"故事"来说清楚项目的来由，这就是项目的背景。

该故事的参考表达格式：

- 甲方是一家怎样的公司：……
- 没有该系统之前，甲方是这样工作的：……
- 当前的工作方式，出现了这样的一些问题：……
- 出现了……导火索，以致（哪个领导）萌生了做这个项目的想法，期望达到……的效果。

（2）回答这个问题：该项目能帮助甲方实现哪些核心价值？

（3）做这道单项选择题：该项目对甲方的重要性如何？

A．生存需要：该项目关系到甲方的生存问题。

B．核心发展需要：该项目有利于甲方提高核心领域的生产力和竞争力。

C．次要发展需要：该项目对甲方的生产或发展不产生重大影响，但有利于甲方解决一些具体问题，帮助甲方改善非核心领域的工作，或有助于改善核心领域的工作。

D．锦上添花的需要：有这个项目更好，没有关系也不大，可以有其他的替代解决方案。

E．面子的需要：该项目有利于企业或某些领导的"政绩"。

（4）回答这个问题：要成功完成这个项目，甲方有哪些有利条件和不利条件？

（5）回答这个问题：要成功完成这个项目，乙方有哪些有利条件和不利条件？

（6）做这道单项选择题：乙方应以怎样的战略来应对这个项目？

A．全力以赴，满足甲方的需求，哪怕牺牲自身的利益。

B．花费合理的乙方成本，满足甲方的基本需求，超出乙方当前承受范围的，引导甲方做"下一期"。

C．仅满足甲方"吊盐水"级别的需求，为维持客户关系而勉强做这个项目，不得罪客户，但须保证乙方不亏本或只稍微亏本。

D．不做这个项目。

前面我们已经完成了第（1）项工作，现在我们需要完成第（2）项工作。

该项目能帮助甲方实现哪些核心价值？

作为一家软件公司，最核心的价值体现在软件的研发能力、销售额等，显然该考勤系统并不会直接提升研发能力，也不会提升软件的销售量。但如果考勤管理上出现问题，会影响员工的工作士气，让一些工作的效率打折扣。

在这个分析的基础上，我们将很容易做下面这道选择题。

该项目对甲方的重要性如何？

A．生存需要：该项目关系到甲方的生存问题。

10
Chapter

B．核心发展需要：该项目有利于甲方提高核心领域的生产力和竞争力。

C．次要发展需要：该项目对甲方的生产或发展不产生重大影响，但有利于甲方解决一些具体问题，帮助甲方改善非核心领域的工作，或有助于改善核心领域的工作。

D．锦上添花的需要：有这个项目更好，没有关系也不大，可以有其他的替代解决方案。

E．面子的需要：该项目有利于企业或某些领导的"政绩"。

我觉得介乎 C 与 D 之间，但更靠向 D，所以我的选择是 D。

要成功完成这个项目，甲方有哪些有利条件和不利条件？

要成功完成这个项目，乙方有哪些有利条件和不利条件？

设想我是这家公司的员工，负责这个公司的考勤系统项目，所以这个项目有点特殊，甲方和乙方是相同的。如果你的情况与我的情况不同，则你需要分别分析甲方和乙方的有利条件和不利条件。

这个公司做这个项目的有利条件：

● 公司人数只有 100 人左右，容易进行需求调研，考勤系统也容易实施。

● 公司有良好的管理机制，CMMI5 不是快速过级的，而是切实的过程改进。

● 公司高层领导亲自提出需要做这个考勤系统。

以上的有利条件，可能会让我们觉得前景光明，但还有这些不利条件：

● 这个项目并不影响公司的核心价值，只是一种锦上添花的需要。

● 公司规模小，凡事讲究效益，对这个项目的预算不会多，而且不可能投入很多人手。

● 从财务部与行政部之间的推诿事件来看，公司部门间可能存在一些部门山头主义。

乙方应以怎样的战略来应对这个项目？

A．全力以赴，满足甲方的需求，哪怕牺牲自身的利益。

B．花费合理的乙方成本，满足甲方的基本需求，超出乙方当前承受范围的，引导甲方做"下一期"。

C．仅满足甲方基本级别的需求，为维持客户关系而勉强做这个项目，不得罪客户，但须保证乙方不亏本或只稍微亏本。

D．不做这个项目。

我的选择是 B。

这个项目甲乙方是同一方，会更加关注项目的成本效益，关注项目的实际价值，会更加希望项目能在短期内达到一定的效果，在此基础上再考虑更强大的更长远的功能。

项目战略分析的第（1）～（6）项的工作，是我对以往工作的一些总结，你不应生搬硬套，将这些工作理解后化作你自身的知识，将其优化和发扬光大。

战略分析让我们对项目做到"心中有数"，接下来的需要分析是我们命中需求的关键！

10.4　考勤系统的需要分析

本小节将会完成第二步练习：请分析这个系统的需要，包括目标、涉众、待解决的问题、范围、项目成功标准等。

本小节我们将演练需求分析的第二阶段，即需要分析阶段。参见图 10.1。

10.4.1　目标

前面提到的目标有 3 个：

（1）规范员工的上下班、请假、外出工作等行为。

（2）方便计算员工的薪金。

（3）方便管理各种带薪假期。

这是前面给出的目标，目标并不是一旦给出就固定不变的，我们需要在整个项目过程中思考这个目标，必要时需要调整和优化目标。

对于这个目标，目前我觉得需要补充一条：共享员工的请假及外出工作的信息。因为我在公司的管理工作中，发现有这些问题：

（1）某员工请了假，但他周围的员工并不知情，直到该员工没有上班那天，其他的人才知道他今天请假了。

（2）我的直接领导经常找我询问某员工去哪里了？该员工事先已经请了假，我的直接领导忘记了，或者是这个假不需要他审批，一旦找不到人，就喜欢来问我。

于是我设想有这样的一种效果就好了：所有的请假及外出申请，均可以通过内部网共享，每位员工可以查看当天、当周、当月的请假及外出情况。作为管理者，可以通过这样的平台主动查看将来几天的员工请假及外出情况，及时做出工作安排和调整。作为一般员工，可以方便地查看自己和别人的情况，安排好工作。

所以我希望这个考勤系统能共享请假及外出工作的信息。

目标的提出一般都是针对现实存在的一些问题，以及期望达到的效果。

10.4.2　涉众及待解决问题

本系统的涉众只有第（1）、（2）类涉众，没有第（3）、（4）类涉众，即本系统的涉众只有两类：系统的用户和对项目有商业决策权的高层领导。

为了更清晰地把握用户的利益关系、上下级关系，我往往会绘制客户的组织架构图。第 3 章分析业务模型——类图（Class Diagram）中的一个练习，就是用类图来描述公司的组织架构，一般项目的用户组织架构，使用普通的组织架构图就可以了，无需使用类图来分析，除非你要做一个比较通用的公司管理系统。

表 10.1 中的 1～7 号涉众，全部都是系统的用户，而 7 号涉众同时是本项目的最终决策人。

列出来的涉众名称泛指某一类角色，我们还需要列出该角色所对应的代表人物。表 10.1 列出的代表人物仅供示意，在实际工作中你需要列出具体的人名。越是底层的涉众，代表人物就越多，要选取一些优质员工作为访谈的对象；越是高层的涉众，代表人物就越少。这些代表人物就是需求调研的对象，这些代表人物反馈的问题，就是系统需要解决的问题。

表 10.1　涉众分析表

序号	涉众	代表人物	待解决的问题/对系统的期望
1	普通员工	张三、李四	1. 能方便地上下班打卡 2. 能方便地进行请假、外出申请 3. 能方便地查看自己的请假及外出记录 4. 能方便了解其他人的请假及外出情况，以调整好自己的工作安排 5. 不要出现考勤记录方面的错误，导致出现误扣工资、年假无端减少等情况 6. 能方便查看自己的可休年假情况
2	行政部员工	王五	1. 方便统计考勤信息，而且不会出错 2. 与财务部的"接口"尽量简单 3. 方便管理员工的各种带薪假期
3	财务部员工	马六	1. 方便因应员工的考勤情况调整员工的薪金，而且不会出错 2. 与行政部的"接口"尽量简单
4	项目经理	……	1. 项目组成员的请假信息要尽早让他知道 2. 由于项目突发情况，需要临时安排外出工作时，相关外出申请手续应尽量简单
5	部门经理	……	1. 方便审批部门成员的请假、外出申请 2. 方便了解本部门及相关部门员工的请假、外出情况，以安排好工作
6	副总经理	……	说明：3 天及以内的请假及外出，副总经理有最终审批权限。所有的请假及外出，都需要副总经理审批。 1. 方便审批请假、外出申请 2. 方便检查部门经理有否作出合适的审批 3. 方便了解全体员工的请假、外出情况，以安排好工作
7	总经理	……	说明：3 天以上的请假或外出，需总经理审批。 1. 方便审批请假、外出申请 2. 方便检查部门经理、副总经理有否作出合适的审批 3. 方便了解全体员工的请假、外出情况，以安排好工作 4. 避免因为考勤的问题而影响工作士气、工作效率

　　要完成这个涉众分析表，不要"生硬"地去对每种涉众的代表人物进行访谈，只问一些"大"问题，例如：你希望解决什么问题啊？你对本系统有什么期望呢？访谈前你需要事先做足功课，你要设想自己处在他的职位，你会提出什么要求？你需要积极引导被访谈者的思考，与他擦出火花，逐步将你的理解与之确认。

　　越是高层的涉众越容易准确全面地提出自己的期望，越是基层的员工越容易提出界面级别的要求。留意表 10.1 中关于"待解决的问题/对系统的期望"的描述，全部是效果级别的描述，并没有任何界面级别的要求。

　　各涉众谈及自己的期望时，其实都是基于当前的业务流程和业务规则的。最开始我们对客户的业务不太熟悉，脑袋中会得到一些朦胧的大概的业务流程或规则，而且会有很多问题。不要紧，先记下客户的期望和你的问题，在后续的业务分析工作中你会解决这些问题，并且会再次回过头来优化这个涉众分析表。

10.4.3　范围

　　前面提到，范围有三方面：

（1）功能。

（2）与其他系统的关系。

（3）系统的地域使用范围。

　　表 10.1 已经对功能的范围大致限制了，随后我们可以继续细化这个功能。

　　与其他系统的关系呢？

　　一般公司的财务部可能会有一些财务软件，这些财务软件很可能用于计算员工的薪金。涉众"财务部员工"的其中一个期望是"方便根据员工的考勤情况调整员工的薪金，而且不会出错"，为满足这点期望，我们需要对财务部使用的财务软件进行调研。

　　从涉众的关注点出发，去挖掘可能潜在的需要以及与之有关联的第三方系统。同时要提醒的是，应尽量减少本系统与其他系统的关系，这样将会大大降低项目复杂度。

　　经调研后发现，财务系统是一个比较古老的单机软件，考勤系统难以为这个古老的软件专门做"接口"，并让这个古老的软件自动执行相关动作。鉴于这个项目的战略分析，我们不值得为此做巨大的投入，但又考虑到需满足"方便因应员工的考勤情况调整员工的薪金"要求，于是我们可以做这个决策：考勤系统不考虑与其他系统的"接口"，但考勤系统应提供符合财务部要求的考勤统计报表，让财务部的同事可以根据这个报表进行后续工作。

　　什么人将会使用这个系统？

　　表 10.1 基本回答了这个问题。

　　系统的地域使用范围很可能会增加系统的复杂度，好在这个公司仅是一个 100 人左右的公司，办公地点也只有一个。

　　有朋友曾经问过如何做一个省、市、区多层分级的管理系统的问题，如果之前无相关经验，一下子实施地域范围跨度这么大的项目是很危险的。应该将项目进行适当地分解，分解为几期来做，先在比较小的地域范围内实施这个项目，或者选择某些试点，积累经验后再慢慢扩大战果。没有经验时，最好的办法就是自己为自己积累经验！

任何巨大的项目都是一步步做出来的，不可能一口吃成胖子，我们应该为客户规划出逐步实施的项目方案，大部分客户是理智的，他们会选择稳健的项目实施方案。

10.4.4　项目成功标准

前面的战略分析中，这个单项选择题：乙方应以怎样的战略来应对这个项目？我选择了 B，即：花费合理的乙方成本，满足甲方的基本需求，超出乙方当前承受范围的，引导甲方做"下一期"。

这个战略还需要继续细化，可以从需求、成本、进度、质量等几方面来进行，这些细化后的标准就是项目的成功标准了。

- 需求：命中基本需要，不做花哨的功能。
- 成本：两人月内完成。
- 进度：一个月内完成。
- 质量：基本杜绝考勤出错，外出审批和请假审批更加有效，外出及请假信息及时共享，避免因为不共享而带来的工作协调问题。

除此以外，你还可以在项目成员成长、公司技术积累等其他方面来列出项目的成功标准。

项目成功标准已经是项目管理范畴的问题了，咱们负责需求分析工作时，不能忘记项目的成本、进度、质量等方面的限制和要求，你需要在有限的时间内命中要害，集中火力做正确的、必要的事情，现实中项目的需求分析工作，可不是有大量的时间让你按部就班慢慢调研的。在我的经验看来，大部分项目的"温饱级别"的需求不难搞清楚，搞不清楚容易出问题的往往是一些"小康"级别和"锦上添花"级别的需求，我们需要识别清楚这些需求的优先级和重要性，而项目的成功标准有助于我们作出需求工作的恰当抉择。

10.5　考勤系统的业务概念分析

本小节我们将会完成第三步练习：请用类图描述本系统的业务概念，你需要先分析当前的业务情况，必要时进行业务重组。

本小节将演练业务分析阶段（需求分析的第三阶段）的"结构建模"工作，而下小节演练业务分析阶段的"行为建模"工作，参见图 10.1。结构建模的工作主要就是分析系统的业务概念及其关系；行为建模的工作主要是分析系统的业务流程。

用合适的图表示业务概念及业务概念的关系，这些图我称之为业务概念图，我一般使用类图来画业务概念图。业务概念图是大家比较容易理解的说法，不少资料上提到领域模型（Domain Model）、领域建模等说法，你可以将领域模型理解为业务概念模型。

还记得用类图分析需求的基本步骤吗？不记得的话请好好复习第 3 章"分析业务模型———类图（Class Diagram）"。

（1）识别出类。

（2）识别出类的主要属性。

（3）描绘出类之间的关系。

（4）对各类进行分析、抽象、整理。

现在请你先用一个或多个类图，对本系统的业务概念进行分析，请完成后再继续学习后文！

10.5.1　业务概念图的重要性和高难度

在我以往的工作中，尽管《需求规准说明书》中有"业务概念图"的章节，但很多项目都不能画好这个业务概念图，如一些复杂的系统，数据库设计有几十个上百个表，但只能画出非常简单的几个业务概念。这个工作达不到效果，一方面是因为对这个工作不重视，另一方面是因为分析能力还没够火候。

分析和整理出系统的业务概念，我觉得是多个步骤中最重要但也是最难的步骤。

说它重要，是因为：

（1）这是准确全面理解需求、进行业务重组的基础。

（2）这是数据库设计的基础。由业务概念图可导出数据库设计，包括需要什么表、表需要有什么字段、表之间的关系等。很多不好的数据库设计，比如严重违反数据库三大设计范式的设计、弹性很差的数据库设计，都是由于对业务概念分析不充分、不全面导致的。分析好业务概念，能杜绝很多数据库设计的问题，大大降低后期的工作量。

（3）这是实体类设计的基础。由业务概念图可导出实体类设计，包括需要什么类、类中应该有什么属性、类之间的关系等。

上面提到数据库设计三大范式、实体类设计等软件设计用语，如果你暂无相关软件设计工作经验，可能不是很了解这些说法。你可查阅相关资料大概了解便可，即便你不了解这些用语，也不会影响你对后文的理解。

说它难，是因为：

（1）需要成为业务专家，才可能准确全面地识别出业务概念。

（2）要准确描绘这些概念的关系是很难的。

（3）对这些业务概念进行提炼，是难上加难！要进行揭示事物本质的分析，难度超高，还记得第 3 章"分析业务模型——类图（Class Diagram）"中的绘制公司组织架构的类图练习吗？

虽然真的很难，可不要被吓怕了，我们需要迎难而上，一旦掌握了这些技能，你就会身价大涨！

你可能会有这样的一个问题：有些公司不用 UML、不用类图，难道他们就不能分析和表达好业务概念吗？当然不是了，类图只是其中一种表达方式，一些公司会通过数据字典或者详细的文字和表格来说明各种业务概念，不过我还是推崇使用类图，类图强在方便表达类之间的关系和方便进行提炼！

10.5.2 考勤系统的业务概念图

回到这个考勤系统，考勤系统有什么业务概念、它们之间是怎样的关系呢？

但凡 MIS 类型的系统，无非是对人、物、概念、事情的管理，人和物我们可以抽象为类，那事情能不能抽象为类呢？其实在第 3 章 "分析业务模型——类图（Class Diagram）" 的考试管理系统练习中，我们已经尝试过将事情抽象为类了。

这个考勤系统要管理的事情主要有打卡、请假、外出。打卡和请假就不用解释了，外出是指外出工作，其性质仍然是工作，只是不在公司的办公场所工作，如到客户处安装系统、在客户处做培训、到客户处商谈合同等。

这三类事情全部涉及流程，流程的问题后面再分析，用类图又如何分析呢？通常我们要管理一个事情，除了管理其流程，还需要对该事情的一条或多条记录进行管理。打卡不是会留下打卡记录吗？请假不是会有请假申请？外出不是会有外出申请吗？管理这些记录，就是管理这些事情了！

图 10.2 列出了关键的业务概念、业务概念的重要属性、业务概念之间的关系，相关业务信息通过注解（Note）来补充。你所在的公司情况不一样，对考勤的理解角度不一样，业务概念图就会不太一样。请比较图 10.2 和你画的图的差异，列出问题后再继续阅读下文。

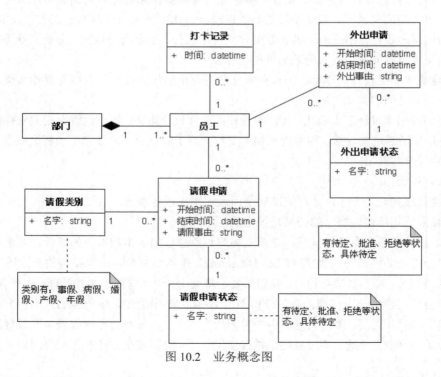

图 10.2　业务概念图

图 10.2 以员工为中心，展示了员工与部门、打卡记录、外出申请、请假申请的关系，下面开始为你逐一 "拆解"。

10.5.3　部门与员工

部门"包含"员工，图中使用了实心的菱形，而不是空心的，表示这个"包含"是"强包含"，则意味员工只能属于一个部门，员工不能同时属于多个部门。

刚开始需求分析时，如果发现"包含"关系，我通常只画成空心菱形，当确认了这种包含关系为"强包含"时，则会将空心菱形修改为实心菱形。"强包含"可以看作是"弱包含"的一种特例。

这个公司员工数量只有 100 人，组织架构不复杂，部门并没有很多层次，故图中并没有对部门进行过多的分析。分析业务概念时，要抓住与系统目标相关的业务概念，其他不太相关的内容可不必放入业务概念图中。

10.5.4　打卡记录

（1）打卡基础知识的扫盲！

打卡你可能觉得很简单，觉得扫盲没啥必要，但不扫不知道，一扫吓你一跳！

你去打卡的时候，有想过打卡机记录了什么吗？

打卡机记录了你的工卡 ID 和打卡时间！

打卡机如何知道这是上班打卡、下班打卡，还是外出工作打卡？如你们上午上班时间是 9:00～12:30，但打卡机有一条记录显示打卡时间是 10:30，请问这算上班打卡还是下班打卡？

光靠你的工卡 ID 和打卡时间，是无法判断这是上班打卡、下班打卡，还是外出工作打卡的，还需要考虑这是你当天的第几次打卡。如果这是该员工当天的第一次打卡，那应该是上班打卡，如果是第二次打卡，则可能是下班打卡或者是外出工作打卡。

那如何判断是下班打卡还是外出工作打卡呢？

10:30 这个时间不是正常的下班时间，这个时间打第二次卡，有可能是该员工请假了，所以提早下班，也有可能是该员工需要外出工作。要做出正确的判断，需要根据打卡记录、请假申请记录、外出申请记录来综合判断。如果发现打卡记录与请假申请记录、外出申请记录对不上，那这个打卡很可能是误打卡。

（2）为什么这样画"打卡记录"类？

你可能有这个问题：打卡机不是记录了员工的工卡 ID 和打卡时间吗？为什么考勤记录这个类没有工卡 ID 这个属性？这个问题问得好！

打卡记录与员工这两个类之间是有关系的，一个员工有多次打卡记录，一次打卡记录只对应一个员工。也就是说这样的对应关系，已经反映了通过打卡记录能找到相应的员工，故考勤记录中不需要设工卡 ID 这个属性。

类似的，请假申请、外出申请类都没有"员工 ID"之类的属性。绘制业务概念图时，我们不需要在类中体现它们的"外键"，事实上"员工 ID"之类的属性，是这些业务概念类关系的实现方式之一而已，在需求阶段我们不需要也不应该明确这些关系的实现，何况会有其他的实现方式呢！

（3）行政部是如何工作的？

在没有考勤管理系统之前，行政部需要根据上述原理，从以下三种途径获取相关数据，定期统计考勤信息：

● 从打卡机中读取数据来获取打卡信息。

● 从纸质的请假条中获取请假信息。

● 从纸质的外出申请单中获取外出信息。

这里你可以思考：这个考勤系统要达到怎样的效果来满足行政部期望（见表 10.1）？

你可以考虑做到全自动化的效果，但这样做可能成本太大，不太符合项目的战略及成功标准。你也可以考虑请假申请及外出申请的统计报表功能，行政部不再需要看一张张的纸质请假单、申请单，大大地减轻了行政部工作量，并且提高了工作准确度，但行政部仍然需要手工对照打卡信息、请假统计报表、外出统计报表。

在分析业务的时候，你脑袋中会产生不同的解决方案，记下这些方案，后面再做选择。

（4）必要时优化业务流程，减轻管理工作量和系统开发工作量。

该公司以前的打卡规定不是这样的，以前是这样要求的：中午休息，员工需要打卡，中午下班时打一次，下午上班时再打一次，这样一天要打 4 次卡。但这个要求导致了很多问题，员工中午很容易忘记打卡，这样就导致一个人一天只有 2 次或者 3 次的打卡记录。前面的打卡基础知识扫盲中，你已经了解到打卡的次数和顺序是很关键的，出现这些问题，会导致打卡记录与请假记录、外出记录难以对应，造成一些不必要的麻烦。后来该公司取消了中午打卡的规定，只需要上午上班和下午下班各打一次卡便可，这样问题就简单很多了！

应首先思考从管理上优化来解决问题，然后再思考如何通过软件系统来解决问题。软件系统是管理思想的承载体，管理上有问题而不改善，会徒增软件系统很多无谓的工作量，而且不能解决问题。

10.5.5 外出申请

由纸质的外出申请单可提炼出"外出申请"类。纸质的外出申请单的样子见表 10.2。

表 10.2 纸质外出申请单

姓名		部门	
开始时间		结束时间	
外出时长			
事由			
部门经理审批意见			
副总经理审批意见			
总经理审批意见			

客户日常工作中用到的各种纸质文件、表格、图表等，都是我们提炼业务概念的重要素材。

你可能会觉得奇怪，纸质的外出申请单有这么多内容，为什么"外出申请"类只有三个属性？

图中"外出申请—员工—部门"的关系，已经体现了申请单中"姓名""部门"栏目。外出时长＝结束时间-开始时间，故"外出申请"类没有必要增加"外出时长"属性，如果要设这个属性，这个属性就是"导出属性"，它能由其他属性计算出来。进行业务概念分析时，关键是抓住"原生属性"，"原生属性"是不能由其他属性推导出来的属性。当然进行数据库设计、程序设计时，这些"导出属性"有可能会设计为数据库的字段和类的某个属性，但这是实现方式，绘制业务概念图时一般不需要展示这些内容。

其实只要抓住了"原生属性"，我们可以根据需要设计各种"导出属性"；同理，抓住了各种"原生类"，可以根据需要设计出各种"导出类"。

什么是"原生类""导出类"呢？

日常工作中的各种纸质表格，特别是报表类的表格，含有统计信息。例如：可以根据外出申请记录，得到每月每人外出总时长报表。留意你手头上收集到的纸质表格，识别出哪些内容是统计出来的，哪些是原生的，发现这些内容的真正来源。如果你能准确识别出来，你就抓住了"原生类"，否则你抓住的可能是"导出类"。"原生类"才是事物的本质，"导出类"只是其中一种外在表现形式而已。

业务概念模型是隐藏在这些纸质素材背后的"幕后推手"，如果能准确抓住原生的内容，你会发现这些纸质素材只是该模型的一种表现形式。我们需要发现和优化这个模型，一旦你能把握住这套模型，其实万变不离其宗，你很容易设计出符合这套模型的各种外在表现，设计出各种更加实用的纸质表格，设计出软件系统的各种实用表单。也就是前面提到的，需求其实是设计出来的！这套模型其实包括业务概念模型和业务流程模型，我们正在学习的是业务概念模型，后面我们还会学习业务流程模型。

纸质外出申请单中还有三个审批意见栏目，图中的"外出申请"与"外出申请状态"的关系，这些内容都是与外出申请审批流程相关的，请你先保留这方面的问题，我们将在"10.6 外出申请审批流程分析"中继续讨论。

10.5.6　请假申请

先看看纸质的请假单是怎样的，见表 10.3。

表 10.3　纸质请假单

姓名		部门	
开始时间		结束时间	
请假时长			
请假类别（单选）	□事假　□病假　□婚假　□产假　□年假		
事由			
部门经理审批意见			
副总经理审批意见			
总经理审批意见			

将表 10.3 和图 10.2 中的相关内容进行比较，与外出申请相似的部分就不再介绍了，我们重点说明"请假类别"和"请假申请状态"。

请假有这些类别：事假、病假、婚假、产假、年假。

请假要分类，是因为不同的类别，员工享受的福利待遇是不一样的：

● 事假：需全额扣钱。

● 病假：提供医生证明，按 50%扣钱。

● 婚假：每年可享受 3 天带薪假期，晚婚员工可享受 10 天带薪假期，婚假需连续休完。

● 产假：每年女性员工可享受 3 个月带薪假期，男性员工可享受 10 天的伴产假。

● 年假：根据入职年限的不同，员工每年享受 5～10 天不等的带薪假期，可分多次使用，无需一次连续休完。

以上这些信息来自公司的员工福利、考勤制度等文件，但凡做管理系统，相关的制度文件是重要的需求来源。研究这些制度文件时，你可能会发现一些不合理的地方，需要和客户商量优化这些制度。

你其中一个疑问可能是：请假类别是在请假单中的，而类图中将"请假类别"抽离为类，而不是作为"请假申请"的属性，为什么这样做呢？

实际上，在需求分析中经常遇到类似"请假类别"的情况，即某样东西其取值可能是几个可选项之一。这样的情况，其实你既可以将其作为属性来处理，也可以将其抽离为类。对于重要的类别，我一般会单独用一个类来表示，并通过注解说明具体有什么类别。我认为请假类别是比较重要的，不同的请假类别员工享受的福利待遇是不一样的。

这些类别，在数据库设计时往往被设计为单独的一个表，在程序中往往会使用枚举法来表示。将这些重要类别单独用一个类表示，另外一个好处是：方便软件设计人员思考。

请假申请可能有多种请假类别的情况，那为什么类图中表示的是一个"请假申请"对应一个"请假类别"呢？

不要被我这个问题一下子给懵住了！具体的一个请假申请，其请假类别只可能有一种情况，且必定是上述 5 种类型之一，所以一个"请假申请"对应一个"请假类别"是完全正确的！

请假申请需要经过多次审批同意后才有效，未审批之前的状态为"待定"，通过审批的状态为"批准"，不通过审批的状态为"拒绝"，这些状态并没有直接在纸质请假单中标示出来，但这些状态是隐含其中的。当我们分析某某申请单之类的东西时，该申请单在提出之后需经历一系列处理，该申请单往往隐含了"状态变化"的信息，你需要识别出来！

"请假申请状态"可以作为"请假申请"类的属性，也可以抽离为类。因为请假申请提出后，其实就置于一个流程当中，我认为"请假申请状态"是比较重要的，故我将其抽离为类。

于是我有这样一个问题问你了："请假申请"其实在不同审批阶段会有不同的状态，类图中为什么表示是一个"请假申请"对应一个"请假申请状态"呢？

这个问题和前面的问题类似，不知道你是否再次被懵住了？我有时候分析类似情况时，也会被自己的这些问题懵住！其实在任意一个时刻，请假申请只能有一种状态，可能是"待定"，也可能是"批准""拒绝",不可能同一时刻既是"待定"也是"批准"。

用类图来表达的业务概念图,其实是业务概念模型的一个快照,任意时刻的一个快照。"请假申请"在任意时刻只对应一个"请假类别"、一个"请假申请状态",请假类别、请假申请状态可能会变,其实是请假类别的名字属性值、请假申请状态的名字属性值发生变化。

请假申请和外出申请类似,都需要经过一系列的审批流程,前面提到的状态只有三种情况(待定、批准、拒绝),其实是将问题简化了,在后文的业务流程分析中我们将进一步探讨。

分析业务概念时,其实你会有很多流程方面的问题,其实业务概念分析和业务流程分析是同时进行、互相影响和互相促进的。下面开始学习业务流程分析。

10.6　外出申请审批流程分析

本小节我们完成一部分第四步练习:请用活动图、状态机图、序列图描述出请假审批、外出审批等关键业务流程,请注意你可能需要重组这些业务流程。

本小节我们将演练业务分析阶段(需求分析的第三阶段)的"行为建模"工作,参见图 10.1。

本系统重要的两个业务流程:

(1)外出申请审批流程。

(2)请假申请审批流程。

本小节分析相对简单一点的外出申请审批流程,下小节再分析请假申请审批流程。

还记得流程分析三剑客吗?它们就是活动图、顺序图和状态机图!

复习一下前面提出的关于流程三剑客的实践建议:

(1)如果事情是围绕某个东西开展的,可以考虑用状态机图。

(2)如果事情不是围绕某东西开展的,状态机图可能不合适,可考虑顺序图或者活动图。

(3)如果没有复杂的特殊流程,可考虑顺序图。

(4)如果有较复杂的特殊流程,可考虑活动图。

(5)不要限制自己只能用一种图,可同时使用两种甚至三种图,从多个角度来分析问题,稍后再适当取舍。

请你完成本练习后再继续后面的学习!

10.6.1　外出申请审批流程的活动图

不知道你使用了什么图来分析外出申请审批流程?我准备分别用活动图和状态机图来分析。你所分析的公司的外出申请审批流程与我分析的公司的情况很可能是不一样的,相信你一定可以举一反三!

外出申请审批流程,涉及多个角色,而且有多处判断分支,故用有泳道的活动图来分析可能是比较合适的。请仔细阅读图 10.3,与你画的图进行比较,思考和列出问题。

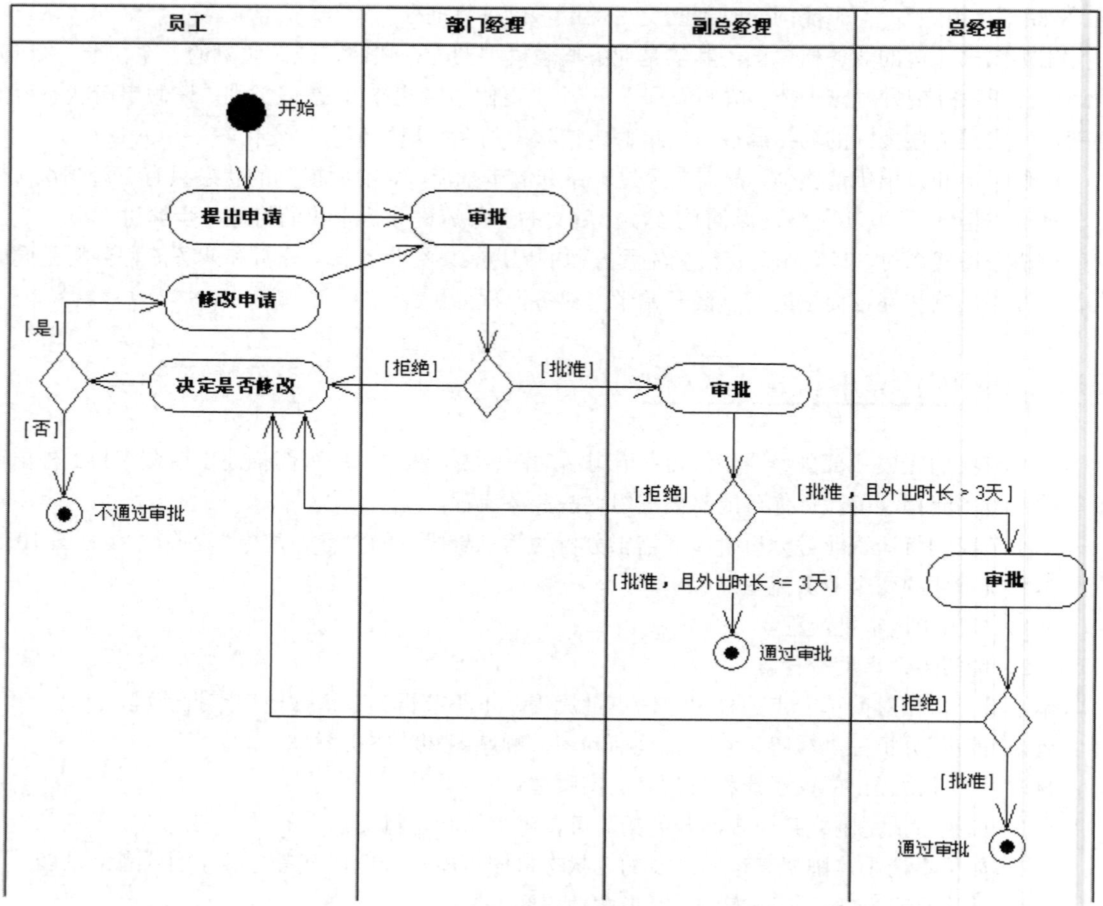

图 10.3　外出申请审批流程活动图

10.6.2　外出申请审批流程的状态机图

  这个审批流程其实整个过程都围绕着"外出申请"展开，"外出申请"在不同的阶段有不同的状态，我们可以尝试用状态机图来分析这个流程，并且与活动图进行比较，如图 10.4 所示。

  提炼出合适的状态，是绘制状态机图的第一步，也是最关键的一步。然后思考状态之间发生了什么事情，导致状态发生变化，这是绘制状态机图的第二步。如果一个状态有可能向两个或以上的状态转换，那么可以将转换条件写成监护（Guard），也就是图中带中括号的文字。

  这个状态机图与前面的活动图进行比较，有以下显著的不同点：

  （1）活动图没有能提炼出"状态"这个概念，而状态机图首要的表达目标是状态及状态如何变化！

  （2）活动图中的活动是导致状态机图中状态变化的转换（Transition）。

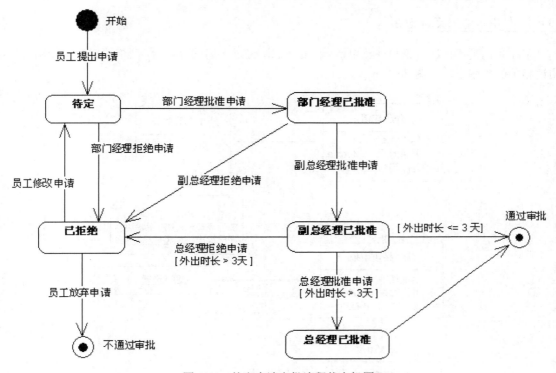

图 10.4　外出申请审批流程状态机图

　　（3）活动图通过判断（Decision）和监护（Guard）来表达分支结构，而状态机图只需要使用监护（Guard）就可以表达了。

　　状态机图是与通常思维方式很不同的一种独特视觉，虽然有点难以掌握，但一旦掌握却能收到独特的效果！状态机图的两大优势：

● 　提炼出状态，这是其他 UML 图不能直接体现的。

● 　提炼出状态转换的规则，流程之所以会一步步被驱动，其实就是由状态之间的转换关系、转换规则所驱动的。

　　试想一下，基于这个状态机图的分析，在数据库中与外出申请相关的表设计可能会有"状态"字段，程序中与外出申请相关的类可能会有"状态"属性。这样系统可以方便地根据这个"状态"为用户筛选合适的记录，如：用户可以方便地查询被拒绝的外出申请；总经理可以方便地查询需要他审批的申请等；系统也可以基于这个状态及状态转换规则，方便地设计出自动化的工作流。

　　那是不是所有流程都应该用状态机图来分析呢？当然不是了！当流程是围绕某一事物进行时，你可以考虑状态机图。例如：外出申请审批流程是围绕"外出申请"展开的。如果流程中找不到一个围绕它展开的东西，或者是你发现流程中围绕的东西不止一个，那么状态机图可能就不适用了。

10.6.3 外出申请相关的类图

现在我们需要再次讨论与外出申请相关的类图，经过上述的分析后，我们可以重新绘制与外出申请相关的类图了，如图 10.5 所示。

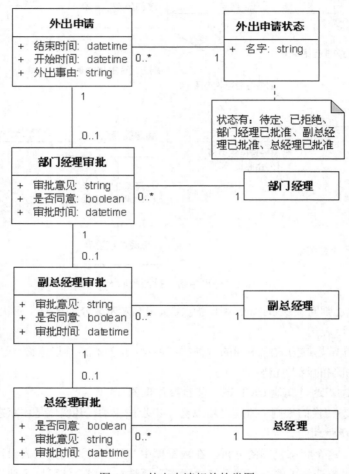

图 10.5 外出申请相关的类图

图 10.5 与表 10.2 比较，图已经覆盖了表的全部内容，并且更加能表达外出申请的业务内涵。部门经理、副总经理、总经理这三个类都可以继承员工类，而三个"……审批"类的属性相同，其实也都可以泛化为一个审批类。如何细化和深挖，完全取决于实际项目的需要，取决于你自己！

你可能会觉得图 10.5 是不是有点夸张了？外出申请及审批的内容在数据库中设计成一张表就可以了，程序中也没有必要写这么多类，一个类就可以包含外出申请和审批的信息了。没错，软件设计时确实可以这样做！需求分析时得到的类图、状态机图、活动图等各种 UML 图，虽然可以由此导出设计，但并没有规定具体的设计方式。我的建议是：需求分析时不妨多深入挖掘，这样我们的工作将会更加主动一点，会为我们后续的软件设计、编码等工作带来更多的空间和弹性。

10.6.4　外出管理上的进一步思考

为什么非要副总经理审批？

无论是多长时间的外出申请，都需要副总经理来审批，为什么不将权力下放呢？例如：让部门经理对 1 天的外出申请有完全的决定权。

其实该公司原来的做法就是将权力下放的，让部门经理有 1 天以内的外出或请假审批权限，但出现了这些问题：

（1）只要客户提出要求，事无大小，马上会派人外出为客户服务，浪费了公司成本。

（2）没有考虑到外出员工可能在别的部门承担项目工作，影响了其他项目工作。

所以才将部门经理的最终审批权力回收，而副总经理对客户关系的把握比较好，对各人在各部门的工作情况都比较了解，所以由副总经理掌握 3 天及以内外出或请假申请的最终审批权。

该公司员工人数才 100 人，而且该公司做事情追求效果和效率，副总经理和总经理并不是高高在上的，经常要亲自处理各种事情，这样的安排是有道理的。

遇到突发外出，来不及申请或审批，咋办？

如果遇到救火级别的事情，需要马上外出救火，但副总经理或总经理不在公司，无法立刻审批，怎么办呢？考勤系统应该如何考虑这种状况？你会考虑让副总经理、总经理收到短信吗？会考虑副总经理、总经理可以通过手机上网来处理审批吗？

如果真的这样考虑了，你可能得了"信息管理综合症"！其实信息管理系统是无法处理一切突发情况的，信息系统最大的一个弊端就是不够灵活！试想一下，如果没有考勤系统，还是手工操作的情况，遇到救火级别的突发状况，申请都来不及写了，你可能会直接跑到副总经理那里口头说明状况，然后马上出发！如果副总经理不在公司，就直接找总经理说明情况，如果总经理都不在公司，就马上打电话说明状况。如果打电话都找不到，就"先斩后奏"，先去处理回头再报告。

所以如果遇到这样的状况，你完全可以不管这个考勤系统，先按以前的做法处理了事情！事后，你再在考勤系统中补回外出申请。

设计信息管理系统时，需充分考虑各种突发状况，例如：系统当时无法马上修复，那是不是可以马上切换为手工操作？处理突发状况的最有效方法，往往不是修改系统让系统更加强大（修改系统的代价巨大，而且往往效果不理想），而是思考一些管理办法，设计一些紧急状况应对预案。

10.7　请假申请审批流程分析

本小节我们将完成第四步练习：请用活动图、状态机图、序列图描述出请假审批、外出审批等关键业务流程，请注意你可能需要重组这些业务流程。

本小节我们将演练业务分析阶段（需求分析的第三阶段）的"行为建模"工作，参见图 10.1。前面我们分析了外出申请审批流程，本小节将分析稍微复杂一点的请假申请审批流程。

10.7.1 请假申请审批流程的活动图

你准备用什么 UML 图来分析请假申请审批流程呢？用活动图和状态机图可能是比较合适的，但我准备使用活动图和顺序图，以便让你体会使用顺序图的好处和注意点。

请假申请审批流程与外出申请审批流程很相似，但请假涉及员工的福利待遇问题，流程中需要行政部的介入，如图 10.6 所示。部门经理、副总经理、总经理审批请假的主要判断标准是：工作是不是安排妥当，是不是已经最低限度降低对工作的影响。而行政部介入到审批流程中，主要是依据公司的福利及考勤相关制度，判断申请者的请假是否合适，是否需要调整请假类型等。

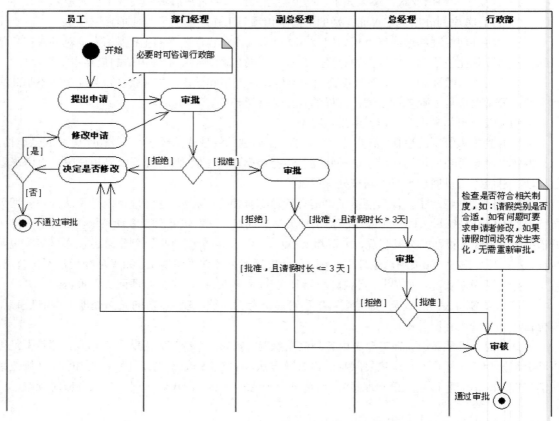

图 10.6　请假申请审批流程活动图

员工提出请假申请时，可咨询行政部，例如：可了解还有多少天的年假可以休，如果请婚假，可了解是否可以享受晚婚待遇等。请假审批通过所有审批后，还需要行政部根据员工福利等相关制度检查请假是否符合要求，例如：申请者的年假不够用了，则可能需要修改为事假；申请者如果还有年假可用，但申请者请的是事假，则会建议修改为年假。

请假申请不通过行政部的审核，重新修改后其实是有可能需要重新审批。如申请者的年假不够用，他可能会缩短请假时长、调整请假日期等。但图中仅是通过注解来说明情况，而没有使用判断（Decision）。实际流程分析工作中，往往会发现很多流程其实是有很多细微分支的，如果都通过判断表达出来，图会显得比较庞大和凌乱，我一般的做法是只画出核心的、重要的分支，细微的、不太重要的分支通过注解来说明，或者是不在图中说明而另外通过文字来说明。

10.7.2　请假审批流程的顺序图

先学习顺序图的新语法，"[批准]:传递申请"的中括号及其括住的内容是"条件"（Condition），表示审批的结果为批准时，才执行冒号后面的内容。故图 10.7 可以解读为：申请如果得到部门经理的批准，则将该申请传递给副总经理处理，如果申请被拒绝，则将拒绝的信息反馈给员工。这样顺序图一共有以下三种实现分支结构的办法：

（1）使用"条件"（Condition）。

（2）使用 alt frame（alt 为 alternative 的缩写，alt frame 表示条件分支框）。

（3）使用 opt frame（opt 为 optional 的缩写，opt frame 表示可选分支框）。

第（2）、（3）种是我们在顺序图一章中学习过的。但在实践中你会发现，顺序图中使用分支结构是不太"顺手"的，我往往会这样做：

（1）尽量避免分支结构嵌套的情况。

（2）通过注解来表示一些分支结构。

（3）通过多个顺序图表达不同的分支，这样每个图将会减少分支甚至没有分支。

顺序图表达复杂的分支结构并没有太大的优势，但顺序图却有以下独特"魅力"：

（1）流程中涉及的角色一目了然（活动图使用泳道的话，也能达到这个效果）。

（2）每种角色有自己指向自己的箭头，这其实表示了该角色的职责。

（3）角色 A 有一个箭头指向角色 B，表示角色 A 对角色 B 做什么事情，这个"什么事情"其实也体现了角色 B 的职责。如部门经理将其批准的申请传递给副总经理，这是因为副总经理有审批申请的权限，所以部门经理才能将申请传递给他。

顺序图对分析角色及角色的职责有独到的作用，哪怕流程有分支结构，我也建议你尝试用顺序图分析，你可以选择一条能从头走到尾的路径，以此为基准画出顺序图，然后在此基础上适当地补充其他分支。如图 10.7 所示，先画出经历了所有审批和审核的路径，然后通过"注解"和"条件"适当补充其他路径。

如果用状态机图分析这个流程，会是怎样的效果呢？

这个图应该和外出申请审批流程的状态机图（图 10.4）差不多，但需要增加一个状态"行政部已审核"，"副总经理已批准"和"总经理已批准"状态不能直接转换为最终状态"通过审批"，而必须先转换为"行政部已审核"状态。

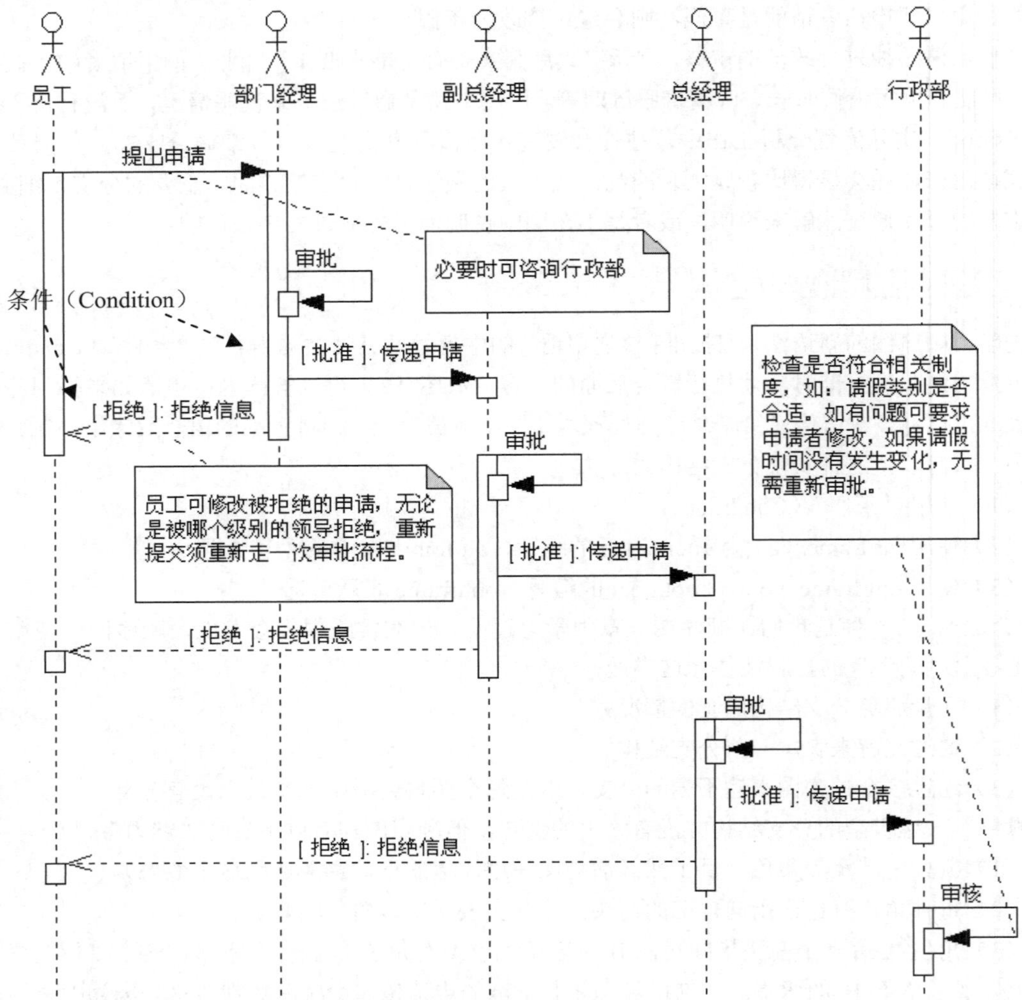

图 10.7　请假申请审批流程顺序图

经过上述分析，请假申请相关的类图也需要修改，不过修改后的效果与外出申请相关的类图（图10.5）很类似，但需要增加"行政部审核"类。

这个请假申请审批流程的状态机图以及请假申请相关的内容，本书就不给出图例了，但会变为本章的练习题。

10.7.3　请假管理上的进一步思考

【问题 1】突发请假如何处理？

与突发外出类似，请假遇到突发的情况可能更多，如突然得了急病，你是无法预知的，你就无法事先请假。对于这些突发情况，考勤系统应当如何考虑呢？你会考虑让系统可以通过手机来完成请假吗？病都病到动不了了，无论系统具备什么强大功能都是毫无用处。

其实很多公司都有针对突发请假的酌情处理措施，如：遇到突发的请假情况，可先电话请假，如果无法电话请假，则应该在可以时尽快与公司联络，事后回到公司再补回相关请假手续。

【问题 2】一个"请假申请"不能对应多个"请假类别"吗？

某申请者申请了 5 天的年假，已经通过了部门经理、副总经理、总经理的审批，但行政部审核时发现，该申请者只有 3 天年假可用，这 5 天的请假需要修改为 3 天年假、2 天事假。请问你会如何处理这样的情况？

你会考虑让考勤系统可以支持一次请假可有多种请假类别？如：某次请假有 10 天，其中 5 天请年假，3 天请婚嫁，2 天请事假。对于这样的情况，前面类图中关于"请假申请"与"请假类别"的关系是不正确的，前面类图表明一个"请假申请"只能有一种"请假类别"。当然我们可以修改类图以考虑这种情况，但这样是不是大大地增加了系统的复杂度？

以下三种解决方案，你会选择哪个呢？

（1）修改请假申请审批流程，将行政部审核列为第一步，这样可以在前期发现这类问题，让申请者将请假分解为多次。

（2）如果行政部审核时发现这类问题，考勤系统需提供功能让行政部可以分解这个请假申请，而且无需重新审批申请。

（3）申请者提出请假时，系统能智能判断，能阻止"不合法"的请假并给出相应提示。

第（1）种解决方案是单纯从管理上来解决问题的，修改流程，然后系统按照这个流程来设计。第（2）、（3）种解决方案从管理上保持原则不变，但通过软件系统增加一些功能来解决这个问题。这两种解决办法，比将"请假申请"与"请假类别"做成"一对多"要简单得多，但要实现第（3）种的"智能判断"可能会有点难度。后面进行用例分析时，我们再探讨第（2）、（3）种解决方案。

对于这类问题，我以前的解决方案是：一个请假申请只能有一种请假类别的原则不变，行政部审核仍然放在最后一步，如果审核发现这类问题，申请者需要分解为多个申请重新提交，这些重新提交的申请不需要再走完整的审批流程，只需要副总经理再次确认就可以了。

对于这类问题，没有考勤系统，手工操作时是如何处理的呢？会不会这样麻烦？手工操作时的处理就简单多了，请假者可以直接在请假单上说明请多少天年假、多少天事假。有时候你会发现，某些手工处理很简单的问题，在信息系统中反而变得巨复杂！手工操作虽然比较原始，但胜在灵活，不受条条框框限制。而信息系统受制于一些约束，有时处理一些异常情况反而很不顺手。可以说这是信息系统的硬伤，当然我们可以在分析业务概念和流程时，提前发现这些问题，但你会发现真的要做一个弹性比较大的系统，我们需要很大的投入，需要具备很高的软件研发水平。遇到这类问题，我们需要多从管理上入手，提出客户和我们都可以接受的解决方案。

【问题 3】如何应对多变的流程？

客户的业务是不断演变的，哪怕是目前比较成熟的流程，经过一段时间后也可能会优化，这样我们的系统也需要随之变化，能支持客户最新的业务情况。

那有没有办法"一劳永逸"地应对客户业务情况不断变化的情况？

其实客户的业务情况很少会频繁变化，我们觉得客户经常变，是因为我们没有能准确地分析好客户的业务情况。前面我们学习了对客户的业务概念进行分析（结构建模）和对客户的业务流程进行分析（行为建模），这些都能帮助我们提升需求分析的能力，能抓住客户真正的业务需要，帮助客户建立一套简单有效、相对稳定的业务模型。在此基础上打造的信息系统，其适应力会比较强，系统在短期内面临大变化的机会不会很大。

但客户是持续进步的，业务模型肯定会不断优化的，业务概念和业务流程始终是会变的，我们应该如何应对呢？

这个时候，我们就需要打造业务概念及业务流程均可定制的系统了，如某些办公自动化系统就能达到这样的效果。业务概念和业务流程皆可定制，这是难度很高的高技术含量的工作，主要依赖于我们以下两方面的能力：

- 业务的提炼能力。前面对考勤系统的结构建模和行为建模，基本上还是就事论事，为了让系统适应性更广，我们需要深挖下去。
- 软件设计的能力。最好能设计出优秀产品，只需要通过配置就可以适应大部分的情况。

而以上两方面的能力，需要我们长期从事相关项目的研发工作，经过长时间的积累、提炼、总结，研发出适应性强的产品。这个过程中，UML 就是我们的助力器！

10.8　执行者及用例分析

本小节我们将完成第五步练习：请分析出有什么角色将会使用本系统，用用例图描绘出系统的功能，挑选其中至少三个用例，用用例表详细说明。

本小节我们将演练需求细化阶段（需求分析的第四阶段）的执行者及用例分析部分，参见图 10.1。

战略分析让我们的项目立于不败之地，需要分析让我们命中"敌人要害"，业务分析将我们打造为业务专家，而需求细化就是体现我们价值的地方，软件的需求是由你设计出来的！

请你完成本练习后再继续后面的学习！

10.8.1　执行者分析

用例图中的人公仔，就是执行者（Actor），执行者可以是人类，也可以不是人类，我们可以从人类和非人类两种角度来找出本系统的执行者。

人类的执行者，就是系统的用户了。那非人类的执行者是什么呢？有可能是需要与本系统交互的其他系统。有没有可能是猫、狗呢？这也不是绝对没有可能的，如果是"宠物自助洗澡系统"，说不定猫或狗就是用户的一种。

我们暂时不分析非人类的执行者，留到后面再探讨这方面的问题。目前我们集中火力来分析本系统的人类执行者，即本系统的角色有哪些？他们是怎样的关系呢？

还记得前面已经列出的涉众分析表（表 10.1）吗？这个涉众分析表就是我们进行角色分析的重要依据！不过请注意，并不是所有的涉众都是系统的用户，只是本项目的涉众恰好全部都是系统的用户而已。除此以外，还有这些特殊情况：

（1）有些公司一个人充当两个或以上角色的，你需要将这些角色从这个人身上分离。

（2）一些人可能会将系统管理员的工作划归为总经理，因为总经理应该什么都可以做。这样做不太合适，一般来说系统都会有至少一名管理员，该管理员的主要工作是用户管理和权限管理，该角色反而没有权限去操作系统的业务功能。应当将管理员这个角色分离出来，让他只干管理的事情。

图 10.8 与表 10.1 相比，角色缺少了"项目经理"，多了"管理员"。

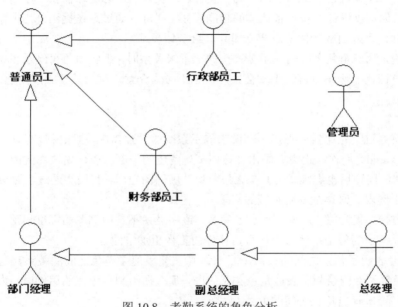

图 10.8　考勤系统的角色分析

没有单独列出"项目经理"角色，是因为项目经理的关注点可通过普通员工这个角色体现出来，而且项目经理没有审批外出或请假申请的权限，所以没有必要将项目经理单列出来。

系统一般需要至少有一种"管理员"的角色，该角色负责系统的用户管理、权限设置方面的工作。客户的高层领导往往会具备管理员的权限，中层领导可能会具备部分管理员权限，日常的管理员工作可能由客户的 IT 部门人员承担。这里再强调一下，并不是一个人只能有一种角色，一个用户可以戴多顶角色帽子，一种角色可以对应多个用户。

请留意图 10.8 中各角色的继承关系，除了"管理员"外其他所有角色的老祖宗都是"普通员工"，"行政部员工""财务部员工"和"部门经理"是"普通员工"的儿子，"副总经理"是"普通员工"的孙子，"总经理"是"普通员工"的曾孙（孙子的儿子）！这继承关系表明，儿子能做父亲能做的事情。当我们绘制用例图时，每种角色只需要画出他独特的可执行的用例就可以了，他可以做父亲的事情，这点可以通过他父亲的用例来表明。

你可能会问，"管理员"也是"普通员工"的一种啊，他为什么不继承"普通员工"？"管理员"继承"普通员工"是可以的，不过我通常认为"管理员"是一种特殊的角色，他不继承其他正常角色，故将其单列出来。当然具体一个员工可以身兼"普通员工"和"管理员"这两种角色。

你可能还会问，总经理也需要像普通员工那样请假吗？普通员工的外出申请和请假申请需要经过多级审批，部门经理的申请需要副总经理、总经理审批，副总经理的申请需要总经理审批，那总经理的外出或请假申请，是不是不需要审批呢？如果不需要审批，总经理是不是无需通过本系统来提出外出或请假申请呢？留意涉众分析表（表 10.1），你会发现多种涉众都有了解其他人请假及外出信息的需要。总经理是公司最重要的人物，他的请假及外出信息更加需要共享给其他员工。所以鉴于以上分析，你可以设计系统具备这样的功能：总经理可以通过系统提出外出或请假申请，该申请将会自动审批，该外出或请假信息会立即共享给全体员工。

一般就来说，我们角色之间的关系是直接的上下级关系时，上级角色可继承下级角色。下级角色所做的某些事情，上级角色可能不太会做，你也不必太介意，可仍然让上级角色继承下级角色。

10.8.2　宏观用例图

接下来我将通过一张比较宏观的用例图来展示系统的大致需求，这张图没有画出包含（Include）用例和扩展（Extend）用例，也没有画出"管理员"角色的用例。请你先认真阅读此图，把握系统的需求概况，列出问题后再继续学习！在这张宏观的用例图之后，我们将通过多张分解的用例图以及部分用例的用例表，来详细说明系统的需求。

为了说明方便，我为每个用例都增加了序号，该序号并不是用例图的标准语法。在你的实际工作中，你也可以考虑为每个用例编上序号，让你的工作更加方便。

图 10.8 已经表明了角色之间的关系，图 10.9 中重复表达了角色之间的关系，这其实是没有必要的。如果已经事先专门绘制了表达角色关系的图，那么在绘制各角色的用例时，为了让用例图更加简洁，可不必再次画出角色之间的关系。

10.8.3　普通员工的用例分析

光靠图 10.10 是不能完全说明问题的，还需要补充很多必要的内容。

"1. 管理自己的外出"包含 4 个子用例，"2.管理自己的请假"包含 5 个子用例，这些子用例是父用例的"完全分解"。下面将利用用例表来重点说明 2.1、2.2、2.3、2.4、2.5、3、4 用例，如表 10.4 至表 10.10 所示，1.1～1.4 用例与 2.1～2.4 用例情况类似，就不重复说明了。还记得用例表有两种吗，一种是标准格式，一种是简化版。在继续学习之前，请先复习第 7 章"描述系统的行为——用例图（Use Case Diagram）"中提到的用例表相关内容。为了让你能看得更清楚，用例表中保留了原来的说明文字（中括号中的内容），同时增加了说明文字（小括号中的内容）。

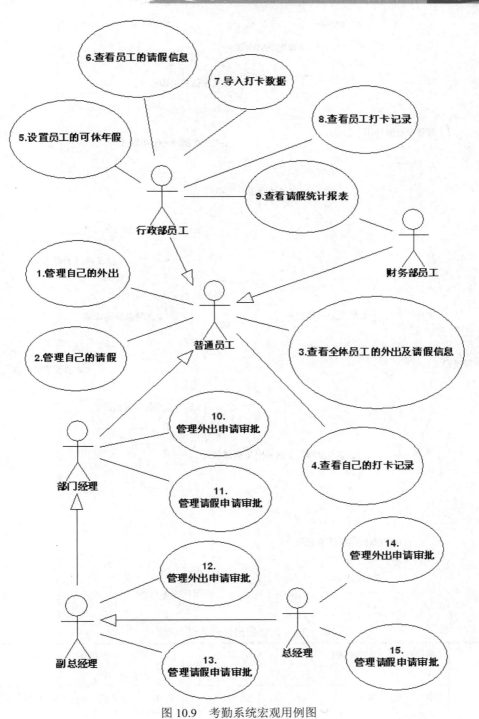

图 10.9　考勤系统宏观用例图

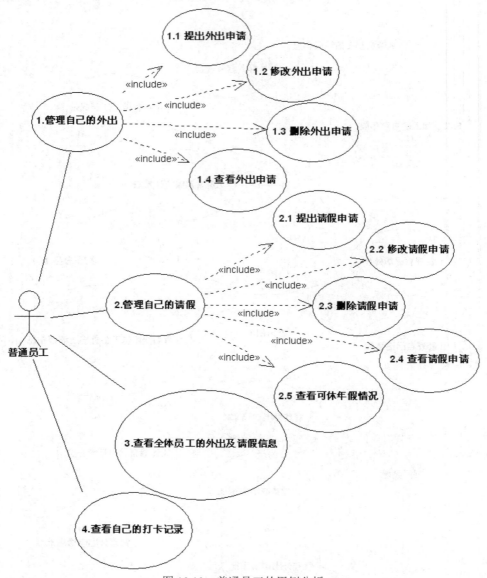

图 10.10　普通员工的用例分析

表 10.4　2.1 提出请假申请 用例表

编号	[用例编号，如 UC-01] 2.1	名称	[用例名称，即用例图中用例的描述。] 提出请假申请
执行者	[用户、角色等] 普通员工	优先级	高■ 低□（原来是"高中低"的，去掉了"中"）

续表

描述	[简单地描述本用例，重点说明执行者的目标] 普通员工录入请假的信息，能成功提出请假申请（注意：不是成功请假）
前置条件	[列出执行本用例前必须存在的系统状态，如必须录入什么数据，须先实现其他什么用例等。注意除非情况特殊，不要写类似"登录系统"等每个用例几乎都需要具备的前置条件。] 无（不需要要写"需先登录系统"之类的"废话"）
基本流程	[说明在"正常"情况下，最常用的流程。通常是执行者和系统之间交互的文字描述。] 1．指示提出请假申请。（顶头表示是执行者发起的动作） 　2．显示请假申请表单。（缩进表示是系统的动作） 3．填写申请单，选择请假类别。 4．指示提交申请。 　5．显示成功提交申请的信息
结束状况	[列出在"正常"结束的情况下的用例的结果。] 系统保存请假申请数据，并提示成功提交申请的信息
可选流程 1	[说明和基本流程不同的其他可能的流程。] 4．指示取消申请。 　5．显示申请被取消的信息。 （基本流程的 1～3，加上这里的 4、5，就是完整的可选流程）
异常流程	[说明出现错误或其他异常情况时和基本流程的不同之处。] 3．填写请假申请单，请假类别为"年假"。 4．指示提交申请。 　5．发现可休年假不足，显示相应提示。 6．修改请假申请单，或取消请假申请。 （前面提到有这样的一个问题：员工申请了 5 天的年假，已经通过多个领导的审批，到最后行政部审核时才发现该员工只有 3 天年假可用。为解决这个问题，我们可以在申请请假时就在程序中加上这个判断。但要做到这样的效果，意味着程序需要知道员工还有多少年假可休，因此你可能需要设计"5．设置员工的可休年假"这个用例，这个用例后面再详细说明。）
说明	[对本用例的补充说明，如业务概念、业务规则等] 请假申请单有以下内容：申请者、开始时间、结束时间、请假事由、请假类别。 申请者默认为当前的用户，不可修改。 类别为：事假、病假、婚嫁、产假、年假，只能而且必须选其一。 （可通过业务概念图来统一说明所有用例涉及的业务概念，这样就无需在每个用例中重复说明了，每个用例只需要说明不同的地方或需特别注意的地方。）

　　表 10.4 中的文字表达，并没有使用点击什么按钮、显示什么具体提示之类的描述，一般来说

用例表中不要使用具体明确界面效果的表达方式，这些应该留待程序设计时再确定。当然不要死抱住这个法则，某些情况可能是需要明确具体的界面操作的，例如项目的第二期，需要针对之前的界面做具体的修改，这时就需要明确具体的界面操作了。

　　实际工作中不一定每个用例都用标准的用例表来说明。对于一些简单的重复的用例，不必这样烦琐，如果项目组水平比较好，也不必面面俱到地详细描述。我将使用简化版的用例表来说明后面的用例。

表 10.5　2.2 修改请假申请 用例表

编号	[用例编号，如 UC-01] 2.2	名称	[用例名称，即用例图中用例的描述。] 修改请假申请
执行者	[用户、角色等] 普通员工	优先级	高■ 低□（原来是"高中低"的，去掉了"中"）
描述	[简单地描述本用例，重点说明执行者的目标] 请假申请提出后，还没有任何审批之前，申请者可修改请假申请。 请假申请被拒绝后，申请者可修改请假申请，重新提交。 请假申请不能通过行政部审核，行政部也无法代为处理时，申请者可修改请假申请，重新提交。 行政部如何代为处理，请参考用例"6.1 分解员工的请假"（详见后文）		
前置条件	[列出执行本用例前必须存在的系统状态，如必须录入什么数据，须先实现其他什么用例等。注意除非情况特殊，不要写类似"登录系统"等每个用例几乎都需要具备的前置条件。] 需存在已经提出的请假申请		
结束状况	[列出在"正常"结束的情况下的用例的结果。] 请假申请的状态变为"待定"，该申请需重新审批		
参考用例	[填写标准用例的编号] （这个栏目可删除）		
说明	[对本用例的补充说明，如业务概念、业务规则等] 参考业务概念图中的说明。 请假申请的状态为"……已批准"时，申请者如果对该申请进行任何修改，其状态一律重新变为"待定"，需重新审批。 修改请假申请时，程序应做并发冲突的异常判断和处理，如果出现冲突，应拒绝本次修改，并给出相应提示（什么叫并发冲突？详见后面的说明）		

　　当请假申请进入审批流程后，申请者就不能随便进行修改了。但凡涉及工作流，类似的这些问题都需要妥善考虑。注意不要考虑得太复杂了，否则这个工作流的分支将会非常多，导致工作流异常复杂，软件开发工作量巨大。

　　并发冲突是很常见但又往往被我们忽略的问题。以修改请假申请为例：申请者之前提出了这个请假申请 A，部门经理正在审批这个申请 A。这个时候申请者修改这个请假申请，在申请者确认修改之前，部门经理批准了这个申请，申请状态已经变为"部门经理已批准"，但申请者并不知情，他刚才见到的申请状态仍然是"待定"。程序需要考虑这个问题，当你正在修改内容，在你提交修改之前，已经被别人修改了甚至是删除了，这时程序应该如何处理？

通常可以通过以下办法之一来处理：

● 规定提交申请后，不能修改。也就是规定申请在某一阶段，只能由某一角色来修改，这样避免了并发冲突的可能，程序也会比较简单，但可能不符合实际的需要。

● 程序要做并发冲突的判断和处理，这需要确定并发冲突的处理规则，并且程序会变得复杂。

如果忽略或者没有发现并发冲突的问题，很可能会给程序带来一些隐患，导致一些"无法重现"的问题。并发冲突不容易发生，但一旦发生程序可能会立刻出错，或者是不出错但会带来"脏数据"，从而导致程序的一些逻辑问题。

并发冲突的问题已经涉及程序的具体实现了，其他用例也可能会有并发冲突的问题，为了简化起见，后面介绍的用例将不再讨论并发冲突的问题。

下面开始，用例表中不再保留原来的说明文字（中括号中的内容），但仍然会有说明文字（小括号中的内容）。

表 10.6　2.3 删除请假申请 用例表

编号	2.3	名称	删除请假申请
执行者	普通员工	优先级	高■ 低□（原来是"高中低"的，去掉了"中"）
描述	申请者想放弃请假时，可删除该请假申请。 请假申请状态为"……已批准"时，申请者若删除该申请，系统需发相应的通知给曾经批准该申请的审批者（申请者删除申请，意味着放弃了这次请假，系统应该让审批者知道这个事情，以便重新安排好工作。）		
前置条件	需存在已经提出的请假申请		
结束状况	系统不删除该申请的数据，仅是将其标记为"已删除"。 （如若真的删除了，已经审批过该申请的领导收到审批者删除申请的通知时，领导将无法查看原来的申请情况。 删除用例如果真的做成在数据库中删除相应记录，这可能是很危险的，建议做成标记为"已删除"比较稳妥。不用担心不真正删除会导致数据记录太多，我们可以在适当的时候以管理员的权限去真正删除一批比较老的标记为"已删除"的数据。）		
说明	申请者删除前，系统应给出删除确认提示。 审批者收到申请者删除申请的通知时，应可以查看原申请的情况。 删除请假申请，同样需考虑并发冲突如何处理的问题。（关于并发冲突前文已有说明，这里再一次提示需考虑这个问题。为了简化起见，后面的用例将不再说明并发冲突的问题。）		

表 10.7　2.4 查看请假申请 用例表

编号	2.4	名称	查看请假申请
执行者	普通员工	优先级	高■ 低□（原来是"高中低"的，去掉了"中"）
描述	目标： 可方便地查看自己的请假申请的审批情况，能查看自己的历史申请，在此基础上做下一步工作。 具体要求： 1．系统默认按时间的倒序显示当前用户的请假申请列表，用户可通过该列表了解各申请的状态。 2．请假申请列表可按时间的倒序或顺序排列，也可按请假申请的状态进行筛选。 3．在请假申请列表的基础上，用户可查看或修改其中一个具体的申请，或提出请假申请。 4．用户在查看一个具体的申请时，才能删除该申请。 （查看用例看上去简单，但要做得好用就不容易了。用户往往需要在查看用例的基础上，执行增加用例、修改用例或删除用例。查看用例在技术上往往不是很复杂，关键是我们需要从用户出发，仔细思考其使用场景，设计出贴心的又容易实现的用例场景。）			
前置条件	无			
结束状况	系统的数据不会发生任何变化。 （查看用例只是用户选择了从不同角度或视角来观察系统的数据，一般情况下系统的数据是不应发生任何变化的。但某些情况下系统需要记住用户的使用习惯，例如：该用户喜欢默认看到的是被拒绝的申请，那么系统需记住用户这个选择并在下次显示对应内容。）			
说明	请假申请的状态参见业务概念图			

表 10.8　2.5 查看可休年假情况 用例表

编号	2.5	名称	查看可休年假情况
执行者	普通员工	优先级	高□ 低■ （留意和前面的用例不同，这里选择的优先级是"低"。）
描述	用户能看到按时间倒序排列的自己的年假申请，并能看到自己的当年年假总天数及剩余可休的年假天数。 用户可在此基础上，查看或修改其中一个具体的申请，或提出请假申请。（这点要求和用例"2.4查看请假申请"类似，其实开发人员可考虑将这两个用例合并实现。）			
前置条件	行政部已设置该员工的当年可休年假，参见用例"5.设置员工的可休年假"			
结束状况	系统的数据不会发生任何变化。 （请参考用例"2.4 查看请假申请"的结束状况说明）			
说明	请假申请类别参见业务概念图			

表 10.9　3. 查看全体员工的外出及请假信息 用例表

编号	3	名称	查看全体员工的外出及请假信息
执行者	普通员工	优先级	高■ 低□
描述	目标： 能方便地查看全体员工的外出及请假情况。 （这个用例是用来满足本系统的其中一条目标：共享员工的请假及外出工作的信息。） 具体要求： 1．用户可方便地查看当天、当周、当月所有的外出及请假情况，系统默认显示当周的情况，用户可方便地在当天、当周、当月之间切换。 2．系统显示当天情况时，用户可方便地切换到前一天或后一天；类似地，系统显示当周、当月情况时，用户也可以方便地切换到前一周、后一周或前一个月、后一个月。 3．还没有通过审批的外出或请假申请，均应显示出来。（某些情况下一些申请已经获得领导口头或电话上的审批，领导还没有来得及在系统上审批，因此应显示所有状态的申请，而不是只显示通过了审批的申请。） 4．用户可查看具体的一条外出或请假申请。 5．除了该请假申请的审批者能查看请假申请的"请假事由"，其他人不能查看"请假事由"，但可查看谁在什么时间请了什么类别的假。（我曾经认为请假事由没有什么大不了的，这个信息也可共享出来。但有一次一位女生来请假，请假事由是很私密的事情，她直接写在请假单上了，我马上觉得不合适，因为这个请假单将会被很多人看到，于是我让她将请假事由改为"私事"。因此这个考勤系统，不适合共享请假事由给所有人。）		
前置条件	无		
结束状况	系统的数据不会发生任何变化。 （请参考用例"2.4 查看请假申请"的结束状况说明）		
说明	需共享的请假申请、外出申请信息请参考业务概念图，但要注意"请假信息"并不是对所有人共享的		

表 10.10　4. 查看自己的打卡记录 用例表

编号	4	名称	查看自己的打卡记录
执行者	普通员工	优先级	高□ 低■
描述	系统缺省按照时间的倒序显示该用户的打卡记录，用户可选择一个日期范围来查询相应的打卡记录。 （上班迟到、早退的话，是会扣薪金的，员工需要查看自己的打卡记录，以保证自己不会被"无故"扣薪金。）		
前置条件	相应的打卡记录数据应先导入到系统中，参见用例"7.导入打卡数据"		
结束状况	系统的数据不会发生任何变化。 （请参考用例"2.4 查看请假申请"的结束状况说明）		

说明	打卡信息包括员工 ID、打卡日期、打卡时间
	该用例员工只能查看自己的打卡记录，故只需要显示打卡日期、打卡时间即可。
	（通常可这样认为，当天第一次打卡为上班打卡，最后一次打卡为下班打卡，但现实中会有很多特殊情况，系统难以做到自动判断该员工是否迟到或早退。本系统不考虑自动判断迟到或早退的问题，行政部仍然需要根据打卡记录、外出申请记录、请假申请记录来综合判断员工的考勤情况，但系统提供了外出申请记录及请假申请记录的查询及部分统计功能，能减轻行政部的工作。）

10.8.4　行政部员工、财务部员工用例分析

行政部员工、财务部员工用例分析如图 10.11 和表 10.11 至表 10.15 所示。

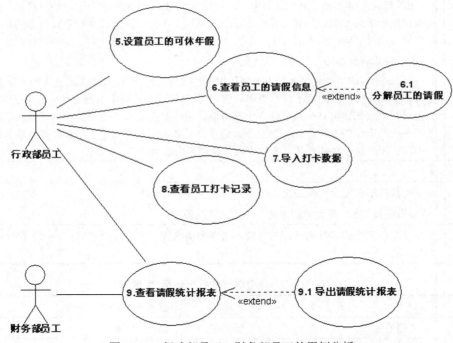

图 10.11　行政部员工、财务部员工的用例分析

表 10.11　5. 设置员工的可休年假 用例表

编号	5	名称	设置员工的可休年假
执行者	行政部员工	优先级	高□　低■
描述	目标：		
	行政部可根据公司的年休假制度，设置每位员工每年的可休年假数量。		

描述	具体要求： 1．可查看全体员工可休年假列表，列表显示员工姓名、部门、当年可休年假总天数，当年已休年假天数。 2．在查看可休年假列表的基础上，可设置每个员工的可休年假总数，可查看每个员工当年的请假类别为年假的请假申请。 （年假是带薪假期，员工不同的入职年限，每年可享受不同数量的可休年假。年假的计算是比较复杂的，而且公司的年休假制度也可能会随时调整。 系统为什么不能根据年假的规则，自动更新员工的可休年假总天数呢？ 能做到当然最好，但这可能是比较复杂的事情。有时候我们需要用最简单的方法来满足客户的需要。 我曾经做过一个系统，需要识别一年中所有的假期，包括正常的双休日，国庆、春节等假日的调休等。休假的规则是比较复杂的，当时曾想让系统能自动识别，后来还是放弃了，直接让系统读取配置文件的信息来识别休假日，而这个配置文件的内容由人来填写。每年去更新这个配置文件，按照当年国家公布的放假时间来修改这个文件，如果期间遇到突发情况，就临时修改这个文件，突发情况如广州亚运放假、哪天公司所在大厦停电放假等。有些方法虽然老土，但简单有效，尽管不太完美，但只需要很少的开发工作量，也基本不会增加用户的工作量。）
前置条件	无
结束状况	系统保存了更新后的该员工的可休年假总天数
说明	通常情况下，行政部在以下时间设置员工的可休年假： 在每个自然年的第一个工作日，重新设置每个员工的可休年假数量。 在新员工转正的第一天，设置该员工的可休年假数量。 但系统不需要限制设置时间

表 10.12　6．查看员工的请假信息　用例表

编号	6	名称	查看员工的请假信息
执行者	行政部员工	优先级	高□　低■
描述	目标： 行政部根据公司相关制度，审核员工的请假申请。 具体要求： 1．系统默认按时间倒序，显示通过了最终审批、但未通过行政部审核的员工请假申请列表。 2．可再选择查看具体的一条请假申请。 3．不符合相关制度的请假申请，可按以下两种方式之一处理： ・执行用例"6.1 分解员工的请假"，具体参见用例 6.1。 ・该申请不通过审核，通知申请者修改申请。系统不支持这种处理方式，行政部可通过电话、Email、口头等方式，通知申请者修改请假申请		

前置条件	无
结束状况	系统不保存任何信息
说明	参见"图 10.6 请假审批流程活动图"，通过副总经理审批的 3 天或以内的请假，通过总经理审批的超过 3 天的请假，都需要行政部进行审核。 实际上行政部不需要对全部请假进行审核，一般只需要对婚嫁、产假等涉及比较复杂的国家政策的申请进行审核，行政部的审核也不需要立刻进行，有时候每月统一审查一次就可以了。本系统不支持行政部的审核功能，只支持查看功能，但行政部可以在查看的基础上，不通过本系统完成审核的工作

表 10.13　6.1 分解员工的请假　用例表

编号	6.1	名称	分解员工的请假
执行者	行政部员工	优先级	高□ 低■
描述	目标： 行政部可分解不符合要求的请假申请，使分解后的请假符合要求，分解后的请假总天数不变、起止时间不变。 例：某员工申请了 10 天的婚假，但行政部审核时发现该员工不符合晚婚政策，只能享受 3 天婚假，于是与该员工协商，将该请假分解为 3 天婚假、5 天年假、2 天事假。 具体要求： 1．在查看员工具体一条请假信息的基础上，可分解该请假。 2．分解请假时，需输入请假类别、时长。 3．分解后的总时长等于原来申请的时长，总起止时间不变，系统按照分解后申请的先后顺序自动生成各申请的起止时间。 4．分解后的请假无需再次审批，自动为已批准状态		
前置条件	无		
结束状况	系统保存了分解后的请假申请，原请假申请不再保留		
说明	参见业务概念图。 行政部与申请者的协商过程，是系统范围外的工作		

表 10.14　7. 导入打卡数据　用例表

编号	7	名称	导入打卡数据
执行者	行政部员工	优先级	高□ 低■
描述	目标： 将打卡记录导入到系统中，以便用户通过本系统查询打卡记录。 具体要求： 1．系统可导入保存有打卡记录的 Excel 文件。		

续表

2．导入的数据以"增加"的方式保存到系统中，系统不判断新导入的数据是否与之前的数据有冲突。（这个要求意味着：如果同一份 Excel 文件导入两次的话，那么系统就会有两份相同的重复的数据。但凡导入数据时，都会涉及新导入数据与旧数据的冲突问题，要妥善处理这些冲突往往是很麻烦的。本系统在正常情况下，只要行政部小心一点就不会出现重复导入的问题。万一真的重复导入了，那么也可以通过数据库后台管理工具来删除这些重复导入的记录。）
前置条件	无
结束状况	打卡记录保存到系统中
说明	打卡数据记录在打卡机中，行政部需要每天用计算机连接打卡机来读取数据，读取的数据是 Excel 格式，读取数据的软件是打卡机配套提供的。 打卡记录包含员工 ID、打卡日期、打卡时间

表 10.15　8. 查看员工的打卡记录 用例表

编号	8	名称	查看员工的打卡记录
执行者	行政部员工	优先级	高□ 低■
描述	目的： 掌握各员工的打卡情况，方便与员工的请假申请、外出申请进行比较，以核实各员工的考勤信息。 具体要求： 1．系统默认按照时间的倒序列出各员工的打卡记录，需要显示的内容有员工姓名、所属部门、打卡日期、打卡时间。 2．用户可按时间范围、所属部门、员工姓名来筛选显示打卡记录		
前置条件	系统需存在已经导入的打卡记录数据，参见用例"7.导入打卡数据"		
结束状况	系统数据不会发生变化		
说明	与用例"4.查看自己的打卡记录"不同，行政部是可以查看全体员工的打卡记录的，其目的是通过打卡记录、请假申请、外出申请的比较，来核实各员工的考勤情况，判断员工有没有迟到、早退、旷工等情况，制作相应的考勤报表提交给财务部，财务部根据该报表来计算员工当月的薪金。 考勤报表是这样的一张报表：记录了当月影响员工薪金的所有考勤情况，影响员工薪金的考勤情况有迟到、早退、旷工、非带薪假期。该报表由行政部制作，交由财务部作为员工薪金计算及调整的依据		

表 10.16　9. 查看请假统计报表 用例表

编号	9	名称	查看请假统计报表
执行者	行政部员工、财务部员工	优先级	高■ 低□
描述	目标： 行政部的目标有：根据请假统计报表检查各员工的请假情况，特别是带薪假期，是否符合公司的相关制度要求。		

	核实各员工的请假情况，作为制作考勤报表的依据。
	财务部的目标有：作为当月员工薪金计算的参考依据。
	具体要求：
	1．报表首先根据员工分组，然后根据请假类别分组，列出分组后汇总的请假天数。
	2．可按日期范围、所属部门、员工姓名、请假类别来筛选统计数据范围。
	3．可在查看报表的基础上执行用例"9.1 导出请假统计报表"
前置条件	无
结束状况	系统数据不会发生变化
说明	考勤报表参见用例"8.查看员工的打卡记录"的用例表中的说明。
	财务部计算当月员工薪金的直接依据是行政部提交的"考勤报表"，该请假统计报表只是参考。
	行政部每月需要根据请假统计报表，同时还需要查看员工打卡记录、外出申请记录、请假申请记录等，经过综合判断后制作考勤报表

表 10.17　9.1 导出请假统计报表 用例表

编号	9.1	名称	导出请假统计报表
执行者	行政部员工、财务部员工	优先级	高■ 低□
描述	目标： 本用例主要由行政部执行，导出 Excel 报表后，行政部可在该 Excel 文件的基础上制作"考勤报表"。 具体要求： 1．用户可在查看请假统计报表的基础上，指示导出到 Excel 文件中。 2．系统将当前统计报表中的数据导出到 Excel 文件中，并且该文件输出到用户所在的计算机上		
前置条件	无		
结束状况	系统的数据不会发生变化		
说明	Excel 文件的内容及格式，应与用例"9.查看请假统计报表"的一致		

10.8.5　部门经理、副总经理、总经理用例分析

　　细心的你一定会发现，图 10.12 中三种执行者"部门经理""副总经理""总经理"的用例看上去是一样的！怎么会这样？

　　用例的名字是一样，但每个用例的具体内容是不同的！部门经理、副总经理、总经理分别处于审批流程的不同环节，都要查看需要审批的申请、审批申请以及查看以往的审批，但部门经理审批时只能看到申请者填写的内容，而副总经理审批时还可以看到部门经理的审批意见，总经理可以看到部门经理、副总经理的审批意见。

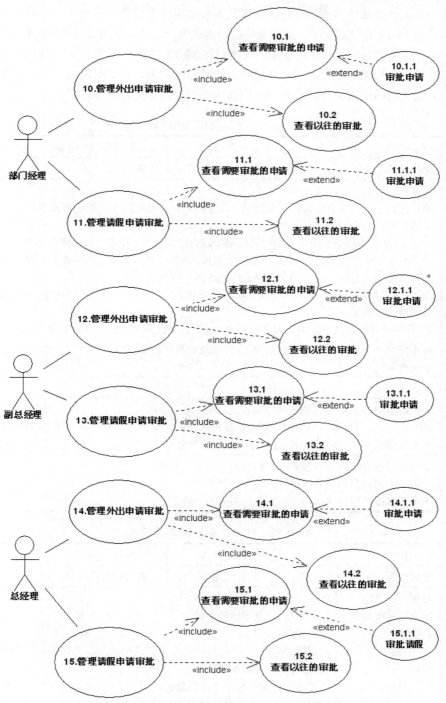

图 10.12　部门经理、副总经理、总经理的用例分析

下面将不会逐一介绍各用例，而是选取有代表性的用例进行说明见表 10.18 至表 10.21。外出申请审批和请假申请审批比较类似，而请假申请审批会复杂一点，下面将只介绍请假申请审批相关的用例。在实际的需求分析工作中，如果出现类似图 10.12 的情况，可只画出部门经理的用例，而副总经理和总经理的用例可以通过文字来说明。而对于用例表，相似的用例一般不需要重复说明，只需要选取有代表性的用例进行详细说明，而其他用例说明其差异就可以了。

表 10.18　11.1 查看需要审批的申请 用例表

编号	11.1	名称	查看需要审批的申请
执行者	部门经理	优先级	高■ 低□
描述	目标： 部门经理可方便地查看需要他审批的申请，并可以在此基础上方便地审批申请。 具体要求： 1．系统默认按照请假申请提出时间的顺序，列出状态为"待定"的请假申请列表。（留意之前的"查看……"用例，都是按时间的"倒序"来显示的，但这里的要求为"顺序"，即先提出的申请排列在前面。这是因为越早提出的申请，应该越先审批。） 2．该请假申请列表需显示：申请者姓名、所属部门、请假类别、请假起止时间、请假事由、请假申请的状态。 3．用户可直接在此请假申请列表的基础上，直接审批某个申请，参见用例"11.1.1 审批申请"。 4．用户可在此请假申请列表的基础上，选择查看具体的某个申请，并进行审批，参见用例"11.1.1 审批申请"		
前置条件	无		
结束状况	系统的数据不会发生变化。 （如果不需要保存用户的使用习惯或保存操作日志，那么"查看……"这类用例，一般不会导致系统数据变化。对于这类用例，"结束状况"可写"无"，或干脆删除"结束状况"这一栏。）		
说明	需要部门经理审批的请假申请是状态为"待定"的申请： 申请者提出请假申请后，申请的状态为"待定"。 申请者修改被拒绝的申请，申请的状态变为"待定"		

表 10.19　11.11.1 审批申请 用例表

编号	11.1.1	名称	审批申请
执行者	部门经理	优先级	高■ 低□
描述	目标： 用户能根据请假申请的信息，审批该请假申请。 具体要求： 1．参见用例"11.1 查看需要审批的申请"，用户可在请假申请列表上直接审批其中一条申请，或在查看某个具体的申请时，审批该申请。 2．审批时需选择批准或拒绝，同时可填入审批意见。 3．审批时间不需要用户输入，由系统自动确定		

续表

前置条件	无
	（前置条件有时候写起来觉得比较无聊，比方说要审批申请，那自然是要求必须要有申请可供审批。类似这些"常识性"的前置条件，建议就不用写了。对于这类用例表，"前置条件"可写"无"，或干脆删除"前置条件"这一栏。）
结束状况	系统保存了该申请的审批信息，如果请假申请被批准，则该申请状态变为"部门经理已审批"，如果是拒绝，则状态为"已拒绝"
说明	参见"请假申请审批流程 状态机图"（该图本书并没有给出，需要你去思考，你可参考"图 10.4　外出申请审批流程 状态机图"）

表 10.20　11.2 查看以往的审批 用例表

编号	11.2	名称	查看以往的审批
执行者	部门经理	优先级	高□ 低■
描述	目标： 用户可方便地查看他曾经审批过的请假申请，了解请假申请的后续审批情况。 具体要求： 1. 系统按照请假申请提出时间的倒序，列出用户曾经审批过的请假申请列表。 2. 请假申请列表需显示申请者姓名、所属部门、请假类别、请假起止时间、请假事由、请假申请的状态		
前置条件	无		
结束状况	系统的数据不会发生变化		
说明	无 （前面的业务概念图、业务流程分析图已经表达了大量的业务概念、业务规则，如无必要，一般无需在每个用例中重复说明。）		

表 10.21　13.1 查看需要审批的申请 用例表

编号	13.1	名称	查看需要审批的申请
执行者	副总经理	优先级	高■ 低□
描述	与用例 11.1 类似，但有以下区别： 1. 需副总经理审批的是状态为"部门经理已审批"的请假申请。 2. 请假申请列表还需要显示部门经理的审批意见。 3. 查看某个具体的申请时，还需显示部门经理的审批意见		
前置条件	无		
结束状况	系统的数据不会发生变化		
说明	无		

表 10.21 没有对用例进行完整的说明，而是根据之前的用例进行差异说明。类似的副总经理、

总经理的用例说明，我们都可以用类似的方式进行说明。这样的方式好处是表达简练，万一需要修改时你不需要到处更新，但也会有以下不足：

● 你以为进行差异说明就可以了，这样可能会让你考虑问题时不够全面，导致遗留一些应该说明的重要内容。

● 每个用例表不一定是完整的全面说明，导致文档使用者需要在多个用例表之间切换，特别是给客户评审文档时需要你更多的讲解。

● 需求文档如果是多人合作同时写出来的话，需要更多的协调工作。

10.8.6 管理员用例分析

管理员用例分析如图 10.13 所示。

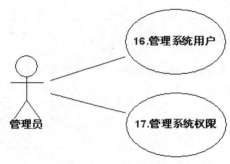

图 10.13　管理员用例分析

基本上每个系统都需要管理系统用户和管理系统权限两方面的功能，而这两方面又包含以下子功能。

（1）管理系统用户：

1）查看、添加、修改、删除用户。

2）设置公司组织架构。如设置事业部及事业部以下的部门等。

3）设置公司的职位。如总经理、副总经理、部门经理、HR 经理等。

4）设置用户属于某个组织架构和职位。

（2）管理系统权限：

1）设置系统的功能点，一般会按"树"的方式进行组织。

2）设置系统的角色，为每个角色分派功能点，表示该角色具备这些功能点的权限。

3）为每个用户设置一个或多个角色，这样该用户就具备一个或多个角色的权限。

4）直接为每个用户分派功能点。一般来说通过角色来赋予用户权限会比较简单，但某些特殊情况可能需要为某些用户直接分派功能点。

除了以上介绍的功能外，90%的客户都会提出"单点登录"的要求。客户通常已经使用了一套或多套系统，这些系统都会有相应的登录和权限管理体系，客户并不希望使用每套系统时都需要重新登录一次。"单点登录"的意思是我们需要做到"一处登录，到处通行"，即在一个系统登录了，使用其他系统时无需再次登录。另外客户也很可能会提出权限集中管理的要求，也就是希望在一个地方能统一管理所有系统的权限。

　　管理系统用户和管理系统权限这两个功能可大可小，再加上单点登录和权限集中管理的要求，而这两点要求要受制于其他系统，可见我们面对的挑战是多么的大啊！有什么应对办法呢？

　　（1）考虑 Windows 的域认证。如果你对 Windows 的域管理不熟悉的话，建议你去学习一下相关的知识，这里仅作简单介绍。

　　一般公司内部的办公系统使用的都是 Windows 平台，打开计算机登录系统时，你需要输入域账号和密码，这就是 Windows 的域管理了。如果系统能集成域认证，那么用户登录 Windows 后就可以直接使用本系统，不需要重新登录，因为系统会验证该用户的域账号。

　　这样做的好处是我们可以直接利用现有的资源，不需要另外做一套认证管理和用户管理。缺点是：需要客户具备良好的 Windows 域管理环境，需要客户有良好的计算机使用习惯。例如：离开计算机时将其锁定，避免别人可以在你的计算机上使用你的权限来进行操作。

　　对于这个考勤管理系统，我打算集成 Windows 域认证，并通过域管理来完成用户管理和权限管理的工作。该公司是 IT 公司，并且一直使用 Windows 域管理，用户使用习惯和安全意识较好，完全可以集成 Windows 域认证。

　　（2）做自己的单点登录和权限集中管理系统。如果贵公司为同一个客户建设了多套系统，那么你至少需要考虑在贵公司建设的多套系统中，实现统一登录和统一权限管理。我以前所在的公司，很早就打造了本公司所有项目都可以使用的权限管理系统，可实现单点登录、用户和权限统一管理等。当然要做这样的一个权限管理系统不是那么简单，我们需要将用户管理、权限管理从具体每个项目中抽象和提炼出来，做成比较通用的模式，以便其他项目可以使用。

　　（3）做简单的用户管理和权限管理功能。该方案将完全不支持"单点登录"，但很多情况下这可能是最符合客户和软件公司利益的解决方案。不能满足客户的要求时，我们应该直接坦白说明，争取客户的谅解。如果贵公司在单点登录和用户、权限集中管理方面没有积累丰富的经验，项目的预算又很少时，这方案就是不得已的选择了。

　　（4）与其他系统做用户同步对接。现在很多大型网站互相支持"单点登录"，即如果你在多个网站注册了账户，你可以使用任一账号登录任一网站，你在其中一个网站发布的微博，可以将该微博同步到其他网站。要实现这样的效果，首先是各大网站在技术上互相支持，可能是同步了用户数据，也可能是设计和实现了相关接口，另外就是作为用户的你对这种"单点登录"进行了授权和设置。

　　看上去这样的方式挺不错，但我一般不建议你的系统与其他的第三方系统做这样的事情。单纯从技术上看，难度和工作量不是很大，但问题是另外一方的事情你是无法控制的。我们与大型网站不同，每个大型网站都是很强势的，他们相互之间有很强的利益结合点。而我们做的系统要与别人的系统做对接，人家会认为你是有求于他的，这样的合作毫无基础、风险超大。与另外一方合作又没有很强的利益结合点的话，这样的合作会让你很累、很费神，而且没有效果，甚至会导致项目失败。尽量减少项目的相关涉众，我们自身能控制的事情，就不要拱手让别人去操控了。

10.8.7　用例分析小结

客户提出来的表面需求，有可能看上去很"吓人"甚至"匪夷所思"，但如果我们能发现这些表面需求的背后"需要"，我们就有机会设计出简单的能满足客户"需要"的用例。在战略分析、需要分析、业务概念分析和业务流程分析的基础上，分析和提炼用例，能帮助我们准确命中客户的真正需要，减少需求方面的折腾。

我一般会根据涉众分析表来找出本系统的执行者，分析出执行者之间的关系，然后根据每个执行者的利益关注点，以及之前已经整理好的业务概念图和业务流程图，逐步设计出用例。

一个项目少则几十个用例，多则上百个用例，为每一个用例编写详细的用例表说明，是一件很容易让人头晕的事情。不过头晕归头晕，有效果才是最关键的！

我刚学会用例图的时候，基本上所有项目的需求文档，我都会为每一个用例编写详细的用例表，而且使用的是标准版的用例表，而不是简化版的。最开始感觉挺好，可以让我想清楚每一个用例的细节，但很快就发现有以下问题：

（1）很多用例的"标准流程"看上去差不多，重复写显得意义不大。

（2）一些自以为设计得不错的交互细节，到软件实现的时候才发现根本用不着。

第一个问题是重复的问题，第二个问题是没有效果的问题，重复而又没有效果，这是不能接受的！用例如果描述得很详细，其实就可以达到用户体验设计的程度，但系统和用户如何交互、在后续工作中是可以继续优化的，现在就写死了是没有好处的。用例不容易改变的应该是用例的目标、要求、用例相关的业务概念和业务规则。所以在后期我改善了工作方法，很少会为每一个用例编写详细的标准版的用例表，大多情况下使用的是简化版用例表，而有些时候甚至不使用用例表，而是直接通过文字来说明关键的内容。

关于如何为每个用例编写用例说明，我的建议是：

（1）如果你是新手，那么建议每个用例都用标准版的用例表进行说明，这样能帮助你快速提升水平。但要注意的是用例表中所说明的系统与用户如何交互的细节，后期很可能需要再优化。

（2）如果你已经是熟手，则应重点说明每个用例的目标、要求、相关的业务概念和业务规则等。

（3）可以让将来负责实现该用例的程序员来编写该用例的用例说明（在第 11 章"需求分析的团队作战"中再探讨这点）。

（4）无论是标准版用例表还是简化版用例表，都仅是用例说明的一种手段而已，不要受其限制，关键是要说清楚用例的核心内容。

（5）某些常识性的内容可以提炼为"标准用例"，供其他用例"重用"。

填写用例表很容易有这样的问题：

（1）不知道怎样写或者是写出来的每个用例差不多，内容空泛，没有实质性内容。

（2）写得太具体，点击什么菜单和按钮都写清楚了。

前面书写的用例表都是有一定代表性的，可以作为你今后工作的参考。一般我不建议用例说明写得太具体，无需将界面的细节交代清楚，如果到这样的程度其实就是在做用户体验设计了。更详细的界面规划以及系统与用户交互的细节，我一般是通过另外一份《用户体验设计》文档来说明的。

关于用例的优先级，如果你觉得"高、中、低"三个档次太多了，只有"高、低"两种档次就可以了，甚至最极端的情况是没有优先级，即全部优先级为高！实际工作中我经常会觉得每个用例都很重要，都是必需的，很难排优先级，这时我会思考这几个问题：

（1）哪些用例是客户的基本生存需要？哪些是温饱级别的需要？哪些是锦上添花的需要？

（2）哪些用例必须先实现？哪些用例可以稍迟一点？

（3）用例之间的逻辑关系是怎样的？要实现这个重要用例之前是否需要先满足另外一个不太重要的用例？那么这个不太重要的用例的优先级是否也需要调为高？

10.9　非用例的功能性需求

前面虽然已经进行了详细的用例分析，但仍然存在这样的一些问题：

（1）请假申请者如何才能及时了解到请假申请被批准还是拒绝呢？

（2）领导如何才能及时了解到有什么请假申请需要他审批？

（3）用例"2.3 删除请假申请"中提到，申请者删除已经获得批准的请假申请时，系统需发相应的通知给相关审批者，那具体应该怎样做呢？

（4）类似地，外出申请也会有上述的问题，应该如何处理呢？

我打算通过 Email 的方式来发送通知给相关人员，而且邮件中带有相应的链接。下面以请假申请相关的用例为例子来说明具体要求，外出申请相关的用例与之类似。

需发邮件通知的情况可能比较复杂，而且有可能需要同时发给多人，我只选取了部分关键的情况才需要发送邮件通知。其实邮件通知只是其中一种让相关人员可以方便进行工作的途径，其实还有其他的满足办法，例如：可以让系统支持 RSS，让用户订阅自己感兴趣的内容，也可以让系统发送短信通知等。

类似这样的"系统需要及时发送通知给相关人员"的要求，往往只是客户的简单一两句话，而要细化为具体的要求时可能会变得很复杂。我曾经做过的一个系统要求发送短信给相关人员，当时列出来的短信通知说明比表 10.22 要复杂得多。发送邮件或短信通知之类的要求，其实并不是温饱级别的要求，没有这些功能系统照样能运作，但如果有这些功能将会让系统变得很方便，客户一般会强烈要求做这样的功能。但这类功能要做得很完善没有遗漏是有点难度和工作量的，你可以先实现最常用最需要的部分，后续再慢慢补充更多的内容。

表 10.22　邮件通知说明

邮件触发者	邮件触发事情	邮件接收者	邮件内容
普通员工	提出请假申请 修改请假申请	需审批该申请的部门经理	告知需审批某申请，并给出该请假申请的审批链接
普通员工	删除已经批准的请假申请	已经批准该申请的领导。如果已经有多个领导批准，则每个领导都应收到邮件通知	告知某申请已经删除，并给出已删除的申请的链接
部门经理	批准请假申请	申请者 副总经理	发给申请者的邮件：告知申请已被部门经理批准，并给出申请的链接。 发给副总经理的邮件：请副总经理审批申请，并给出审批链接
部门经理	拒绝请假申请	申请者	告知申请已被部门经理拒绝，并给出相应的链接
副总经理	批准请假申请	申请者 总经理（有需要的话）	发给申请者的邮件：告知申请已被副总经理批准，并给出申请的链接。 发给总经理的链接：请总经理审批申请，并给出审批链接
副总经理	拒绝请假申请	申请者 部门经理	告知申请已被副总经理拒绝，并给相应的链接
总经理	批准请假申请	申请者	告知申请已被总经理批准，并给出相应的链接
总经理	拒绝请假申请	申请者 部门经理 副总经理	告知申请已被总经理拒绝，并给出相应的链接

　　发送邮件通知的要求，其实也可以在每个用例中说明，但我更倾向于单独来说明。有时候有些功能性需求不好归纳到某个用例中，或者是很多用例都有类似的要求，那么我们可以考虑单独来说明，不需要使用用例图的方式来说明，用文字和适当的图表说清楚问题就可以了。

　　这类不好放到用例中的功能性需求，也可能是易用性方面的要求。例如：我曾经做过一个项目，要求在一些常用的录入界面提供便捷的录入方式，系统需要记住用户以往的录入习惯，自动提示适当的内容，方便用户快速录入。这个要求将会覆盖系统的多个用例，不好在每一个用例中逐一说明。这类要求有时候很难说是功能性需求还是非功能性需求，不过管它是戴"功能性需求"还是"非功能性需求"的帽子，处理好这些问题才是关键！我通常的处理方法有：

　　（1）在需求文档中列出这方面的具体要求（表 10.22）并与客户确认，后期如有更好的方案，则再次与客户确认。

　　（2）在需求文档中只列出这方面的宏观要求并与客户确认，在用户体验设计时再列出具体详细的要求并再次和客户确认。

　　一般来说似乎越早和客户确认具体的要求越好，但越是在项目早期，我们的想法就越不成熟，这时提出的具体要求可能不是最好的解决方案。

10.10　系统的非功能性需求分析

　　非功能性需求包括以下两方面：

　　（1）软件技术架构方面的要求。

　　（2）安全性、易用性、性能等方面的要求。

10.10.1　软件技术架构方面的要求

　　说明：图 10.14 中非深色部分是该公司原来的 IT 架构，深色部分是新增加的情况。

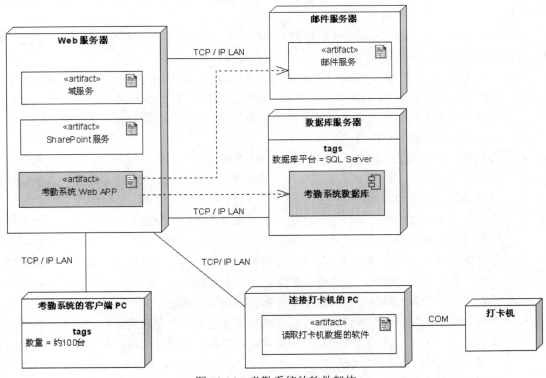

图 10.14　考勤系统的软件架构

　　考勤系统的 Web Application 部署在已有的 Web 服务器上，数据库部署在已有的数据库服务器上，并且数据库采用客户已经在使用中的 SQL Server。客户不需要增加任何硬件设备，也不需要增加新的软件平台。善用客户当前的 IT 资源，尽量减少客户的负担，是我们规划软件技术架构时需要特别注意的。

该打卡机是比较老的型号，可通过串行口（COM）与 PC 连接，然后在 PC 上运行打卡机配套的软件，读取打卡机中的数据，生成一个 Excel 文件。考勤系统可以通过执行"7.导入打卡数据"用例，读取这个 Excel 文件，将打卡数据导入到系统中。考勤系统除了利用"域服务"来实现"管理员"的用例，还将利用"邮件服务"来实现一些邮件通知的功能。

该公司的 IT 基础架构无论在硬件还是软件平台上都比较完善，这样我们规划系统的架构工作变得很方便。但通常客户的 IT 基础架构环境不会这样理想，这时我们需要识别出当前客户 IT 基础架构环境缺失了什么东西，为客户提供一个低成本的解决方案。

10.10.2　安全性、易用性、性能等方面的要求

安全性、性能方面的要求，是软件设计方面的一些要求；而易用性方面的要求，是用户体验设计方面的要求。除了这三者，其实还可以列出可靠性、一致性、开放性等让你头很晕的指标。我们可以从互联网上、理论书籍上找到很多这些指标和相关描述，但这些内容往往是理论为主，基本无实用价值。

从我的经验看，以下四方面是做 MIS 类型系统需要首先考虑的：安全性、易用性、性能、接口，而其他方面的要求可根据实际需要补充，如果没有需要则不必列出。

- 安全性：验证和授权方式是否足够安全？数据传输方式是否安全？考勤系统采用 Windows 域验证，整个系统在局域网范围内，故这样的设计应该是安全的。如果是银行系统、证券系统等对安全要求特别高的系统，我们还需要有更加特别的安全考虑，如加密部分保存数据库中的敏感数据等。

- 易用性：最忌写成比较通用的而且无法验证的标准。前面"非用例的功能性需求"小节中介绍的 Email 通知方式，其实就是易用性的具体化要求，我们应该尽量列出类似这样具体的可以检查的要求。

- 性能：首先应关注在正常使用条件下，系统应具备怎样的性能，而不是只关注出现机会很低的某些极端情况下系统的性能要求。列出系统性能要求时，需要同时列出服务器的硬件配置情况，还有客户端的硬件配置情况，在这样的前提条件下，系统应具备怎样的性能。对于考勤系统来说，性能方面没有什么特别的要求，鉴于该公司的 IT 基础架构和研发实力，考勤系统的性能应完全不会有性能方面的问题。

- 接口：在满足系统需要的前提下，尽量减少系统与第三方系统的接口，这是我们的工作原则之一。如果实在需要做接口，则需要接口的内容应尽量简单，接口应尽量是单向和只读。考勤系统在接口方面的要求只有：导入保存有打卡记录的 Excel 文件，数据方向是单向的，而且不考虑数据冲突问题（参见用例"7.导入打卡数据"）。

这些非功能需求，有部分可能已经在前面的用例中体现，有部分在"软件技术架构方面的要求"已经体现，其他在前面还没有说明的内容可单独说明，前面已经出现过的内容，如果你觉得有必要也可以再次说明。

10.11 如何编写需求规格说明书

书已经读到这里了，你是否能回答这个问题：如何编写这个考勤系统的需求规格说明书？如果你认真学习了前面的内容，并且认真完成每一个练习，那么恭喜你，需求文档的主要内容已经有了！

将前面的内容整理一下，需求文档应具备的内容如图 10.15 所示。

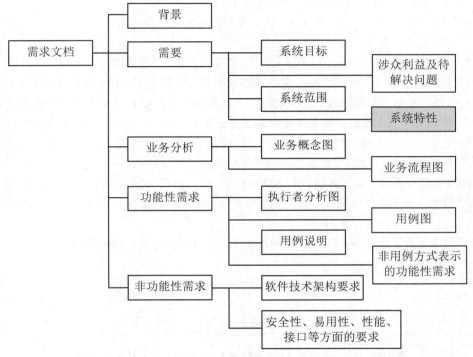

图 10.15 需求文档内容框架

细心的你可能会发现：为什么需求文档不包括项目战略方针、项目成功标准的内容呢？

这两方面的内容在需求分析工作中是不能忽略的，但需求文档是需要和客户确认的文档，这两方面的内容涉及乙方对本项目的商业态度，是乙方管理本项目的基本方针，一般不适合"暴露"给客户知道。

图 10.15 中深色框是"系统特性"，这是前面没有介绍的，什么叫"系统特性"呢？系统特性是能满足系统目标，针对涉众的利益，能解决涉众关注的问题，在系统的范围内提出来的一些大功能点。通常一个项目的特性只有几条到十来条，而用例数量则是系统特性的 2～5 倍，特性是比用例要粗的需求，一条特性可以通过多个用例来满足，特性与用例之间的关系是多对多的关系。

下面列几条系统特性的例子：

（1）普通员工能方便地提出外出或请假申请，并能及时了解申请的状态。

（2）审批者能方便地审批外出或请假申请。

（3）行政部能方便地检查员工的考勤情况。

（4）财务部能方便地计算员工的薪金。

系统特性有点高不成低不就，我在项目中一般不会列出系统特性，涉众分析中涉众的期望及待解决问题其实已经基本覆盖系统特性。但如果是研发产品，则列出系统特性可能是必要的，我以前做"三维建筑工程量自动计算系统"这个单机软件时，最开始列出来的需求就是系统特性级别的需求。在我的实际工作中，需求文档通常有以下三种处理方式：

（1）对于项目型的项目，一般只写一份需求文档，文档的名字叫"需求规格说明书"，文档的内容采用图10.15的内容框架，但没有系统特性的内容。

（2）对于产品研发型的项目，一般写两份需求文档："项目远景""需求规格说明书"。"项目远景"的内容包括背景和需要（含系统特性），"需求规格说明书"则包含图10.15中的剩余内容。

（3）某些项目的内容就是为某系统做需求调研而不含开发的内容，或者是某些项目对需求工作比较重视，投入比较多的时间，我会在整个过程中编写多份需求文档，则会将图10.15中的内容按照顺序拆分为多份文档，最后会将这些文档统一为一份文档。

本书附录1会针对情况（1），给出考勤系统的需求规格说明书样板供你参考。

无论是哪种情况，需求分析过程和基本道理是大体一样的，我们需要根据实际情况进行适当"裁剪"而已。注意是"裁剪"而不是"裁减"，"裁剪"有以下几种可能：增加内容、调整内容、删减内容。

图10.16给出了需求分析工作中各类工作产品的逻辑关系，帮助你进一步理清思路。

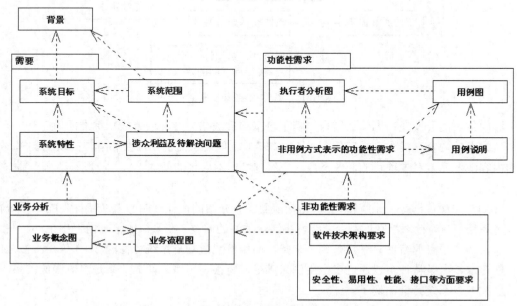

图10.16　需求关系图

　　我使用了包图、类图和依赖关系表达了各种需求之间的关系，此图并不严谨，但能体现各种需求之间的逻辑关系。图中依赖关系表示这样的意思：例如"系统目标"依赖于"背景"，这表明"系统目标"是在"背景"的基础上提出来的。图中的依赖关系表示了需求分析工作中各种工作产品的先后关系、谁是谁的工作前提。

　　此图并不严谨，你不必将其当成是完全正确、毫无破绽的，关于此图我还想补充说明的是：

- 当我们讨论需求变更等关于需求的问题的时候，请务必使用图 10.16 将需求"定位"，这是哪种层次的需求？是系统目标级别的需求？还是用例级别的需求？将需求定位后，还需要找出该需求依赖于谁？谁又依赖于该需求？找出该需求在整个需求关系脉络中的位置，将有助于我们更加深刻认识该需求，做出更合适的判断。

- 需求并不是扁平的，是由粗到细逐层驱动的，需求之间的关系是某种逻辑性很强的树形层次关系。一般来说粗需求不太容易改变，但不容易发现，我们需要透视事务的本质将其提炼出来。所有的细需求都应该是在某些粗需求的基础上提出来的，找出驱动细需求的粗需求，我们才能抓住需求的本质，准确命中需求，减少需求变更的机会。

- 粗需求不会很多，细需求可能会比较多，一套优秀的需求文档应该能系统条理地表达好粗需求、细需求以及它们之间逻辑关系。请注意我说的是"一套"需求文档而不是"一份"，需求文档的格式和数量其实不是重点，而是需求文档所承载的内容及这些内容的逻辑关系。

　　附录 1 将会给出考勤系统的需求规格说明书，以及给出需求规格说明书模板的说明，请你仔细阅读和体会。不要照抄这个模板，理解其中的精髓才是关键，根据你学到的知识和你的实践体会，制定适合你实际工作需要的需求文档模板。

10.12　对考勤系统后续故事的思考

　　咱们把考勤系统的故事继续说下去：据说我的小宇宙力量大爆发，挥汗如雨地完成了这个考勤系统并且顺利部署，公司已经试用了一段时间而且效果很好。正当我沾沾自喜之际，发生了一些"意外"！

10.12.1　连董事长都敢"忽悠"的员工

　　某一天，董事长招呼我过去！怎么突然冒出个"董事长"？前面提都没有提到！董事长是公司的老板，只制定公司的大政方针，具体的管理并不参与，公司的事情大部分由总经理来决断就可以了，所以前面的涉众分析中就把董事长给"忽略"了。

　　那董事长怎么会关注起考勤系统的事情来了？原来董事长最近直接安排了一个工作给某员工，第二天董事长继续找该员工，却发现该员工请假了，董事长完全不知情，导致耽误了董事长的事情！第三天董事长找该员工，问他为什么不说一声，该员工说他已经在考勤系统上提交了请假申请了！于是董事长就问我，是不是员工只要在考勤系统上提交了请假申请，就可以请假了？

我觉得超级郁闷，甚至想骂该员工一点请假"常识"都没有！请假的必要前提是交接好相关的工作，通知必要的人员，尽量避免或降低对工作的影响。公司一般不会不让你请假，但你需要做好必要的工作交接。该员工明知最近董事长直接分派了工作给他，他居然不和董事长说一声，是不是想申请"被炒"？

考勤系统并不能完全替代管理工作，该公司的考勤制度中就有请假需事先交接好工作、通知必要的人员等要求，而这些要求考勤系统并不能帮你自动完成。请假申请者在提出请假申请前、请假审批者在审批申请时，都必须参照公司的相关制度来做事情。

10.12.2　上有政策下有对策

有一次副总经理批准了某员工 3 天的假，但几分钟后又收到该员工一条 3 天假期的请假申请，还以为系统出了问题，但一看才发现该员工果然是申请了两次请假，都是 3 天的假期，而且前后两次申请的请假时间是连续的。副总很纳闷，问该员工：为什么不一次申请请假 6 天，干嘛要写两条申请，不累啊？该员工答曰：超过 3 天的请假需要总经理批，我担心总经理不批，所以拆分成两条请假申请。副总真是哭笑不得了，该员工的坦白很可爱，但用这样的方法来提高通过审批的机率，也未免太"低水平"了！而且这是在装一个陷阱给副总经理来踩，如果副总一不留心审批了，而总经理发现该员工请了连续 6 天的假，导致某些工作受影响，那么副总也需要承担相应的责任。

该问题是否可以通过完善考勤系统来避免呢？

这些问题说到底是管理问题和员工的思想问题，请假就光明正大请，不要耍小聪明，如果思想问题不解决，最多只能治标不治本！

该副总也没有要求修改考勤系统，而是每次审批时都特别留意多条请假申请之间是否有关系，同时也告诫员工不要通过拆分请假来逃避总经理的审批。

10.12.3　有先天缺陷的 MIS 型系统

财务软件、CAD 软件等行业软件能立马提高用户的工作效率、能很快为用户带来实际的价值，这类软件很容易做到受用户欢迎！这类软件与 MIS 系统最大的区别就是，这类软件改善的是用户的工作技术和工作技能，而 MIS 系统改变的是管理习惯、工作思维习惯。MIS 系统的实质就是用一套新的管理思想和工作习惯来要求你，并不是所谓的办公自动化、无纸办公这样的表面化的东西。让你掌握一门技术可能是比较容易的，但要改变你的思维习惯是相当困难的，MIS 系统要改变的是人们的工作习惯、思维习惯和管理思想，这是 MIS 系统的重大挑战。

很多管理者认为，可以通过一套系统来落实一些管理措施。我只能说愿望很美好，但现实很残酷！如果偏执地认为通过上一套 MIS 系统就能提升管理水平，就能落实一套先进的管理思想，这很可能会走上 ERP 的老路！

我们不应仅仅定位在为客户提供一套软件产品，而应该是提供一套管理方面的解决方案。MIS 系统并不能完全替代管理工作的，MIS 系统只是管理思想的载体。MIS 系统的问题更多的是管理的问题，而管理的问题更多的是管理思想的问题。如果我们一直疲于奔命地去修改系统，但总不能满足客户的要求，那我们需要思考一下我们的工作定位是不是出问题了？

10.12.4　如何打造有竞争力的 MIS 类型系统

多年前做某房地产成本管理项目，最后顺利通过了验收，但客户对我们的工作并不是十分认可。某客户认为整个项目的功能基本上是在他的指导下造出来的，咱们项目组基本上没有提出过一些有价值的建议。当时我听了觉得很不舒服，毕竟我花了大量的时间和精力来引导以及获取需求，到头来你居然说是在你的指导下做出来的。

几年前公司为某通信公司完成了某项目的第一期，客户还是很认可我们的工作的，但客户提出这样的要求，希望我们在下一期的工作中能提出更多有价值的建议。当时项目组觉得客户的要求有点过份了，要熟悉该客户的业务，至少需要在客户的公司工作几个月。

几年前公司开始打造电力行业的产品线，经过几个项目的积累，已经可以为客户提供成熟的电力产品。新客户很乐意采购我们的电力产品，因为该产品为他们带来了其他电力公司的先进做法。

以上三个案例说明了什么问题呢？

MIS 类型系统的核心竞争力不在于技术有多牛，而是能为客户带来多大的业务价值！在行业内深耕，成为行业的专家和领头羊，做出承载先进管理思想的系统，这才是 MIS 系统的发展之路。

做 MIS 系统首先需要"吃透"业务，然后通过产品化来获取更多的利润。足够熟悉业务后，我们可以提炼出业务的"不变点"和"变化点"，通过持续提升设计水平和技术水平，打造出能适应业务情况的具有一定弹性的产品。该产品经过简单的配置，可快速部署给不同的客户。成为行业业务专家，以及打造产品化的 MIS 系统，是以 MIS 类型项目为主战场的软件公司的持续发展之路。

如果你想成为某领域的需求分析高手，那么你需要成为该领域的专家，并且要持续更新你的知识，保证你能为客户持续带来更多更新更先进的行业知识和管理知识。需求分析高手不仅是需求分析能力强劲，而且需要有深厚的行业知识沉淀。

10.13　小结与练习

10.13.1　小结

本章是整本书的高潮，你需要综合运用所学知识来实战一次完整的需求分析过程。

超级演练的教学目标是：

（1）学习如何从零开始组织需求开发的工作。

（2）学习如何在需求分析工作中理清你的思路。

（3）体会什么情况下用什么 UML 图。

（4）学会编写需求文档。

对照以上目标，你觉得自己是否已经达到了呢？如果还没有达到，请你再次复习本书的相关内容，不要偷懒啊！

（1）如何从零开始组织需求开发的工作？

万丈高楼平地起，千丝万缕慢慢理。

总体计划，分头并进。

（2）如何在需求分析中理清你的思路？

抽丝剥茧，循序渐进。

由粗到细，由表及里。

迂回前进，触类旁通。

以上是对问题（1）、（2）的"抽象"回答，问题（1）、（2）的具体回答我们都可以通过"图10.1 需求分析全过程的活动图"来应对。需求分析过程大致可分为战略分析、需要分析、业务分析、需求细化四个阶段，这四个阶段并没有严格的先后顺序关系，特别是业务分析与需求细化阶段，往往是同时进行的。

（3）什么情况下用什么 UML 图？

所谓"水无常态，兵无常势"，这个问题并没有固定的答案，"表 10.23 各 UML 图在需求分析中的适用场景"可供你参考。

表 10.23　各 UML 图在需求分析中的适用场景

UML 图	适用场景
类图（Class Diagram）	分析业务概念时适用
活动图（Activity Diagram）	分析业务流程时适用
状态机图（State Machine Diagram） 顺序图（Sequence Diagram）	活动图：大部分情况下适用。 状态机图：流程围绕某一事物进行时适用。 顺序图：流程涉及多人参与，并且分支结构不复杂时适用。 建议你可尝试同时使用两种图或者三种图来分析，从不同角度来理解业务流程，你会有意想不到的收获
用例图（Use Case Diagram）	获取原始需求或细化需求时适用
部署图（Deployment Diagram） 组件图（Component Diagram）	获取系统在软件架构、技术框架方面的要求，或分析客户 IT 环境架构时适用
包图（Package Diagram）	类图、用例图比较复杂时，可考虑用包图来组织

（4）需求规格说明书应该有什么内容？

除了要明确需求文档有什么内容，还需要掌握各需求之间的逻辑关系。"图 10.15 需求文档内容框架"和"图 10.16 需求关系图"很好地回答了这个问题。

活用 UML 能帮助我们解决需求分析中大部分的问题，而且你会发现对于核心问题、难点问题，UML 有独到的解决办法。UML 应该为我所用，而不是为了要用 UML 而用 UML，实际工作中你需要运用 UML 以及其他一切有用的知识来解决具体的问题！要成为需求分析高手，请记住九字真言：多实践！勤思考！长知识！高手不是一日炼成的，而是长期积累的结果。

10.13.2　练习

1．按照本章的分析思路，请你绘制请假申请审批流程的状态机图（可参考"图 10.4 外出申请审批流程 状态机图"）。

2．按照本章的分析思路，请你绘制请假申请相关的类图（可参考"图 10.5 外出申请相关的类图"）。

3．假设你所在公司要做该考勤系统，请你根据贵公司的实际情况，进行需求调研及分析工作，编写该项目的需求规格说明书。

4．应用本章及之前章节你所学到的知识，修改你已经做过的一个项目的需求文档。

5．在你将来的项目需求分析工作中，应用本章及之前章节你所学到的知识，编写你认为合适的需求文档。

10.13.3　延伸学习：项目的战略分析

IT 项目求生法则——战略篇（图文）。

（扫码马上学习）

第11章
需求分析的团队作战

需求分析不是单兵作战的工作，有时候我们需要项目组全体一起去获取需求，有时候需要先派遣项目组的需求分析精英去获取需求，然后将这些需求分享给项目组全体。团队作战对于需求分析工作是相当重要的，此外本章还会为你补充需求确认的一些实用技巧。

11.1　需求分析单兵作战合适吗

11.1.1　案例分析：孤军奋战的系统分析师

某公司要研发新一代产品，组建了一个研发团队。领导认为系统分析师将会在项目中发挥非常重要的作用，他要求在系统分析师还没有做出需求和设计之前，大家都不能开始下一步工作。于是系统分析师一直在孤军奋战，而其他项目成员就一直闲着无事可干。

在上述案例中，你想成为系统分析师还是项目组成员呢？系统分析师责任重大，压力很大，工作也很忙，当然薪资也可能很优厚。项目组成员不能参与到这个过程当中，可能会觉得相当郁闷！当然另外一种角度看就是：不用我参与更好！在一旁袖手旁观，不用干活又继续领工资！

对于以上状况，你如何评价呢？需求分析工作中，优秀的个人重要还是团队作战重要？

上述案例发生的时候我是一名旁观者，并没有参与其中，虽然"事不关己"，但看着让我揪心！下面我从各种角色的角度来谈谈他们对这个事情看法，然后再说说我的建议。

领导接受过传统软件工程教育，认为需求、设计、编码等工作需要一步步做好，尽管目前开发人员闲置，但如果需求和设计还没有完成之前就仓促编码，反而会带来更多的返工，得不偿失。

系统分析师的心声：一个人干活确实很累，不过系统分析是难度很高的事情，其他人达不到这个水平如果掺和进来，反而增加我的工作量，还不如我一个人干算了。系统分析的工作确实难度很高，有些活可能只能意会不能言传，参与进来的人如果水平不够，系统分析师可能无法与之沟通，也更加不要指望系统分析师能帮助其他人提升水平了。

来自项目组其他成员的心声：一直没机会参与高难度的活，一直就只能"按图纸施工"，俺可不想做"IT 民工"！什么时候能在高手带领下学到更多高价值的知识呢？

我的建议：

- 在强大的进度压力下，我们往往会忽略项目组成员的成长需要。"磨刀不误砍柴工"的道理大家都懂，但就是不会做！
- 打造成长型的团队，团队能"自动"解决很多问题，并能提高团队成员的"幸福指数"！
- 高手更加需要肩负分享知识的责任，而且分享能让自己进步得更快！

11.1.2　需求驱动地工作

我们需要需求驱动地完成项目各项工作，要做到"需求驱动"项目团队需具备以下三个条件：

（1）项目组中的需求工作负责人，能全面把握需求，并能指导其他成员的工作。

（2）项目组全体成员对项目的"需要"达成一致的理解。

（3）项目组各成员对自己负责的"细化需求"理解正确，并且知道什么"需要"驱动这些"细化需求"，什么业务概念和流程对应这些"细化需求"。

说明："细化需求"指的是图 10.15 中的功能性需求与非功能性需求。

要达到上述三点要求，我们需要从以下两方面入手：

- 需求的获取过程：从客户处获取需求的过程。
- 需求的分享过程：将获取的需求分享给项目组各成员。

下面将分别介绍这两方面。

11.2　项目团队如何"集体"获取需求

11.2.1　案例分析：某模具管理系统的需求调研工作

某模具管理系统需要在 1 个月内完成全部工作，当时对项目的需求仅有以下了解。

客户有以下期望：

解决手工管理的诸多问题，如不方便、信息不共享、难以分析历史数据等。

（1）管理模具全生命周期，能随时跟踪模具的变动、使用、维护、保养等情况。

（2）过程能力监控，预防性地解决问题。

（3）对于第（1）、（2）点期望还能基本理解，而第（3）点期望则完全不了解是什么意思！

软件公司的期望是这样的：

（1）尝试新领域，期待可以开启新的项目线或产品线。

（2）不期待可以赚钱，不亏或者少亏便可。

如果你要负责这个项目，你准备如何规划项目工作，以便可以快速、准确、全面地获取需求？

当时我带领另外 4 名成员（3 名开发和 1 名测试）负责完成这个项目，压力之大是可想而知的！我首先用"倒推法"定出了需求工作只能投入 1 周时间，整个项目周期只有 1 个月也就是大概 4 周时间，投入 1 周时间来完成需求工作已经显得很"奢侈"了。然后剩下的问题就是如何在 1 周内高效地完成需求分析工作了，我采取了以下措施：

（1）根据项目的合同、方案书的内容，整理出项目的目标、涉众及其关注点。

（2）根据第（1）点的内容，制订具体的需求调研计划，并每天持续细化和更新。计划大体这样安排：每天上午在客户处获取原始需求，下午项目组全体一起整理需求，并列出需要第二天确认的问题。

（3）分头调研。我将项目组全体成员分成两三个需求调研小组，每个小组成员负责不同的涉众，有些小组甚至只有一名成员。每小组通过需求调研问卷、UML 图等各种方式来获取需求，并且获取了大量的客户提供的原始纸张及电子版资料。

（4）聚头分析。各小组通过类图整理业务概念，通过活动图、顺序图、状态机图来整理业务流程，然后向其他小组通报情况。各小组互相印证各自获取的需求，整合交叉部分的内容，找出矛盾点。

（5）项目组共同编写和维护一份需求文档，每天添加新内容，修改不合适的旧内容。

需求分析工作是从周一开始的，经过项目组的努力，我们在周五就顺利地和客户签下了需求规格说明书。项目组全体通过这一周的团队作战，对需求的理解已经相当到位，而且进一步加强了团队的磨合，为下一步工作打下了扎实的基础。项目后续的设计、编码、测试、部署等工作也比较顺利，结果我们在一个月内顺利完成了该项目的各项工作！

该项目能顺利完成，其实还有一个很重要的原因，就是项目组全体成员都已经基本掌握了UML，并且该项目组各成员在之前的项目已经合作过，成员间基本不存在工作磨合的问题。

11.2.2　团队作战获取需求

总结上述案例，我们可以得到团队作战获取需求的一些好处：

（1）让项目组成员自己获取一手需求，要比得到"二手"需求好很多！

（2）"写需求"和"读需求"是有很大差异的，自己亲自写出来，对需求的理解才更加深刻和准确。

（3）程序员自己亲自调研需求，能从实现的角度思考问题，避免"实现不了"的问题，大大增强了需求调研工作的准确性。

（4）程序员的工作有了"灵魂"，而不是只会"按图纸施工"，程序员将更加主动地发现问题、迎接挑战。

（5）需求调研过程是项目组各成员的思想磨合、理解达成一致的过程，这能避免后期的很多问题，特别是沟通问题。

团队作战并且活用 UML，能很好地完成需求分析的工作，我有这样的一些实践建议：

（1）以高手为核心，其他项目成员为骨干。

● 高手要着眼于把握全局，拆解需求调研任务，指导其他成员工作。

● 实施人员、测试人员应全面把握好客户的业务。

● 程序员要充分理解将来自己需要负责的部分所对应的需求。

（2）分头并进，迭代前进。

● 有计划地分派不同的人调研不同方面的需求。

● 项目组定期聚头讨论、确认理解、列出问题。

● 每天根据实际情况调整计划，列出的问题要及时跟进落实。

● 每个人维护自己的工作文档，同时全体来维护需求文档。

（3）和客户持续确认理解（这点在 11.4 小节再详细介绍）。

11.2.3　项目组各角色对需求把握程度的要求

可能有人会认为术业应该有专攻，让程序员等项目组成员参与到需求工作中不太现实，程序员专注于开发工作就可以了。不要忘记软件开发的一系列工作都是需求驱动的，项目组全体成员都应该对需求有不同程度的把握，请看表 11.1。

表 11.1　项目组各角色对需求把握程度的要求

需求	需求负责人	实施工程师	测试工程师	软件架构师	程序员
背景	●	◎	◎	◎	◎
需要	●	●	●	●	◎
业务概念	●	●	●	●	★
业务流程	●	●	●	●	★
功能性需求	◎	●	●	◎	★
非功能性需求	◎	◎	●	●	★

图例：

●：表示要达到掌握的程度。

◎：表示要达到了解的程度。

★：表示特殊情况，请看后面的解释。

表 11.1 并不是很严谨，下面进一步说明此表的意义。

需求负责人是指项目经理、产品经理、系统分析师、需求分析师等，在中国的项目大部分情况是由项目经理兼任需求分析的工作。需求负责人应当深刻理解背景、需要、业务概念及业务流程，并能指导其他项目成员的工作。对于功能性需求及非功能性需求，需求负责人可以委派给项目其他成员进一步细化，也可以亲自操刀。

很多公司没有专门的需求分析师，我往往会建议由实施工程师、测试工程师承担更多的需求分析工作，实施工程师、测试工程师如果不能成为项目中最熟悉需求的人，那应该成为除了项目经理外最熟悉项目需求的人。但在现实项目中，往往由项目的开发人员主导需求，实施和测试人员得到的是由开发人员传递过来的需求。实施和测试人员是最接近客户的项目成员，这两类角色的思考习惯最接近客户，也最容易理解客户的需要。很多项目的开发人员比较强势，往往认为实施和测试人员水平不行，而不愿意让其发挥更大的作用。其实所谓的"水平不行"最多是开发技术不行，而对于需求特别是需要的把握上，实施和测试人员比一般的开发人员具备更强的能力！项目的工作应该是需求驱动的，而不是开发驱动的，让实施和测试人员在需求工作上发挥更大的作用是很必要的，项目经理应该让实施和测试人员有更大的权力和更多成长的空间。

项目中的实施和测试人员数量往往很少，通常一名测试要为数名甚至是十名以上的开发人员服务，而项目的实施人员（甚至是开发兼任的）往往也只有一名最多几人而已。作为实施和开发人员，需要全面把握项目各方面的需求。测试工程师还需要掌握非功能性需求，以便可以做好这方面的测试工作。

曾经有人问过我：怎样才能做一个能适应需求变化的设计呢？这个问题太强悍了！要回答这个问题，我将这个问题细化为几个问题：

（1）项目的背景或需要发生了变化，软件的架构设计是否会发生变化？

（2）业务概念或业务流程发生了变化，软件的架构设计是否会发生变化？

（3）项目的背景、需要、业务概念和业务流程没有变化，发生变化的是功能性需求，软件的架构设计是否会发生变化？

其实越是高层的需求发生变化，越容易导致软件的架构设计发生变化。不太可能存在这样的一种架构设计，项目的背景和需要已经发生巨大变化，仍然不需要修改架构设计的，除非这种架构设计是那种"放之四海而皆准"的多层架构设计。

现在我可以向你提这个问题了：你觉得架构设计应该达到怎样的程度呢？架构设计应该如何应对需求变化呢？

对于架构设计应对需求变化的标准，我的实践建议是：

（1）不要指望能设计出背景或需要发生变化时，软件架构不需要改变的架构设计。

（2）背景和需要不变的前提下，如果业务概念和业务流程发生少量变化，架构设计基本不需要变或者只需要稍作修改。

（3）背景、需要、业务概念和业务流程都不变的前提下，如果功能性需求发生变化，架构设计基本不需要修改。

（4）非功能性需求有可能会严重影响架构设计也有可能不怎样影响，要慎重考虑。

上述实践建议再一次印证了把握高层次需求的重要性，越是高层次的需求越会影响软件架构，越会影响项目的整体工作量。

作为软件架构师要需求驱动地做好软件架构设计，需要全面掌握需求特别是高层次的需求。我们往往也是由项目经理兼任软件架构师的工作，"代码型"的项目经理往往会不怎么设计就直接编码。好的架构设计能降低很多工作量，如果你是肩负设计工作的项目经理，就应该将时间用在能降低项目整体工作量的架构设计工作上！

表 11.1 中程序员一列打了很多个★，这是什么意思呢？通常我们会将开发工作分解为多个部

分，分派给不同的程序员来完成。每位程序员都必须了解项目的背景及需要，同时需要掌握他所负责部分涉及的需要、业务概念、业务流程、功能性需求及非功能性需求。

某程序员正在挥汗如雨地工作中，你问他一个问题：你正在做什么呢？你希望程序员怎样回答呢？下面有几个选项，你会选哪一个？

A．我正在写代码。

B．我正在研究某某技术。

C．我正在完成某某功能，该功能能解决客户的什么问题。

我想你会作出合适的选择的！

本小节我想说明的最后一点是：背景、需要、业务概念及流程、功能性需求、非功能性需求等，这些都是需求，这些需求是有逻辑关系的（请参考图 10.16），项目组中所有成员都需要把握项目中各种需求的逻辑关系，并用这些关系来指导工作。

11.3　需求如何传递给项目组成员

11.3.1　案例分析：某任务管理系统

某公司 A 为了提升管理水平，聘请了某咨询公司提供管理咨询服务。咨询公司提供的管理理念，将公司的管理水平定义为几种层次，最基础的两个层次是：日常工作任务化和在任务化的基础上制度化。公司 A 当前的管理情况属于无序的状态，期望通过一个任务管理系统落实日常工作任务化及制度化的管理理念。

本项目的需求工作跟以往的项目不太一样，需求的主要来源不是客户，而是这家咨询公司。这家咨询公司的管理理论落实为软件的具体功能时，很多理论需要重新思考、重新定义和细化。当时我所在的公司承接了这个项目，而我是这个项目的项目经理。本项目涉及的管理理念有点复杂，我所在公司的总经理亲自出马主持需求工作，我在总经理的带领下参与这项工作。该项目的需求调研工作，主要就是由总经理和我来负责，项目组其他成员没有直接参与的机会。

一般情况下，我会让项目组其他成员尽量参与需求调研工作，但这个项目情况比较特殊，不太适合安排项目组其他成员直接参与需求工作，主要原因有：

（1）管理理念确实比较复杂，没有管理经验和具备一定的水平，难以理解这些需求。

（2）提供该管理理念的是某知名教授，该知名教授同时是该咨询公司的老板，普通项目成员不适合直接与该教授沟通。

（3）客户并不能提出很多具体的需求，需要软件公司根据咨询公司的管理理论，提出有价值的需求方案，该需求方案需要分别和客户及咨询公司签署。

11.3.2　我的失误及改进措施

我当时的工作重点主要是两个事情：

（1）全面准确地获取和提炼需求。

（2）将需求传递给项目组成员，让大家准确无误地理解这些需求。

而问题出在第二个事情上！

我基本上每天都会更新需求文档，而且发给项目组全体成员，让他们去看需求和提出问题，但没有安排具体任务来"迫使"项目组成员深入去思考。项目组成员一直提不出有价值的问题，我已经觉得这是很有问题的，提不出问题是最大的问题！但我忙于第一个事情上，一直没有考虑如何改进才能让第二个事情做得更好。

最后问题终于爆发了！项目进入设计及开发阶段，我才陆续发现项目组各成员对需求的理解有些地方很肤浅、有些地方理解错误，导致各式各样的问题和返工。一些需求文档上已经写得很清楚的内容，居然都搞错了，让我非常恼火！我甚至觉得他们是不是根本不重视我之前安排的"看需求"的任务，难道我当时不进行检查就不能自觉地将事情做好吗！

恼火归恼火，其实我明知提不出问题是最大的问题，但仍然没有去想办法应对，这是我的一个失误！这个项目团队的成员基本上都是新人，几名开发人员开发经验最长的只有 1 年，而大部分是应届生，实施人员、测试人员都是新手，项目团队未经过磨合。这样的项目团队情况，是不太可能在不加管理的情况下，项目组成员就会自发地、有组织地做好工作的。我应该尽早想办法来应对，而我没有采取任何措施，这是我的另外一大失误！

前面提到，"看需求"与"写需求"对需求的理解程度是很大差异的，如果没有办法让项目组成员参与到需求调研当中来，那么就要想办法将"看需求"尽量往"写需求"的方向靠！我后来采取了一系列的改进措施，不让大家仅停留在看需求层次，光靠看需求通常是没啥感觉的，要让大家有针刺到肉的疼感才行。我采取的措施有：

（1）让各开发人员细化自己负责部分的需求。

（2）要求项目组成员在每日培训中讲解系统的需求、技术、实施方案、测试方案等（什么是"每日培训"，见后面的说明）。

（3）遇到客户问题时，要求项目组成员先各自发表想法。

（4）要求开发人员编写 Demo。

（5）要求测试人员负责每次会议记录。

（6）要求测试人员准备测试方案并演练。

（7）要求实施人员准备实施方案并演练。

（8）每日下班前举行例会，必要时半天举行一次例会。

说明：每日培训是我以前所在公司的一种内部培训制度，每天花半小时到 1 小时的时间，由公司内部员工向其他内部员工分享知识和经验。我是每日培训的主要组织者，同时也承担了 50% 以上的课程。

第（5）条措施是让测试人员负责会议记录，你会不会觉得我这样做有点歧视测试人员？我首先要说明的是，我认为做会议记录是很重要的工作，能做会议记录的人往往是水平最高的人，否则他无法听懂所有人说的话，并能抓住要点而且记下来。最开始会议记录主要是我自己来记的，但后来发现会议中大家达成一致的内容，其他人都基本理解了，但测试人员经常理解不到位，导致了测试抓不住要害问题。于是我决定让测试人员负责这个会议记录，以提高他开会时的精神集中力，并且期望通过这样的方式能帮助他更快更好地提高水平。结果他不负众望，每次会议记录都做得很好，而且能在后续工作中贯彻会议上达成一致的内容。

第（8）条措施是关于开会的，每天甚至每半天开一次会。我以往的工作中开会非常多，可以说是"会议人生"。会议多不代表效率低，会议少也不代表效率高，关键是如何开会以及开会讨论什么内容。每天甚至是每半天开一次会，可以让问题最多存在半天或者是一天就被发现而且能得到处理。我往往会在项目初期、项目特别紧张的时期，或者是我感觉到有很多问题的时候，就会采取这样的做法。会议时间一般不会超过 15 分钟，会议的主要内容是让大家说出工作中存在的问题，需要得到什么支援等。

11.3.3　如何快速分享需求

某些情况下，不适合让项目组全体成员都参与到需求调研的过程，这时我们需要及时地分享已经获取的需求。"看需求"的方式一般效果是不大的，还需要落实一些可检查的"优质任务"。

什么叫"优质任务"呢？优质任务应具备以下特点：

（1）一个任务只做一个事情。

（2）清楚描述任务要求，明确完成标准。

（3）每个任务至少有一个可检查的输出物。

（4）一个任务完成时间在 5 个工作日内为宜。

（5）一个任务只安排一个负责人。

（6）任务只有两种状态：完成、未完成。一个号称完成了 90% 的任务，剩下的所谓 10% 可能还需要花成倍以上的时间才能搞定。一个任务所谓完成了 90%，就认为只剩下 10% 工作量，这是毫无意义的。只有任务 100% 完成才叫完成，否则你应该认为该任务未完成。

我在需求调研时安排给项目组成员的"看需求"任务非常笼统，仅是让大家及时阅读需求文档并提出问题，完全不满足"优质任务"的要求。而我在后期采取的改进办法，很有针对性，安排的每项任务基本上都满足"优质任务"的要求。下面是如何快速分享需求的一些建议：

（1）首先你应该规划好项目组每位成员应该掌握什么需求，应该掌握到怎样的程度。你可以参考"表 11.1 项目组各角色对需求把握程序的要求"来规划这项工作。

（2）安排不同的项目组成员学习不同部分的需求，要求他们列出问题。

（3）在项目组内开展需求分享和培训，要求每位成员向其他成员讲解他所负责部分的需求。

（4）要求开发人员根据需求准备设计方案、开展技术研究工作等。

（5）要求程序员实现部分需求，写出 Demo 程序。

（6）要求测试人员根据需求准备测试方案、测试数据和环境等。

（7）要求实施人员根据需求准备实施方案、模拟实施环境等。

以上这些工作不必等到需求调研结束才开始，而应该在需求调研进行中就要尽早地安排。项目组成员需要通过具体的工作才能理解这些需求，才能针对性地提出问题。

11.4　让客户持续参与

11.4.1　如何让客户签署几十页甚至上百页的需求文档

有朋友曾经提了这样的问题：需求文档少则几十页，多则上百页，要客户怎样看呢？客户一般看到这样的文档都不愿意签字，我们应该怎样办？

你可能会觉得这确实是一个难题！但你已经学了本书的大部分内容了，这时你应该进一步深挖这个问题，我们可以将这个问题分解为以下几个问题：

（1）需求文档是不是"空降"的？即客户事先没有见过该文档的任何内容，然后该文档一下子出现在客户面前。

（2）需求文档全部内容只由某一个客户确认吗？

（3）需求文档是不是应该一边写一边跟客户确认，最后来一个整体确认？

前面小节提到的某模具管理系统的需求调研工作，当时我们花了 5 天时间写了几十页的需求文档，到第 5 天给客户签字的时候，客户很爽快地签下了！这是为什么呢？这是因为 5 天的需求调研工作中，我们不断地和客户确认需求，到第 5 天客户看到的需求文档，里面的大部分内容是客户在之前已经确认过的。如果说我们闭门造车地写下几十页甚至上百页的需求文档，然后才给客户确认，这种编写需求文档的方法本身就超级有问题。需求调研过程当中或者说编写需求文档的过程当中，就必须让客户持续地全程参与！

11.4.2　极限编程中的客户全程参与

极限编程的其中一个最佳实践是让客户全程参与，具体的做法就是客户的一名业务代表直接成为项目组的成员，与项目组一起工作，随时为项目组提供需求以及验证软件是否满足需求。这样的做法似乎将客户全程参与做到了极致，但不一定能取得好效果而且现实中可能不太容易做到。

我以前公司曾经做过一个电力预算方面的桌面软件，当时让客户的两名业务代表作为项目组的成员参与进来。两名业务代表当然是业务方面的专家，但两位的意见往往不能统一。软件发布后，用户反馈的最大意见是：感觉软件不好用！于是我们又去问：如何不好用？用户好不容易挤出了一些具体的不好用的意见，我们修改软件后，仍然有很多用户抱怨不好用但又不能具体说出如何不好用。最后软件的销量就可想而知了。

我们可能最怕用户提的意见就是：软件不好用，但又不能具体说出如何不好用！如果有大量的用户提出这样的意见，那么这很可能是在软件需求把握上出现了问题，而且软件的用户体验设计也做得不好。我们可以通过以下问题来检查一下自己的工作是不是出问题了：

（1）我们是不是业务专家，是否能超越客户的想法设计出有价值的需求解决方案？还是我们对于业务仍然是一知半解，大部分的需求是靠听取客户的意见获得的，而且基本没有进一步分析和提炼客户的意见？

（2）需求仅仅是通过一两个客户获取的吗？还是分别从客户的高层领导、中层干部、基层员工获取和整理提炼的？

（3）需求中的背景、需要、业务概念及流程、功能性需求、非功能性需求，这些内容能连成一个严密的整体吗？各种需求之间的逻辑关系清晰而且有条理吗？（请参阅"图 10.16 需求关系图"）

极限编程中的客户全程参与的具体做法，有这样的问题：

（1）没有立足于让项目组成为业务专家，并且可以超越客户提出有价值的需求解决方案。

（2）需求的获取仅仅依赖于一两位客户的业务专家，客户往往没有这么强大的业务专家，能面面俱到地精通各方面的业务，可协调和平衡客户方各涉众的利益。

在现实中这种让客户的业务专家和项目组一起工作的做法，通常也是无法做到的。客户的这位业务专家，一定是在本单位肩负重要的工作，不太可能抛开原来的工作全职参与到项目中来，该业务专家的领导也不太可能放人给你用的。我们应该让客户全方位地全程参与，需要获取各层次客户的需求，并将这些需求系统地整理在一起，再分别与之确认、持续确认！

11.4.3 让客户全方位全程持续参与

不同层次的客户应重点确认不同级别的需求，见表 11.2。

表 11.2 不同层次客户确认不同级别的需求

什么需求	主要由什么客户来确认	说明
背景	高层领导	高层领导把握方向，掌握大局。我方需要派出门当户对的人员与客户的高层领导沟通，通常需要我方高层领导出马了
目标	高层领导	
系统范围	高层领导	
涉众利益及待解决问题	中层领导、业务骨干	需要向各涉众明确本项目的目标及范围。 不同的涉众确认不同的需求，注意平衡各涉众之间的利益
业务概念	中层领导、业务骨干	
业务流程	中层领导、业务骨干	
功能性需求	中层领导、业务骨干，基层员工	系统的最终用户大部分是基层员工，基层员工可能会提出很多具体界面操作级别的需求。我们要注意保证基层员工了解了相应的涉众利益及业务概念、流程等
非功能性需求	业务骨干、IT 相关部门的员工	我们需要根据客户的需求以及客户的 IT 环境情况，提出满足能客户利益而且我们可实现的非功能性需求
全部需求	高层领导或高层领导授权的员工	需求调研过程中需要持续与各类型的客户确认需求，而通常到最后需要某一客户作为代表签署需求文档。该客户代表签署需求文档的主要依据有： 相关的人员已经确认了自己需要确认的那部分需求。 该代表通看一次需求全文，没有发现问题

需求分析的过程是螺旋前进的，我们不应该在需求文档全部写好后才拿出来确认，而是在每个需求分析的每个小阶段就应该和项目组成员讨论并达成一致，然后和相应的客户确认。建议你按这样的顺序来分批次确认：

（1）背景。

（2）需要。

（3）业务概念，如果业务概念复杂，应该分多次确认。

（4）业务流程，如果业务流程很多，应该逐一确认。

（5）执行者分析及用例分析，用例可能会有几十甚至上百个以上，也应该分多次确认。

（6）非功能性需求。

（7）全部需求。

关于让客户全方位全程持续参与，还有其他的一些最佳实践建议：

（1）需求分析的过程，就是与客户持续确认理解的过程，确认不是最后才进行的。可能的各种确认方式有：

● 需求调研表，客户签字。

● 会议记录，与会者签字。

● 邮件确认。

● 中间文件的确认。

（2）项目组要主动与客户确认，可用各种非正式的确认方式。

● 如：某次口头沟通后，对某些问题达成一致，可将这些内容 Email 给客户确认。

● 如：确认某业务概念或流程后，将图打出来再次与客户确认，让客户签字。

（3）从谁那里获取需求，就向谁确认。

（4）向客户说明：项目组也需要签字，签字不代表不可以变化，而是表示到签字这刻为止，咱们双方达成的一致理解。

（5）最后的确认是由客户某人作为代表，他的确认是在他人确认的基础上进行的，最后的确认应该是正式的确认。

11.5　小结与练习

11.5.1　小结

无疑超级英雄将对需求分析工作产生莫大的作用，但我们更需要的是强大的团队，不应让系统分析师继续孤军奋战了。

需求分析工作从某种角度来说可以分解为以下三方面的工作：

（1）全面准确地获取需求。

（2）将获取到的需求准确地分享给项目组其他成员，并根据他们的反馈进一步完善需求。

（3）和客户确认项目组对需求的理解。

我最建议的获取需求方式是"集体获取需求"，即组织好项目各成员参与到需求调研工作中来，按照表 11.1 来规划需求调研工作。

某些情况下不太可能让项目组全体都参与到需求调研工作中来，那么必须拿出行之有效的办法，将需求分享给其他成员。这些行之有效的办法的核心思路就是将"看需求"上升到"写需求"的层次。

需求调研的过程就是持续和客户确认需求的过程，不同层次的客户应重点确认不同级别的需求，请参考表 11.2。

"需求驱动地工作"并不仅是一句口号而已，要做到"需求驱动"项目团队需具备以下三个条件：

（1）项目组中的需求工作负责人，能全面把握需求，并能指导其他成员的工作。

（2）项目组全体对项目的"需要"达成一致的理解。

（3）项目组各成员对自己负责的"细化需求"理解正确，并且知道什么"需要"驱动这些"细化需求"，什么业务概念和流程对应这些"细化需求"。

表 11.1 就是对以上三个条件的具体化要求。

前面的章节重点介绍如何提升需求分析的能力，而本章节是期望你能在需求分析工作中发挥领袖的作用，让大家在你的指导下开展工作。

11.5.2　练习

1. 从你做过的项目中选择两个项目，如果重新来一次的话，哪个项目适合"集体"获取需求？哪个项目适合先派遣需求分析专家获取需求，然后将需求"传递"给项目组其他成员？请充分说明你的理由。

2. 在将来你的项目工作中，你打算如何实践需求分析的团队作战？

11.5.3　延伸学习：打造中国女排式超级团队

如何打造中国女排式的超级团队？（声音+图文）

（扫码马上学习）

第12章

说不尽的 UML——UML 补遗

UML 可谓博大精深，但在实际工作中往往不需要用到全部的 UML，而在具体的某一个项目中，能充分应用的 UML 通常只有那么三四种而已。本章将为你介绍不太常用的三种 UML 图，前面讲过的 UML 图加上这三种 UML 图，将组成一张 UML 的全家福。另外本章还会为你介绍一些 UML 工具使用心得，再次检查你的学习效果等。

12.1 认识时序图（Timing Diagram）

我在实际工作中很少用到时序图、交互概览图或组合结构图，本章仅会简单介绍。我相信一般情况下需要用到这三种图的机会不多，但不排除有特别的情况，希望本章能为你今后继续学习打下良好的基础。

时序图也叫做时间图，但时间图的说法不符合 UML 中文术语标准。另外要注意的是，有些资料将"Sequence Diagram"也称作时序图。本书中各种 UML 图的说法以 UML 中文术语标准为准。

时序图表示的是某些东西随着时间的变化，这些东西的状态或某个属性值是如何变化的一种图。某一盏灯，有开和关两种状态，期间有人动了这盏灯的开关，用时序图可以表示为图 12.1。

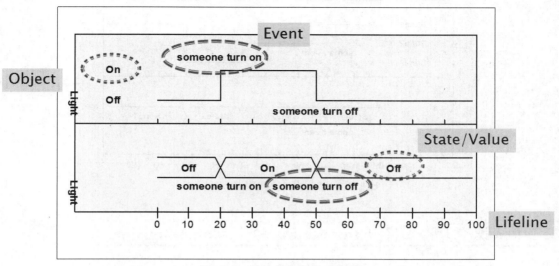

图 12.1　灯的状态变化时序图

图 12.1 分上下两个"泳道"，分别表示两个对象（Object）随时间状态（State/Value）是如何变化的。时序图可以通过一个或多个"泳道"，同时表示一个或多个对象随时间状态是如何变化的。图 12.1 横坐标表示的是生命线（Lifeline），生命线上的刻度表示的是时间，这里是以秒为单位，当然你也可以设为其他合适的单位。

图 12.1 的上下两个"泳道"表示的是同一个对象，我想以此来说明对象状态随时间变化的两种不同表示方法：

● 线条表示法：上面的"泳道"以不同高度的线条来表示不同的状态，并通过 On 和 Off 来说明不同高度的线条代表什么意思。0～20 秒，灯的状态是 Off，但在 20 秒这个时刻这条水平线突然向上折，从 20 秒后状态变化为 On。在 20 秒这个时间点，文字 Someone turn on（有人打开灯）说明了发生变化的原因。什么事情令状态发生变化，这个事情称之为事件（Event）。

● 区间表示法：下面的"泳道"直接通过在"区间"中的 Off 或 On 文字来说明当前的状态，状态发生的变化时间点就是两个"区间"之间的线条交点。同样需要在时间点上通过事件来说明发生了什么事情。

以上两种表示方法是等效的，状态数量比较少时我建议用"线条表示法"，这样比较直观，但状态数量比较多时，用"线条表示法"可能不太容易对应状态，这时可考虑用"区间表示法"。

图 12.2 表示的是状态数量为三种时的情况。

在纯软件开发工作似乎没有时序图的用武之地，至少我在实际工作中基本上就没有使用过该图。但我的经历还是相当有限的，在某些领域（如实时应用、嵌入式软件设计）或者在你的实际工作中，就很有可能用到时序图。

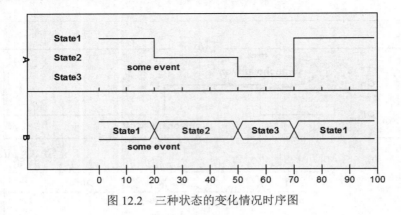

图 12.2 三种状态的变化情况时序图

12.2 认识交互概览图（Interaction Overview Diagram）

交互概览图另外一种 UML 中文术语的说法是"交互概述图"。

交互概览图可以说是活动图的一种特例，参见图 12.3。

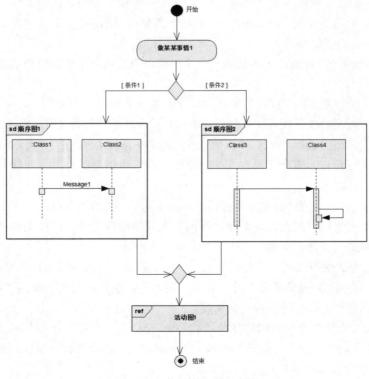

图 12.3 交互概览图示意图

活动图不一定只能使用"活动"，我们可以使用顺序图来代替部分"活动"。除了顺序图可以"嵌入"到活动图中，活动图、通信图、时序图甚至是交互概要图，都可以"嵌入"到交互概览图中。而"嵌入"的方式有两种：

- 显式嵌入：嵌入的图作为交互概览图的一部分存在。如图 12.3 显示的两个顺序图就是"显式嵌入"，两个顺序图左上方的"sd xxxx"字样，sd 是 Sequence Diagram 的缩写，"xxxx"就是这个图的命名。
- 引用嵌入：嵌入的图并不显示具体的内容，只显示图的名字及有"ref"的标志，ref 是 referene（中文意思：引用）的缩写。如图 12.3 最下方的那个带有"ref"标志的矩形框框，表示这里代表另外一个活动图，但不显示具体内容，你可以由此"导航"到这个活动图，一些 UML 工具软件可让你双击该"ref"框进入相应的图中。

活动图中嵌入其他图，就变成了交互概览图了，这看上去似乎很强大，但如果不注意组织和表达，很容易搞成"四不像"。我在实际工作中很少画交互概览图，一来觉得确实没啥必要这样画，二来是因为通过多个活动图、顺序图可以组织好我需要表达的内容，而无需出动交互概览图了。

12.3　认识组合结构图（Composite Structure Diagram）

组合结构图也叫复合结构图，两种说法的都符合 UML 中文术语标准。这种图主要是用来描述类的外部接口、内部实现、外部接口与内部实现的关系（见图 12.4），主要用于软件设计，在需求分析工作当中一般不需要用到。

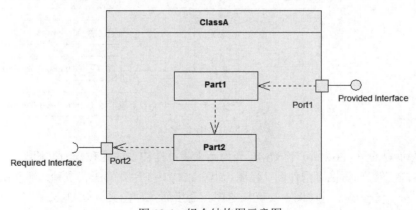

图 12.4　组合结构图示意图

12.4　UML 全家福

大师 Martin Fowler 在他的著作《UML Distilled》（中文译名：UML 精炼）中有一张 UML 的全

家福，我打算将其翻译成中文直接拿来用，参见图 12.5。Martin Fowler 是 UML 领域的鼻祖级及骨灰级大师。什么！你不知道他是谁？赶紧去搜索一下吧！

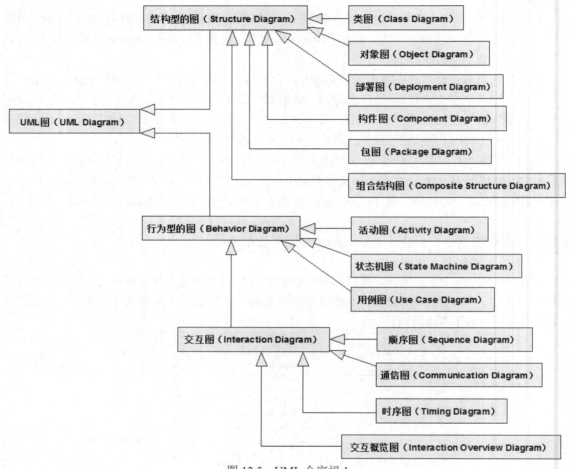

图 12.5　UML 全家福 1

马丁·福勒（Martin Fowler）将 UML 分为两大类：结构型的图和行为型的图。结构型的图有 6 种：类图、对象图、部署图、构件图、包图、组合结构。行为型的图有 7 种：活动图、状态机图、用例图、顺序图、通信图、时序图、交互概览图，而后面 4 种图又可以归类为交互图。

对于马丁·福勒的分类办法，我其实有两点不同意见：

（1）包图应该同时属于结构型的图和行为型的图。在第 9 章中提到可用包图来组织用例，而用例图是行为型的。从我的实践经验看来，包图既可以用来"包住"结构型的图，也可以"包住"行为型的图。

（2）交互图的划分不太合理。交互的意思是表达两者或两者以上是如何互动的，活动图加上泳道后很显然就可以表达交互的意思，用例图也是很显然地表达了执行者与系统是如何交互的。故我认为可以去掉"交互图"这种分类，这个分类没有太大的意义。

　　按照我的想法，我重新绘制了一张 UML 的全家福，参见图 12.6。

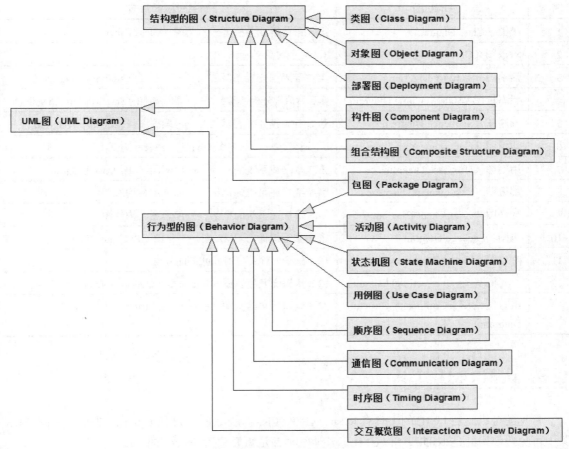

图 12.6　UML 全家福 2

　　我并不是要挑战马丁·福勒，我距离马丁·福勒的级数还差得远呢！我对包图和交互图的理解或许有问题，但这是我目前的真实想法。作为读者的你可能要问我了，两种不同的 UML 全家福，应该相信哪个？

　　本书中的所有内容你都不应该尽信，每个人都应该有自己的理解。学习了本书这么多知识，相信你能体会到本书不仅仅讲述 UML 知识，更多的是讲述一些方法。本书更多的是注重引导你的思考，希望通过你自己的思考将知识"固化"到你的脑袋当中。只要将 UML 用到实际工作当中，就会产生很多问题，你应结合实际的工作体会，对 UML 有更深刻的认识，最终形成属于你自己的 UML 知识体系。而我期望本书能在这个过程中帮助你加速成长！

一共有 13 种 UML 图，本书都有介绍，参见表 12.1。本书并不是每种 UML 图都专门用一个章节进行介绍，不太常用的 UML 图会通过某章的某个小节来介绍。

表 12.1　UML 图在本书中对应的介绍章节

序号	UML 图	本书对应的章节
1	类图（Class Diagram）	第 3 章分析业务模型——类图（Class Diagram）
2	对象图（Object Diagram）	3.7 关于对象图
3	活动图（Activity Diagram）	第 4 章流程分析利器之一——活动图（Activity Diagram）
4	状态机图（State Machine Diagram）	第 5 章流程分析利器之二——状态机图（State Machine Diagram）
5	顺序图（Sequence Diagram）	第 6 章流程分析利器之三——顺序图（Sequence Diagram）
6	通信图（Communication Diagram）	6.7 通信图——顺序图的另外一种表示方式
7	用例图（Use Case Diagram）	第 7 章描述系统的行为——用例图（Use Case Diagram）
8	部署图（Deployment Diagram）	第 8 章描述系统的框架——部署图、构件图
9	构件图（Component Diagram）	第 8 章描述系统的框架——部署图、构件图
10	包图（Package Diagram）	第 9 章组织你的 UML 图——包图（Package Diagram）
11	时序图（Timing Diagram）	12.1 认识时序图（Timing Diagram）
12	交互概览图（Interaction Diagram）	12.2 认识交互概览图（Interaction Overview Diagram）
13	组合结构图（Composite Structure Diagram）	12.3 认识组合结构图（Composite Structure Diagram）

12.5　认识 UML 工具

常见的可以绘制 UML 的工具有 Rose、XDE、Visio、Enterprise Architecture、JUDE、StarUML，其中可免费使用的是 JUDE、StarUML，其他几种都是需要购买 license 的。

我与任何 UML 工具厂商没有利益关系（至少目前是这样），为避免广告的嫌疑，本小节并不会具体介绍某一种或几种 UML 工具的细节，也不会说我用得最多的是哪个软件。况且介绍具体一个 UML 软件是如何操作，这是没啥必要的，这样只会浪费本书的篇幅，增加书的售价而已。我相信只要你稍加研究，你是可以很快上手的。

我使用过不少 UML 软件，我会简单介绍我的一些心得体会，希望这些体会能帮助你更快上手、更快找到适合你自己或贵公司的软件。

1．开始向导

很多 UML 软件喜欢一启动就显示一个开始向导，似乎这样的设计能让你很快入手，但这样的向导往往会让新手很困惑，这是这些向导的第一个问题！而第二个问题是：向导显示了各种模板，用这些模板建立了一系列内容框架，这些内容框架会让你很头晕。第三个问题是：实际工作中这些模板基本没用，我不喜欢这些模板建立的内容框架，我基本上会删除掉大部分甚至全部模板建立的内容。

对于开始向导，我的建议是：大致看看就 OK 了，不要纠结于当中，那些模板的内容框架基本上都是基于某些理论来设计的，大多数不适用。而我通常是从空白开始建立工程的，有些软件还不允许你从空白开始，你可以随便选一种模板，建立后删除那些看不懂的内容。

2. 画图与建模

有人认为 UML 软件就是一种画图工具，就是设置好一张图纸，然后你选择一些 UML 元素在上面画。基于这样的理解来使用 UML 软件的话，一开始可能会很不习惯，甚至摸不着头脑。大部分 UML 软件的思路是一边画图一边建模的，下面要细分来讲解。

大部分 UML 软件界面的布局是这样的：左边显示一堆 UML 元素，中间是画图区，右边显示工程视图和属性视图等。如果你从空白区域开始建立工程，你可能会发现左边区域是空的，也不知道从哪开始新建一张图。

那个工程视图其实就是用来显示模型的，最开始里面什么内容都没有，通常需要你右键单击工程那个节点，从右键菜单中选择建立一些"节点"（这些节点不同软件有不同的说法），建立"节点"后再通过该节点的右键菜单中选择要新建什么 UML 图，这时中间区域才会出现画图区，同时左边区域才会出现可用的 UML 元素。

当你开始在画图区添加 UML 元素时，工程视图也会添加相应的元素，这其实就是画图的同时也在建模。请留意，如果你删除图形中的 UML 元素，工程视图中的对应 UML 元素并不会删除。也就是说图形发生了变化，但模型并没有变化。你要真正删除该 UML 元素的话，你需要明确地选择从模型上删除才行。

我们可以这样理解 UML 建模活动，要建模通过图形来建立是最直观的，但模型是一种逻辑关系，模型的展示形式可以是多样的。例如：我们通过某张图建立了业务概念模型，可以另外再建立一张空白的图，从工程视图中"拉"出一些类放到这张空白的图中，这些类放到图中后就会自动展示出它们之间的关系，而无需你重新绘制一次。当我们为某一系统建模的时候，实际上模型只有一套体系，但我们可以根据不同的需要，用多张 UML 图从不同的视觉来展示该模型。

3. 复制的问题

有人曾经问我用某某工具如何复制 UML 的问题，你可能不是真的要复制，而是想在不同的图中使用相同的 UML 元素而已。如果是这样的话，你完全可以从工程视图中将这个 UML 元素"拉"到图中就可以了。当然你也有可能真的想在模型级别上复制该 UML，很多 UML 软件并不允许你这样做，因为模型中的东西应该是唯一的不能重名的。当然要视乎具体是什么软件才好说明这个问题。

当你想复制某些 UML 元素时，请你先想清楚你只是想在多个图中展示相同的内容，还是真的想在模型级别上复制一些 UML 元素。

4. 正向与反向工程

这个问题就是由 UML 生成代码或由代码生成 UML 的问题了。如果你是因为需求分析工作而使用 UML，这个问题基本上不需要关注。如果你是做软件设计工作，那是不是需要关注这个问题呢？我的回答是：不需要关注！在实际工作中我极少用正向和反向工程，只是曾经试过将代码反向为 UML，希望帮助我看清楚代码的结构而已。由 UML 生成代码的需求是很低的，理由如下：

（1）由架构设计生成代码，你需要为架构设计"额外"指定很多内容，这是很难做到的，也是没必要的。

（2）详细设计要生成代码的话，则需要将类图设计到很细的程度，而且需要所有代码都必须先保证有对应的类图。这是毫无必要的，实际工作中并不需要所有代码都事先有超详细的设计，搞得这么复杂，还不如直接编码。

某些收费软件可以包含或不包含正向和反向工程功能，如果包含的话你需要付额外的钱，这些钱可以不必花，这是冤枉钱。

5. 面向软件设计而不是面向需求分析

需求分析工作中应用 UML，并不需要用到 UML 中很深或很细的语法。如：我们用类图描述业务概念模型时，我希望的效果就是直接用中文表示属性名称就可以了，不需要指定为 public 也不需要指定属性类型。但大部分 UML 软件是面向软件设计，面向要生成代码而设计的，类的属性需要指定为 public，属性类型需要指定是 string 还是 int 或其他什么的。诸如此类，如果你不指定一些详细的信息，软件还会提示错误信息，让你无法进行下去，遇到这种情况，只能忍一忍将就一下，去指定一些内容了。

6. 是否支持 UML 2.x

收费软件大都支持 UML 2.x，免费的有些不支持，有些部分支持，但我还没有发现完全支持 UML 2.x 的免费软件。尽管本书介绍的内容以 UML 2.x 为准，实际上在大部分的工作实践中，需要用到的主要是 UML 1.x，部分 UML 2.x 的内容也不是必须的，可以用 UML 1.x 来代替。所以看在钱的份上，也不需要太计较是否全面支持 UML 2.x 的问题了。

7. 收费与不收费软件的区别

两者差别其实不大，自己用的话用免费的就 OK 了，如果不差钱或者公司出钱，用收费的还是不错的，收费软件还是有它独到的地方的。

8. 多多尝试

每种工具都有优缺点，你不妨多试试各种软件，选择适合你的软件，你的选择不一定是某一个软件，你可以多个软件同时用！

9. 公司是否需要统一 UML 工具

作为公司来说，可能会认为员工都用相同一个 UML 软件会有利于沟通。我在以前公司时，并没有强制要求大家都用什么 UML 工具，反而是鼓励大家用自己喜欢的工具。经过大家的"自然选择、优胜劣汰"后，最后发现大家基本上都是集中使用其中某一两款 UML 软件。

12.6　学习目标检查及学习建议

12.6.1　总结

UML 不是万能的，没有 UML 却万万不能。这句话只有前半句是对的，后半句是错的！UML 的强大作用并不在于它的语法，而是 UML 所体现的工作思路和工作方法。

回顾本书的四大学习目标：

（1）掌握 UML 的基本语法。

（2）掌握面向对象的分析方法。

（3）掌握应用 UML 进行需求分析的最佳实践。

（4）掌握软件需求管理的最佳实践。

你已经掌握了吗？

什么是面向对象的分析方法？我至今无法给出清晰的定义，但我相信我所描述的分析问题的方法跟其他资料上所描述的面向对象分析方法应该有很大的差异。我承认已经落入"面向对象分析"说法的俗套中了，每个人可能对"面向对象分析"有不同的理解吧，管它呢，这只是种说法而已！

我希望你学习本书的时候，会有一种老师就在身边指导的感觉，希望你能得到参与现场课程的效果。本书在内容设计及铺排上是有"阴谋"的，通过一个一个的案例和思考题目，逐步地将你带入我设好的"圈套"中。你有没有按要求完成思考再继续学习后续内容呢？你有没有偷懒不完成每章的练习题呢？

通过思考和在实践中体会，才能将知识固化到你的脑海当中，本章最后我还是啰嗦地再给一些学习建议：

（1）将本书中大小案例、思考题、练习题等，抽时间从头到尾练习一次，仔细思考和体会。

（2）UML 的内容很多，你可以先在工作中用上你最有感觉的部分，先取得小范围的战绩，再逐步扩大战果。

（3）将你的 UML 知识传授给身边的同事，带动他们一起来学习和应用 UML。光你一个用 UML，对你对公司帮助都不大，大家好才是真正的好！

（4）勇于挑战权威观点（包括本书中的观点），列出问题并阐述你的观点，和身边的朋友一起探讨。有不同意见是好事，是进步的表现，争论不是为了说服别人，而是听取别人的意见用来改善自己的想法。

（5）在工作中用起来，不拘一格地用起来，持续总结和分享，形成属于你自己的知识体系。

祝你学习愉快！

本书结束了吗？NO，我们还有第 5 个学习目标未达成，就是：掌握敏捷需求分析与 UML 的融合。准备迎接本书最后一章吧！

12.6.2　延伸学习 1：质量内建

质量管理的火星科技——质量内建？（声音+图文）

（扫码马上学习）

12.6.3　延伸学习 2：《UML 学以致用》视频课程

这是豆芽儿网站上的一个收费视频课程，本书读者可以免费拥有。

课程目录：

第 1 章：从干货开始——实战用例图（Use Case Diagram）

　　课时 1："传统"需求分析的问题

　　课时 2：实战用例图（Use Case Diagram），升级你的需求分析方法

　　课时 3："UML 学以致用"课程简介

第 2 章：UML 是啥？（UML 基础知识）

　　课时 4：不用 UML 会有什么问题？

　　课时 5：UML 全家福、4 加 1 视图、UML 常见误区

第 3 章：UML 在需求分析中的应用

　　课时 6：业务流程分析之活动图（Activity Diagram）

　　课时 7：业务流程分析之状态机图（State Machine Diagram）

　　课时 8：活动图 PK 状态机图

　　课时 9：业务流程分析之序列图（Sequence Diagram）

　　课时 10：从序列图中提炼出用例（Use Case）

　　课时 11：流程三剑客实践建议

　　课时 12：分析业务概念模型——类图（Class Diagram）

　　课时 13：行为建模和结构建模，项目实例展示

　　课时 14：课后作业及 UML 在需求分析中的应用小结

第 4 章：UML 在软件设计中的应用

　　课时 15：架构设计之部署图、包图、组件图

课时 16：业务结构建模转化为数据库设计

课时 17：详细设计之序列图（Sequence Diagram）

课时 18：类图（Class Diagram）、对象图（Object Diagram）基本语法

课时 19：挑战责任链设计模式，活用类图和对象图进行详细设计

课时 20：UML 在软件设计中的应用小结，再次理解 4 加 1 视图

第 5 章：UML 补遗

课时 21：组合结构图（Composite Structure Diagram）

课时 22：通讯图（Communication Diagram）简介

课时 23：时序图（Timing Diagram）简介

课时 24：交互概览图（Interaction Overview diagram）简介

课时 25：UML 工具用法和常见问题

课时 26：课程内容回顾及后续 UML 课程简介

第 6 章：UML 学以致用——PPT

课时 27：UML 学以致用——PPT

手机扫描二维码，按照提示操作即可拥有该课程，扫码后请尽快兑换课程，兑换券过期失效。

温馨提示：本书读者专享，请勿转发此二维码。

《UML 学以致用》视频课程兑换券

第13章
敏捷需求分析还是 UML?

有人说: 现在都敏捷了还搞什么 UML, UML 太重型了, 我们应该敏捷需求分析! 但搞 UML 的人马上就不同意了: 建模你懂不懂? 面向对象你懂不懂? UML 博大精深!

那我们为什么不可以双手互搏, 左手敏捷, 右手 UML 呢? 本章将会为你分享敏捷开发、敏捷需求分析, 还有敏捷与 UML 的融合等内容。

13.1 什么是敏捷?

经常会遇到一种尴尬甚至是无趣的争论,一班敏捷专家和一班 UML 大神在争论敏捷还是 UML 谁更好? 然则郁闷的是, 敏捷专家们其实也不是很懂 UML, 而 UML 大神们也不是很懂敏捷。

我们要向郭靖学习, 集百家之长, 还双手互搏! 郭靖是谁? 就是金庸大侠笔下的《射雕英雄传》的男主人公啊, 黄蓉的老公! 郭靖聪明得很, 他学了降龙十八掌后, 还学了九阴真经, 后面还用双手互搏融合各种武功。郭靖从来不会说:"俺已经学了降龙十八掌了, 这是天下最厉害的武功, 其他武功都不如它, 我都看不起!"

本书阅读到此, 相信你应该已经是一位 UML 大神了! 本书虽然不是专门讲敏捷的, 但是也需要先让你熟悉敏捷并掌握其精髓, 然后你才可能左手敏捷、右手 UML。如果你对敏捷有偏见, 请先放下, 有可能你之前学习过的甚至是在工作中应用过的敏捷是"假敏捷"呢!

13.1.1 敏捷的前世今生

敏捷有两大误区:

(1) 敏捷是最近 20 年诞生和兴起的。

（2）敏捷只适用于互联网行业和 IT 行业。

其实在 20 世纪 50 年代，丰田汽车是首个精益的成功案例。当时丰田汽车面临美国汽车企业的强大竞争压力，美国汽车企业已经规模化生产，丰田很难直接与之竞争，丰田被迫在小众市场中寻找商机，生产小批量多型号的汽车。

精益（Lean），英文意思是简洁的、精干的，我们翻译为"精益"，"精益求精"的"精益"。精益内容很丰富，最关键的是高速、高质量地开发最重要的功能，使产品尽快进入市场，为客户带来更多的利益，同时降低企业成本。精益这个最关键的内容，是不是和敏捷模式下的快速交付与快速迭代很相似？

除此以外，精益还有其他的关键原则和理念，例如消除浪费、拉动管理、团队授权、持续学习等，我们都可以在敏捷中见到相关的身影。

所以可以说敏捷源自精益，精益可以说是敏捷的"老祖宗"。也就是说，敏捷其实早在 1950 年代已经在汽车制造业成功实践，精益（敏捷）是可以应用到各种行业的，并不局限于互联网行业和 IT 行业。

1943 年人类发明了第 1 台计算机，最开始的写程序的都是科学家。后来高级语言出现了，能写程序的人越来越多，以致于 1960 年代出现了"软件危机"。1968 年有人提出"软件工程"，希望借鉴工程学的知识来解决"软件危机"。但可能"软件工程"的方式过于重型了，1990 年代有人提出了"敏捷"，借鉴了精益思想。在互联网时代，敏捷开发是很多互联网型公司的工作模式。

13.1.2　敏捷的各种门派和定义

大约是在 2001 年左右，我学习和实践的第一种敏捷是极限编程（Extreme Programming，简称 XP）。其实进入我们视野的敏捷流派还有很多，比方说（排名不分先后）：精益开发、OpenUP、SCRUM、水晶方法、特性驱动开发（FDD）、规模化敏捷（SAFe）、看板（Kanban）、DevOps 等。

这么多武林门派，哪个才是天下第一呢？好吧，那就开一场武林大会，决出天下第一吧！2001 年这些业界精英开了个武林大会，打了一架，当然打架是不可能的了，是讨论出一个共识，用"敏捷（Agile）"这个词代表这些方法论，提出了敏捷宣言和敏捷的 12 条准则。

如果非要给敏捷来个定义的话，那么这敏捷宣言和敏捷的 12 个准则就是敏捷的"官方定义"了。下面是敏捷宣传和敏捷 12 个准则的中文翻译，各种翻译版本可能略有不同。

敏捷宣言：

我们一直在实践中探询更好的软件开发方法，身体力行的同时也帮助他人。由此我们建立了如下价值观：

个体和互动	高于	流程和工具
工作的软件	高于	详尽的文档
客户合作	高于	合同谈判
响应变化	高于	遵循计划

也就是说，尽管右项有其价值，我们更重视左项的价值。

敏捷的 12 个准则：

（1）我们的最高目标是：通过尽早和持续地交付有价值的软件来满足客户。

（2）欢迎对需求提出变更——即使是在项目开发后期。要善于利用需求变更，帮助客户获得竞争优势。

（3）要不断交付可用的软件，周期从几周到几个月不等，且越短越好。

（4）项目过程中，业务人员与开发人员必须在一起工作。

（5）要善于激励项目人员，给他们所需要的环境和支持，并相信他们能够完成任务。

（6）无论是团队内还是团队间，最有效的沟通方法是面对面的交谈。

（7）可用的软件是衡量进度的主要指标。

（8）敏捷过程提倡可持续的开发，项目方、开发人员和用户应该能够保持恒久稳定的进展速度。

（9）对技术的精益求精以及对设计的不断完善将提升敏捷性。

（10）要做到简洁、尽最大可能减少不必要的工作，这是一门艺术。

（11）最佳的架构、需求和设计出自于自组织的团队。

（12）团队要定期反省如何能够做到更有效，并相应地调整团队的行为。

关于敏捷宣言和敏捷 12 个原则大致了解便可，暂不需要深究。

这么多敏捷门派哪一个最厉害呢？其实无所谓哪个更厉害，但你会发现不同时期好像某种门派会特别火爆，例如很火爆的 SCRUM，然后是 SAFe、DevOps 等。其实你会发现这些敏捷门派背后都有相应的商业运营，都在推某种敏捷培训或认证，然后你就应该懂了！

13.1.3　敏捷的流程框架

我们以 SCRUM 为例子来说明一下敏捷的流程框架。为什么要以 SCRUM 为例子呢？第一是因为 SCRUM 比较火爆，实践的人数比较多；第二是因为有不少敏捷门派基于 SCRUM 来扩展。

SCRUM 的直接中文硬翻译是"橄榄球"，流程框架如图 13.1 所示。

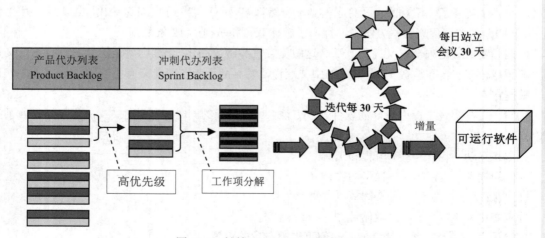

图 13.1　敏捷（SCRUM）的流程框架

图 13.1 从左到右整体来看，左边是整个产品（项目）工作的输入：产品代办列表（Product Backlog），右边是输出：可运行的软件，由左到右是整个生产过程。

产品代办列表表示的是完成这个软件需要做的所有工作，通常通过用户故事的方式来表示（用户故事后面还会继续讲解），你可以理解为这是项目的所有需求。整个框架表示通过持续的多次迭代，增量地输出可运行的软件。图中显示的迭代是 30 天，周期可以是 2～6 周。很多互联网公司两周一次发版本，有些公司甚至很变态一周一次。每一次迭代称之为一次冲刺（Sprint）。

产品代表列表中的用户故事通常是比较粗的用户故事，产品经理选取优先级最高的用户故事到第一次冲刺中，这些用户故事还很可能进一步拆解为更小的用户故事，甚至是变成更细的工作项。什么是工作项呢？就是完成用户故事所需要的工作拆解，如某模块设计、某些数据表格的设计、某模块的代码编写等。放到冲刺中的用户故事以及拆解出来的工作项，称之为冲刺代办列表（Sprint Backlog）。

在每一次的冲刺的每一天，还会有一次每日站立会议。每日会议的时长不超过 15 分钟，每个项目成员说以下事情：

（1）最近一天做了什么？

（2）接下来一天准备做什么？

（3）有什么问题和困难？（问题和困难的解决留到会后跟进。）

每日会议是一次小迭代，每日修正一次项目的方向，保证我们一直在正确的轨道上。每日会议让问题暴露的时间不会超过 24 小时，问题越早发现解决成本越低。

上述每日会议的做法在实践中其实还会出现很多问题，本章稍后会为你继续讲解。

13.1.4　敏捷的团队架构

传统的项目团队架构是一位项目经理和若干位项目成员。项目经理是项目的灵魂人物，需要把控全局，除了要管理项目，还要需求分析、软件设计，甚至亲自写代码等。这样的团队架构往往会出现这些问题：

（1）项目经理一个人为项目操碎了心，工作任务重。

（2）为了保进度，往往会忽视需求分析工作，加班再加班，牺牲软件质量，反而导致更多项目延期。

（3）项目成员主动性差，团队协作能力差。

（4）项目经理不满意项目成员的表现，项目成员觉得项目经理不给力。

（5）……

而敏捷（SCRUM）的团队架构是以下的三种角色：

● 产品经理（Product Owner）。

● 敏捷教练（SCRUM Master）。

● 自组织的开发团队。

以上三种角色是 SCRUM 的三种团队角色，大部分实践敏捷的公司基本上用这样的模式，其他敏捷门派基本上也引用这样的团队架构或稍加延伸变化。

一次接触这样的团战架构时，你的第一反应可能是居然没有项目经理？那这三种角色中哪一种才是团队的头领呢？严格来说，这种团队架构下是没有首领的，各种角色各司其职紧密合作，但很多公司实践的效果是产品经理最大，网上还经常有产品经理和开发人员打架的段子呢。

下面详解一下这三种角色的职责，并与传统的项目团队架构做个对比。

首先，这三种角色无所谓谁最大，但大家都在一条船上，全体对项目的最终交付成果负责。

产品经理英文是 Product Owner。你可能会说：不应该是 Product Manager 吗？Product Owner 可以翻译为产品所有者、产品负责人等，但为了更加高大上，我们就用"产品经理"这个称呼吧。你可以理解为每一个产品都需要一个负责人就可以了，这个负责人我们就称他为产品经理吧。

说明：一般情况下 Product Manager 级别要比 Product Owner 更高一点，这个 Product Manager 可能要负责多个产品、某条产品线或每个领域的产品等。

产品经理就是产品的负责人，那是不是起到项目经理的作用呢？我们看看产品经理的职责：

（1）提供愿景（Vision）。

（2）提供边界。

（3）提供用户故事（User Story）的优先级。

愿景我们先简单粗暴地理解为产品的宏观长远需求，产品经理要规划愿景并且让所有干系人包括项目团队所有成员都明确地知道。

提供边界，简单说就是产品什么要做什么不需要做要搞清楚，并让相关人员知道。

提供用户故事优先级，那就是要决定哪些需求先做哪些后做。

产品经理似乎在需求方面有决定权，但他还需要特别注意这两点：

（1）要和开发团队沟通需求。

（2）要考虑开发团队的研发能力。

产品要做什么需求以及为什么需要这些需求，产品经理都需要跟开发团队讲清楚。如果开发团队不能按期交付，那么就要尊重开发团队，产品经理要考虑缩减当次迭代的需求量，将用户故事拆分为更小的用户故事等，而不是硬压开发团队，要求他们必须按期交付。

一些产品经理认为自己是高大上的岗位，而开发人员就是一堆码农，没有互联网意识。其实开发人员何尝又不是在心里面说你就是不懂技术的土鳖呢！做到第（2）个注意点，就不会出现产品经理和开发人员打架的事情了，团队才有可能在一条船上。

敏捷教练主要的工作职责有：

（1）训练团队用正确的方法做事，遵循敏捷的流程和做事原则。

（2）不代替团队做决定，不帮团队干具体的活。

敏捷教练要做到第 1 点，他不仅仅需要精通敏捷知识，并且需要有丰富的敏捷实践经验，还需要有科学的训练团队成员的方法。

第（2）点要求敏捷教练授之以渔，而不是授之以鱼。这很容易走两个极端：一个极端是敏捷教练实在忍不住了，亲自动手帮项目成员做了相关工作；而另外一个极端是，反正我不能帮你做决定，那我净给你说大道理，你自己看着办，项目成员无法领悟和落地。敏捷教练需要避免这两个极端。

敏捷教练并没有行政权力，他不能帮项目成员加工资或者扣工资，更加不能炒项目成员的鱿鱼。敏捷模式下强调人性管理，而不是行政手段，但实践中如果敏捷教练没有一定的行政权限，他可能会成为无牙老虎，或者就是纯粹的一名讲道理的角色。

第三种角色是**自组织的开发团队**，看到"开发人员"这几个字，是不是第一反应就是程序员？那些测试、运维、技术支持等都不算开发人员吗？这个开发人员是广义的开发人员，包括且不限于以下角色：

- 业务分析师。
- 程序员。
- 测试人员。
- 软件架构师。
- 数据库设计师。
- 用户体验设计师。

除了产品经理和敏捷教练外，项目中所有对项目有贡献的角色都是"开发人员"！

那"自组织"是什么意思呢？这个"自组织"才是关键！

首先我们来看一个不是自组织的例子。

在我读初中的时候，我的老师有时候会安排一个自修课。自修课的意思是老师不会来教室，我们这些初中生自己管理自己，自己认真地去学习去讨论问题。结果呢，我们非常喜欢上自修课，书就肯定不会看啦，我们就会嘻嘻哈哈、打打闹闹地很高兴地过完这个自修课。

再看一个自组织的例子。

我是面试官的时候，有时候我会为应聘者安排一种"无领导小组讨论"的面试方式。我会设定一个题目，让几位面试者在一起讨论问题，不会给他们设定领导。在这个过程中我们面试官一句话都不会说，让他们自主地讨论，得出结论，并且推举一位代表来讲解这个结论。在这个过程里面，如果哪一位表现出良好的自组织素质，那么他就很可能会被我看中。

要谈团队的自组织，首先需要个人的自组织。个人要怎样做才算是一个自组织的个人呢？

（1）你应该让你的领导省心和放心。领导只需要给出宏观的目标就可以了，你自己会去拆解目标，并且采取各种的落地行动。

（2）你会主动去承担工作。比方说你不会出现这种情况：噢，没事可干了，我就开个小差，上个微信玩个 QQ 吧，结果被领导发现了。领导就问你："你在干嘛？"你稍微带点恐惧地说："领导，我今天的工作已经做完了。"自组织的个人是不会出现所谓的"今天的工作已经做完了"这种情况的，你会主动地去找更多的工作。

（3）你会全力以赴，主动报告工作进展，有问题及时报告。

（4）你还需要跨职能地工作，帮助同事成功。

自组织的个人组成了自组织的团队，自组织的团队具备这样的特点：

（1）一起讨论需求。

（2）跨职能地工作。

（3）自我管理，主动工作。

（4）团结合作，学习进步。

（5）注重团队的承诺。

（6）一荣俱荣，一损俱损。

打造自组织团队是敏捷教练的一大重要工作，自组织团队会主动沟通、主动认领工作、主动协调、主动汇报工作等，这样的团队是不需要有分派任务和跟踪任务的项目经理的。传统项目的项目经理的职能，其实被分拆到产品经理、敏捷教练和自组织的开发团队三种角色身上了，见表 13.1。

表 13.1　传统项目经理职能与敏捷团队三角色对应关系

项目经理的职能	敏捷团队三角色
把控需求	产品经理
训练/教育/培训下属	敏捷教练
任务拆解	自组织的开发团队
任务分派	
任务跟踪	

传统项目的项目经理有时候需要兼任需求分析的工作，有些项目有专门的需求分析师，有些公司甚至叫 BA（Business Analysis，商业分析师）。需求分析师、BA 这些职位和产品经理近似，前者更多是面向传统项目，后者更多是面向互联网型项目。

13.1.5　敏捷的各种实践一览

不同的敏捷门派有各种的敏捷实践和敏捷词汇，这里就汇总一下，不能说全面和严谨，但可以帮助你尽量囊括一下这么多门派的敏捷实践。

需求方面的实践：

● 愿景（Vision）。

● 用户画像（Persona）。

● 用户故事（User Story）。

● 产品代办列表（Product Backlog）。

● 迭代代办列表（Sprint Backlog）。

● 客户全程参与。

● 最小可用产品（MVP）。

设计方面的实践：

● 简单设计。

● 刺探（spike）。

● 持续设计。

测试方面的实践：

● 测试驱动开发（TDD）。
● 自动化测试。

编码方面的实践：

● 重构（Refactoring）。
● 结对编程。
● 代码共有。
● 编码标准。
● 持续集成。

项目管理方面的实践：

● 迭代（Sprint）。
● 燃尽图（Burn-down chart），燃起图（Burn-up chart）。
● 每天站立会议。
● 每周工作 40 小时。
● 迭代评审会（Sprint Review）。
● 迭代回顾会（Restrospective）。
● 信息发射源（Information Radiator）。
● 看板（kanban）。
● 隐喻。

本书还不是专门的敏捷书籍，希望能用尽量短的篇幅就能让你了解敏捷，后续内容会讲解其中部分的敏捷实践，如果想深入学习更多敏捷知识，请参考附录 1 中的学习资料。

13.2　敏捷需求分析

大概了解敏捷是什么后，接下来就要深入学习敏捷需求分析了！敏捷需求分析的套路和本书前面介绍的需求分析过程，看上去是很不一样的。为避免干扰，请你先暂时"忘记"前面学过的内容，理解了敏捷需求分析的方法和背后道理后，我们将本书前面的内容和敏捷需求分析结合起来。

敏捷需求分析简单说也是一个由粗到细的过程，大致顺序是：产品愿景→用户画像→用户故事→用户故事地图。

13.2.1　产品愿景（Vision）

传统项目立项之前需要《可行性分析报告》，这个文档可谓又长又臭，但为了验证可行性和获得投资我也就忍了。我为某项目准备了一份很厚的《可行性分析报告》，准备找合适的投资人。有一次乘坐电梯，我居然遇到了马云！

我说："马云同学，想不想赚几百亿？"（本来想说几百万的，但估计几百万的金额吸引不了马云。）

马云一愣，我赶紧从怀中掏出一本辞海那么厚的《可行性分析报告》塞给马云，接着说："这是《可行性分析报告》，赶紧回去好好看一下，包你赚几百亿！"

电梯门开了，马云一溜烟就跑了，留下了辞海那么厚的《可行性分析报告》和拿着这个报告正在傻愣的我。

我吸取了经验教训，马云这么忙怎么可能有时间看我这个这么长的报告，我要用简短的时间和简要关键的文字来说清楚这个项目，于是我学习了产品愿景。

我人品大爆发再次在电梯遇到马云，这次我二话不说马上把我的产品愿景告诉马云。

马云表情有点异样而且欲言又止，我以为有戏了说得更加起劲，90 秒内刚好将产品愿景说完。

这时候电梯门开了，马云有一溜烟跑了，但跑之前留下两句话："你认错人了，我不是马云！对了，上次你也认错了！"

上述故事纯属虚构，如有雷同，估计是在做梦！

虽然是一个虚构的故事，但这个故事有几个关键点需要你来学习和掌握：

（1）产品愿景要从投资人的角度来描述产品前景。

（2）产品愿景要简单扼要抓住重点，能在一次电梯演讲中（90 秒内）讲完。

（3）传统的《可行性分析报告》可能会又长又臭，而且不能适应市场变化，没有弹性，而产品愿景是随着市场的变化和产品的生命周期不断演化的。

产品愿景，英文 Vision，也有人翻译为"产品远景"，本书中统一说成"产品愿景"。产品愿景的基本格式见表 13.2。

表 13.2　产品愿景（Vision）

目标用户	……
目标用户的需要或机会	……
产品名称	……
产品类型	……
关键优点/使用理由	…… ……
竞品	……
和竞品相比，我们的优势/差异化的地方	…… …… ……
我们的盈利模式	…… ……

产品愿景规划了产品 1～3 年内的战略性方向和商业前景，这个产品愿景虽然我们会不断地调整和细化，但是它的方向应该是基本稳定的。那为什么不考虑 5～10 年甚至是更长远的考虑，所谓人无远虑必有近忧？其实你要考虑 50 年甚至 100 年都是可以的，但估计没有人会给你投资。产品愿景是给投资人看的，投资人最多能容忍多长时间他的投资没有回报？一般来说，最多也就是两年，三年可能是极限了。

为了让你能更好地理解产品愿景，假设我是张小龙，现在是很多年前微信还没有诞生，张小龙会怎样写微信的愿景呢？接下来我将会以微信为案例，按照"产品愿景→用户画像→用户故事→用户故事地图"这个顺序为你拆解，帮助你理解敏捷需求分析的套路。这虽然是一个虚构情景，不太全面和严谨，而且很可能与事实不符，但应该会给你带来不少的启发。

我会写下这样的产品愿景，见表 13.3。

表 13.3　我猜测的微信初期的产品愿景

栏目	内容	说明
目标用户	智能手机用户	目标用户可能不止一种，并且会在用户画像时进一步细化
目标用户的需要或机会	电信三大运营商电话费贵，短信、彩信收费也贵，但三大运营商都提供了数据通信服务，虽然按流量收费，但可以用很少的流量实现语音、文字和图片通信	为什么不是晒朋友圈、显摆自己、社交之类的需求？其实这类需求并不算刚需，产品初期要抓住最刚性的需求。微信能帮你省通信费，这能吸引很多人用微信。 当有第一批扎实的用户后，再慢慢引导、培养和放大用户在社交方面的需求，持续扩大用户群体
产品名称	微信	当时微博很火爆，微信用了"微"这个字有借力微博的嫌疑，好的产品名字在宣传上会帮助你节省不少推广成本。 微信最开始也可能不是这个名字，为方便开展工作一般可以先定一个内部用的名字，到产品即将推出市场时再确定对外公布的名字
产品类型	手机新型语音工具	社交软件，支付平台是微信后来的产品类型和定位，最开始仅仅是暂时定位为手机新型语言工具。 一开始不可能大而全，集中在一个点做好做精，然后逐步扩大地盘。 产品类型没有严格的定义，在行内一般会对现有产品进行某种分类，可以选取其中一种贴近你们产品的。如果没有发行合适的类型？那恭喜你了，你们是这个领域第一个吃螃蟹的，有可能会很发达，但也有可能成为先驱者，成为后来者的垫脚石。 如果暂时写不出产品类型，可以先跳过

栏目	内容	说明
关键优点/使用理由	1）微信是免费的。 2）用微信发短信、打电话费用很低，特别是节省漫游话费、长途话费。 3）微信用了特殊的压缩算法，用很少的流量即可发大量短信和语音	当时微信的广告推广词是发短信免费，打电话免费，打长途免费，和家人畅谈无忧之类的。 实际上并不免费，因为要消耗流量。但很少的流量费就能实现要花很多短信费和电话费才能达到的通信效果
竞品	微博，手机 QQ，飞信，三大电信运营商的短信和语言服务	竞品，竞争对手的产品。 需要对市场前三位的竞品重点研究，必要时要研究大部分甚至是全部的竞品。当年我做一款软件产品时，几乎研究了所有能在互联网上找到的同类产品
和竞品相比，我们的优势/差异化的地方	和竞品的差异： 1）微博不是语言工具，面向群体是名人和他们的粉丝。 2）手机 QQ 仅仅是将电脑 QQ 移到手机而已。 3）飞信只能中国移动使用。 4）三大运营商的短信和语音服务，太贵了。 我们的强大优势： 腾讯有强大的资源，微信可导入 QQ 好友	一般不会和竞品正面硬拼，而是选择差异化的地方先打进去，根基稳了后才考虑正面硬拼。 内部人士认为 QQ 才是微信的最大竞争对手，手机 QQ 确实可以完全取代微信，并且 QQ 原本就有这么大的优势。我当时也很奇怪为什么有手机 QQ 了还要再搞个微信，因为林子大了各种派系都有啊，但对外要说这是内部竞争的需要。QQ 打压了很多竞争对手，但微信打压不了，还要帮忙做流量扶持。 我原本预计三大运营商会强烈打压微信的，微信直接减少了三大运营商的短信和语音服务的收入，毕竟当初 IP 电话出现的时候就遭到强力打压，但谁都阻挡不了改革开放的大潮
我们的盈利模式	抓住用户通信费方面的刚需，迅速抓住第一批用户并持续扩大用户群体，发展 B 端用户向他们收费，发展微信支付收手续费	B 端（Business）指的是公众号、微商等，面向企业和商家的。普通用户就是 C 端（Customer），面向个人。微信需要庞大的个人用户群和上规模的商家，这样才能形成提供者和消费者的良性循环。 微信支付之前一直不能撼动支付宝的地盘，但微信通过春晚红包营销事件一夜撼动了支付宝的地位。微信有庞大的用户群体后，一切皆成为可能。但不并不是说我们做互联网产品先将流量做大，然后到时再想办法盈利

　　实际项目中，表 13.3 你只需要填好第 1、2 列就可以了，第 3 列说明是教学的需要，方便你通过微信这个例子能更好地理解产品愿景，举一反三。说明中的部分内容适当做了知识延伸，供你参考。

　　微信诞生了若干年后我才使用微信的，旁边的朋友越来越多在用，总是遇到要加我微信的情况，最后实在受不了自己也用上微信了。一开始我不用微信，理由也相当简单：

（1）我手机已经有手机 QQ 了，干嘛还用一个相同功能的微信？

（2）微信这个名字与微博太相似了。

（3）微信一开机就启动还不能禁止！（开机自动启动后来取消了）

（4）晒朋友圈有啥好晒，而且晒圈只能晒给朋友，我不如晒微博，全世界都可以看！

我不用其实就是因为没有命中我的刚需，后来朋友都用了我也被迫用，这是因为我需要和朋友沟通的这个刚需。一个互联网产品的用户基数达到一定规模后，很可能会进入"自增长"的阶段，不需要强力推广，现有的用户就会帮你推广。

那个时候虽然我不用微信，但总是去观察人家怎么用微信和为什么用微信？有一次坐出租车，司机师傅用微信发了一段语音出去，接着听了对方回复，然后又发一段语音，这样不断重复。我觉得很难受，这样沟通比用对讲机更痛苦，我忍不住问司机师傅："师傅，你打电话沟通岂不是更好？不用你一句我一句的难受啊。"

师傅说："不难受，打电话电话费贵啊！"

真是一言惊醒梦中人！用短信的话，敲字麻烦、字数有限制，而且一次收费 1 毛，打电话的话电话费贵！我终于理解了当时为什么街上经常看到很多人按住手机下部一会儿，然后又将耳朵凑到手机下部的听一会儿了。下次如果我遇到外星人，我就可以跟他解释为什么地球人要这样做了（手动滑稽）。

当年电信三大运营商要打压微信的话，推出无限量低价语音短信，甚至是超长通话时长的低价话费套餐就可以了。不好意思，三大运营商是不会这样做的，我纯粹想多了。

小米对微信的推广起到了很关键的作用。智能手机原本还是奢侈品，但小米让全民智能手机的时代提早到来。小米手机上的米聊，其实也是很有机会替代微信的，或至少可以占领一定的市场份额，不让微信一家独大。小米手机的营销是很成功的，卖点就是便宜！如果再加上用米聊让你的手机通话免费，估计会更圈一大堆用户。米聊最终失败了，原因一可能是雷军同学没有发现这个商机吧；原因二就是米聊这个名字不好，让用户觉得好像只能小米手机才能用米聊，也会让友商不想推广，可能用一个中性的名字会更好一点，比方说微聊、聊聊。

互联网的产品很多，很多产品也死得很快，快到什么程度？就是你还没有知道它的存在之前，它已经消失了。很多失败的产品往往在产品愿景上出了问题，当然有一个优秀的产品愿景还不行，我们还需要持续细化和优化。

13.2.2 用户画像（Persona）

表 13.3 中目标用户写了智能手机用户，只有一种用户，这其实是不合适的。当然在产品愿景阶段，对用户划分可能还比较粗，在用户画像阶段我们需要进一步细分，一个产品有十种以上的用户也是很常见的事情。对每一种用户，我们要描绘出他们的情况，这就是用户画像。

用户画像的大致样子见表 13.4。

表 13.4　用户画像（Persona）

	基本信息		
	姓名		性别
	年龄		教育程度
	职业		年收入
性格和喜好			

期待	痛点

　　基本信息包括姓名、性别、年龄、教育程度、职业和年收入等，并不限于这些基本信息，你可以选择合适的，不追求大而全，但要命中要害。

　　性格和喜好，这个很容易理解。这个人是外向、乐观、活泼，还是内向、悲观、闷骚等？他喜欢摄影、旅游、看书、发呆、宅在家里打游戏，还是什么？诸如此类。

　　期待和痛点可能会混淆，要稍微注意一下。期待指的是目前他不拥有，如果拥有了这个东西，他的生活或工作将会更加美好，如果不能拥有也没有太大关系。痛点指的是目前已经是这样的现状了，这个状况让他生活或工作某方面会很难受，多忍受一天都受不了，希望能尽快消除。

　　除了"痛点"，但还有一个所谓的"痒点"，痒点就是让你不太舒服但也能凑合，忍一忍也就过了。痛点不太痛就变成痒点了，产品经理要发现用户的痛点，解决用户的痛点才能让用户有足够的动力使用你的产品，如果是痒点可能驱动力就不大了。

　　表 13.4 左上方的那个人公仔画像，这是该用户的卡通肖像。一般我们用卡通的有趣的方式，画出能表征该用户特点的肖像。有一次在我的现场课程中，有个小组要规划一个关于农产品在线销售的 APP，画了一个茄瓜来表示一位农民伯伯。这就是一个很有意思的肖像。有趣的肖像方便我们记忆，让我们的工作更有乐趣。但要注意不要本末倒置，如果一时画不出有意思的肖像，那就暂时不画，另外也不要把时间都花在画画上面了，用户画像一套下来你都成了漫画家了。

　　基于产品愿景，你可以细化和延伸出更多的目标用户，每一种目标用户至少可以画一个用户画像。你还可以用头脑风暴的方式列出更多可能的目标用户。列出更多合适的目标用户，是需要一定技巧和经验积累的，我尽量提供更多的思路和例子给你参考。

　　很多互联网产品都是提供一种平台，目标用户至少可以分为内容提供者和内容消费者两种，如果还涉及物流，则还有第三种目标用户就是物流公司。例如淘宝、京东这类电商网站，目标用户分商家、消费者和物流。例如爱奇艺、优酷等视频平台，目标用户至少可以分观众和影视作品制作商两种。有些互联网产品会将用户划分为 C 端用户和 B 端用户。

产品的商业模式要成功，需要形成一个利益闭环，有供方也需要有需方，产品的功能要满足多方的需求，这样才能让这个商业循环持续滚动做大。但有时候我们很容易忽略其中一类很重要的用户，例如你要做一个酒店预订的 APP，你设计了很强大丰富的功能，让住客可以很方便地找到和入驻酒店，但你居然忘记了酒店这种商家，没有酒店在 APP 上录入客房信息，APP 上面没有酒店客房可定，那住客怎么住！

小结一下，细分目标用户要基于产品愿景的商业模式，将各种端的关键目标用户都要找出来，然后逐一画出用户画像。

我们继续以微信为例子，基于前面的产品愿景，微信首先需要一个庞大的普通用户群体（C 端），然后才能逐步发展出公众号、微商等 B 端的用户，也才能进一步发展微信支付。

普通用户群体是不是就是"智能手机用户"呢？那还不行，需要继续细分，例如可以细分为学生、打工仔、出租车司机、老板等。下面分别以学生和出租车司机为例，参见表 13.5 和表 13.6。

表 13.5　微信–学生用户画像

基本信息			
姓名	李小明	性别	男
年龄	21	教育程度	大本 3 年级
职业	学生	年收入	0

性格和喜好

活泼，爱学习求上进，喜欢户外运动，喜欢交朋友

期待	痛点
找到一份好工作。 找到一个漂亮女朋友。	电话费贵，短信也不能发太多，彩信基本上不敢发，以致和家人通话时间不敢太长，交女朋友的通信成本太高

表 13.6　微信–出租车司机画像

基本信息			
姓名	张大波	性别	男
年龄	48	教育程度	高中
职业	老司机	年收入	6 万

性格和喜好

沉稳，健谈，喜欢喝茶

续表

期待	痛点
身体健康。 收入稳中有涨	上班时间太长，身体已经出现各种问题。缩短上班时间，收入又会减少。 上班重复机械无聊，想和其他司机侃大山解解闷但不方便用车载通话系统，打电话电话费又贵，发短信也不方便且发短信要花钱

作为一名作者，希望自己的作品能让更多的受众可以看到，接下来看一个作为内容提供者的用户画像，见表 13.7。

表 13.7　微信–作者用户画像

	基本信息			
	笔名	星辰	性别	女
	年龄	28	教育程度	硕士
	职业	作家	年收入	15 万

性格和喜好

知性，优雅，喜欢旅游，喜欢异想天开

期待	痛点
经济自由，放飞自我，品味人生，周游列国，环游世界	作品无人问津，难以打响知名度。 在杂志社工作各种束缚，不能用自己喜欢的方式创作

这几个用户画像中的人物都是虚拟的，这是写书的原因。但在你的真实项目中你不能用虚拟人物，你的每一个用户画像都是具体真实的一个人，你和你的团队需要去调研每一个具体的典型用户，去认真描绘他们的用户画像。千万不可一开始就将你的用户归结为那么几种用户，然后自己想象出各种用户的特点出来。我们需要从具体的、真实的用户出发，在做足充分的调研前提下，我们可以再进一步提炼出若干种典型用户以及他们的用户画像。

产品愿景、用户画像需要写在大白纸上，在办公室显眼的地方张贴出来，这个的东西叫信息发射源，也叫信息雷达（Information Radiator）。有时候越原始、越老土的做法，往往越有效。文档写出来是要用的，是要持续更新的。张贴出来全世界都可以一眼看到，视觉上的冲击会给我们带来更多的思考，并且可以随时拿起笔就直接在上面修改，随时讨论。

一个产品至少要张贴一张产品愿景，几张到几十张的用户画像。这下问题来了，你们的办公室墙不够用咋办呢？

13.2.3　用户故事（User Story）

我们直接看两个用户故事的例子，如图 13.2 所示。

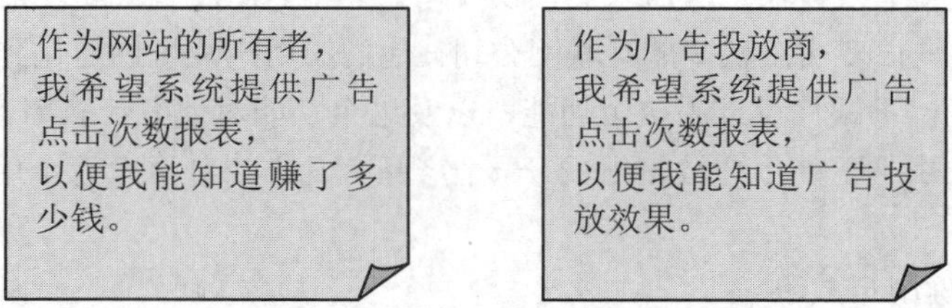

图 13.2　用户故事－广告点击次数统计报表

用户故事由三部分组成：

（1）作为……角色（处在用户的角度思考问题）。

（2）我希望系统做一个……功能（假设我就是这个用户，思考"我"需要什么功能）。

（3）以便能让我……（思考这个功能对"我"的价值）。

敏捷讲究交付价值，在交付价值驱动下工作，用户故事是这个思想的重要体现。

通常我们会说做某某功能，那好吧，你给我做一个"广告点击次数统计报表"吧。不跟你说这个功能给谁用，更加不会说这个功能对那个谁产生什么价值。你也不会思考这么多，埋头就做了。但问题是，你做出来的东西有用吗？很可能是白做呢！产品经理和开发人员没有能沟通好，导致开发人员经常重复和返工，可能就是没有能理解好用户故事。

图 13.2 的两个例子都是要做一个"广告电子统计次数报表"。左边的用户故事是给网站所有者用的，他要这个报表原因很简单，就是要收钱。他拿着这报表递送给客户说："亲爱的客户，昨天你们产品很受欢迎啊，广告点了 1 万次。之前我们说好的，每次点击 10 元，请支付 10 万！"

客户见到这个账单难道就会乖乖掏钱吗？肯定不会啦，他说："我也需要一个广告点击次数统计报表。不不，不是这个报表，你手上那个太简单了，我要更详细的，你要让我知道这个钱花哪里去了，花的值不值啊！"客户的这个要求就是图 13.2 中右侧的用户故事。这个报表会复杂很多，可能要包括点击的时间分布、用户群体分析、转化率等。

接下来请回答一个问题，用户故事分成了三个部分，你认为哪个部分最不重要呢？当然每个部分都重要，但一定要你选一个最不重要的，你选哪个？请完成这个选择再继续往下看噢。

有人的选择是第 1 个，用户最不重要，功能做好了谁都可以用啊，所以用户最不重要。

有人选择了第 3 个，价值这个东西有点虚吧，第三点应该不太重要吧？

但，我来选的话，最不重要的是第 2 个！

前面选的是最不重要，现在请选一个最重要。如果用户故事这三个部分要选一个最重要的，你选哪个？

我会选第 1 个，用户最重要！

你再回顾一下产品愿景，产品愿景第一部分的内容就是"目标用户"。为什么将目标用户放在前面，目标用户的需要或机会放在前面，而不是产品名称放在前面？我们做一个产品，首先要想到的是谁是我们的目标用户，从这些人身上我们可以怎样赚他的钱？这是敏捷需求分析的核心思想，本书前面的内容其实也是这个思路。

但可惜的是，现实中很多项目的需求文档仅仅写了功能，而没有说明功能给谁用，并且给他带来怎样的价值。哪怕是很多实践敏捷的互联网公司，他们的用户故事也简化到只剩下第 2 部分，即仅仅说要怎样的功能，不跟你说谁用这个功能，以及这个功能对他有什么用。

需求由一系列大小不一的用户故事组成，一个产品有几十个甚至上百个用户故事。用户故事有以下几个难点：

（1）发现和提炼用户故事。

（2）由粗到细地持续拆分用户故事。

（3）安排用户故事的优先级，分派到不同的迭代（Sprint）中实现。

用户故事承接用户画像进一步细化需求，每一个用户画像都可以细化出多个用户故事。

每个用户故事对应一种用户，这样就可以确定用户故事的第 1 个部分，"作为……角色"就可以写出来了。用户画像的"期待"和"痛点"部分，分别可以延伸出多个用户故事的第 3 部分，即"以便能让我……"。这个"以便"通常就是满足该用户的某点期待，或解决该用户的某个痛点。

这样你就写下了一个"作为……角色"，多个"以便能让我……"，剩下的就需要你根据用户的性格和喜好等特点，思考产品需要做怎样的功能才能让这个角色能满足某个"以便"，这样多个用户故事就诞生了。

我们分析表 13.5 学生的用户画像，微信似乎难以直接帮助这种用户满足他们的期望，不能直接帮他们找到一份好工作，也不能帮忙找漂亮女朋友或帅哥男朋友。当然微信后来的社交、朋友圈和群等功能，对找工作和找男女朋友还是有帮助的，这是后话。但微信可以解决这种用户的痛点，即帮他们省电话费、短信费和彩信费。

于是我们得这样的用户故事，如图 13.3 所示，为方便起见每个用户故事加上了序号。

用户故事①是一个比较大的用户故事，包含的内容比较多，用户故事①可以拆解为更细的用户故事②～⑤。

由粗到细地拆分用户故事，保证用户故事不多不少没有重叠，是难度很高的事情，需要经验沉淀和积累。通常一开始我们可以先识别出比较大的用户故事（类似用户故事①），后面再拆解出更细的用户故事（类似用户故事②～⑤）。

识别和提炼用户故事，由粗到细地持续拆解用户故事，虽然难度很高，但还是有一定套路的。这里简单列一下：

（1）从产品愿景出发……

（2）来自产品路线图……

（3）从用户画像细化……

（4）来自业务流程……

（5）画出客户的组织架构图，发现用户故事……

①
作为一名学生，
我希望和朋友进行语言、
文字及图片交流，
以便我能省下通信费。

②
作为一名学生，
我希望发送和收听语音，
以便我能省下电话费。

③
作为一名学生，
我希望能和朋友语音聊天，
以便我能用类似电话的方式和朋
友沟通，并且能省下电话费。

④
作为一名学生，
我希望发送和接收文字
信息，
以便我能省下短信费。

⑤
作为一名学生，
我希望发送和接收图片，
以便我能省下彩信费。

图 13.3　学生的用户故事

本书篇幅有限上述内容无法全部细说，但后面我还会继续为你讲解如何基于业务分析导出用户故事。

我们继续分析表 13.6 出租车司机的用户画像，出租车司机的用户故事应该和学生类似，但出租车司机有一个驾驶出租车的情景，行驶安全就必须考虑了。

在驾驶的情景下，我不考虑收发文字和图片的用户故事，因为这类用户故事需要看手机屏幕，影响行驶安全。当然也可以采取一些技术手段，微信可以自动读出收到的文字信息，司机听就可以了不用看。

用听和说的方式交互，对手机的硬件也会提出要求，如：手机的扬声器需要足够大声，麦克风需要足够强大，甚至要求用户需要佩戴蓝牙耳麦等。对软件的要求也会提高，比方说：音频增强、声音去噪等。

当然出租车司机的用户画像和用户故事，是我编出来的一个例子而已。似乎到目前为止，微信也没有专门针对开车中的这个情景设计过聊天相关的用户故事。其实移动中不用微信才是最安全的做法，如果微信检测到你正在开车或移动中，应提示你不要用微信，或者直接强制不让你用微信，这样可能能避免很多人边刷微信边过马路了，杜绝了很多安全隐患。

经过上述分析后，出租车司机可能不是微信要优先要推广的对象。当然如果你是滴滴的产品经理的话，出租车司机自然是优先考虑对象了。

稍微小结一下，用户分析是需求分析的重要一环。一开始可能要广度优先，尽可能考虑多种用户，但我们有可能分析后发现某些用户是不需要考虑的，或者至少不是优先考虑的。

图 13.4 出租车司机的用户故事的第 1 个部分是这样的"作为一名正在驾驶中的出租车司机"，而不是"作为一名出租车司机"，加入了定语，对角色的情景进一步细化和明确，这是一种很重要和有用的实践技巧。类似我们还可以写出这样的用户故事：

"作为一名来自贫困山区的大学生，……"

"作为一名北漂打工仔，……"

"作为一名在广州 CBD 上班的白领，……"

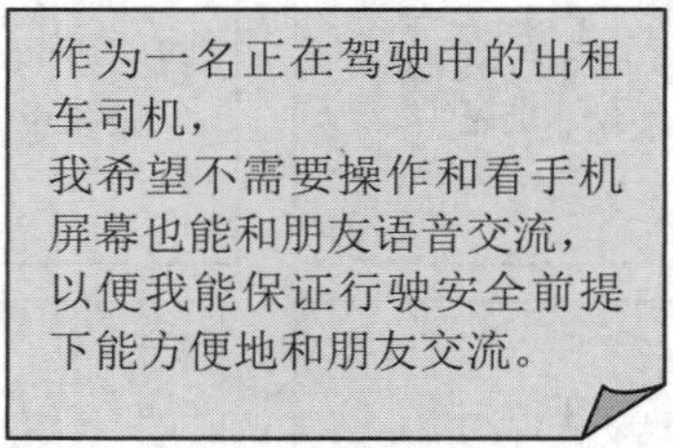

> 作为一名正在驾驶中的出租车司机，
> 我希望不需要操作和看手机屏幕也能和朋友语音交流，
> 以便我能保证行驶安全前提下能方便地和朋友交流。

图 13.4　出租车司机的用户故事

我们继续分析表 13.7 作者用户画像，微信可以帮助作者增加作品曝光量、建立粉丝群、知识变现等，所以我想到了这些用户故事，如图 13.5 所示。

> ① 作为一名作者，
> 我希望……，
> 以便我的文章能让很多人看到。

> ② 作为一名作者，
> 我希望……，
> 以便我能建立和维护的粉丝群。

> ③ 作为一名作者，
> 我希望……，
> 以便我能增加收入维持生计，这样才能持续创作。

图 13.5　作者的用户故事

这些用户故事都不完整，"我希望……"这部分没有写出来，到底要设计怎样的功能才能满足这些"以便"呢？这是对产品经理和开发团队的重大考验。

微信的朋友圈、公众号、订阅号、群聊、文章原创声明、文章赞赏、付费文章等，都在一定程度上满足了上述用户故事的"以便"。

那有没有其他更好方式也可以满足这些"以便"呢？是可以有的。微信虽然没有同类的竞品，但今日头条、知乎等 APP，这些 APP 对内容提供者、知识分享者的支持似乎更加给力。这就是竞争，作为一名作者，我就会选择最满足我利益的 APP，我不仅仅看功能是否好用，更要看能给我带来多大的流量和实际的金钱收益。

敏捷需求分析按照这样的顺序拆解需求：产品愿景→用户画像→用户故事。

前面提到产品愿景和用户画像要写到大白纸上并张贴出来，用户故事则要写到便签纸上，一个用户故事写一张便签纸。用户故事都贴在一块板上，这块板称之为"用户故事看板"。一个产品一般会有几十甚至上百个用户故事，都要贴出来是不是太夸张呢？一点都不夸张，需求写出来就是要看和讨论的，而不是存在某个电子档中无人问津。

用户故事的内容更多更细，甚至到了细节决定成败的程度。这么多的用户故事，按照怎样的优先级，分派到不同的迭代（Sprint）中实现呢？这就是下一节的内容了。

13.2.4　用户故事地图（User Story Map）

用户故事地图的"地图"这个翻译会让人产生歧义，Map 这个英文还有映射、组织方式等意思。

图 13.1 是敏捷（SCRUM）的流程框架，我们需要通过多个迭代增量地交付可运行的软件。那么第 1 个迭代实现哪些用户故事，第 2 个实现哪些，第 3 个实现哪些？这样我们会得到这样的一个表，见表 13.8。

表 13.8　用户故事地图

账号	通讯录		聊天	文章	
手机注册	导入 QQ	导入通讯录	发送语音		迭代 1
	添加好友	删除好友	发送文字		
微信号	黑名单		实时语音	图文文章	迭代 2
头像	分组		发送图片	订阅	
私隐	标签		多方语音	文章嵌入声音	迭代 3
			发送视频		

这个表就是用户故事地图，为方便阅读，这个例子进行了简化。用户故事地图其实就是软件的版本发布计划。

我们假定一个月发布一个版本，表中有迭代 1、迭代 2、迭代 3 三行，当然真实的用户故事地图可能有若干行，不一定是三行。每一次迭代包含哪些用户故事呢？那就在对应的这行中放入相应的用户故事，表中的用户故事进行了简化，仅列出了用户故事的标题，实践中你的用户故事要包含三部分内容，不能偷懒。表中有多列，分别是账号、通讯录、聊天、文章。这些是用户故事的分类，不同的产品分类情况不一样。

迭代 1 中没有文章类的用户故事，在迭代 2 开始才实现文章类的用户故事。这是考虑到需要先建立用户群体，有一定用户基数发文章才有意义，所以迭代 1 暂不做这方面的用户故事。

聊天类的用户故事，迭代 1 只考虑发送语音、发送文字。发送语言指的是能收发语音，录一段发一段，还不是类似通电话的效果，实时语音在迭代 2 才实现，三方及多方语言通话在迭代 3 中才实现。发送文字指的是只能收发文字信息，不支持图片，发图片在迭代 2 实现，发视频在迭代 3 中实现。

敏捷的 12 个准则的第 1 条，我们最高目标是通过尽早和持续交付有价值的软件来满足客户，用户故事地图充分体现了这条准则。迭代 1 的用户故事实在太弱爆了，我都不好意思发布，要不多做点功能出来才发布吧？但这需要更长的时间，不符合"尽早"和"持续交付"。

要不先集中火力，迭代 1 先将账号类的用户故事全部做出来吧，账号类的都是同一个模块的，在技术上可以重用很多东西，避免很多重复工作呢！这是工程师思维下的一种工作思路，有一定道理。但这样做出来的微信并不能马上投入使用，只有账号类的功能，不能加好友，不能发语音，谁用啊？

对用户故事进行合适的拆解和细化，分派到不同的迭代（Sprint）中实现，要兼顾以下各方面的考虑：

（1）每个项目团队的规模是固定的，一个团队每个月的产出能力也是固定的，要考虑团队的工作能力。

（2）要考虑交付价值，哪些先做哪些后做，用户故事怎样搭配等。

（3）规划软件的底层、架构、框架和数据库设计等，而不是见一步走一步。

13.2.5 最小可用产品（Minimum Viable Product，MVP）

最小可用产品是精益的最核心内容，我们通过一个例子来理解一下。

有位美女客户想要一辆酷炫的跑车，你说："好的，没问题，一年后交付给你！"然后这位客户盼星星盼月亮盼了一年，终于得到了她心爱的跑车。

生产一辆跑车是一个复杂的过程，要经过很多工序和步骤，一年时间不长啦。这是传统的交付方式，如果我们用最小可用产品的方式来交付呢？

有位美女客户想要一辆炫酷的跑车，你说："好的，没问题，一周后有消息！"

一周后，你就给了她一个滑板，美女可以先凑合用着；一个月后，你给她一辆自行车；几个月后，你给她一辆摩托车；……；一年后，你给她心爱的炫酷跑车！你最开始给她的滑板就是最小可用产品，美女可以用它凑合满足一下出行的需要。

这个例子是不是有点牵强呢？哈哈！

如果再换一种交付方式呢？

一个月后，你跟美女说："亲爱的客户，汽车的轮子已经做好一个了，你先拿去用吧？"

两个月后，你跟美女说："方向盘也做好了，先给你拿去练练手吧。"

……

十个月后，你跟美女说："引擎做好了，你要不要拿回家发动一下？"

……

看了上述的交付方式，你想不想打人？

上面这个例子虽然不严谨，但应该比较生动有趣地让你理解什么是最小可用产品了吧？

按照汽车零部件的方式进行生产，这是工程师的视角。对于用户来说，你给我一个车轮、一个方向盘，没有交付价值。但如果给用户一个踏板车、自行车、摩托车，虽然距离炫酷的跑车有距离，但至少能凑合用啊！

表 13.8 用户故事地图，迭代 1 就是最小可用产品，后续的迭代是在最小可用产品的基础上增量交付。

设计这个最小可用产品并不简单。前面有个酒店预订 APP 的例子，最小可用产品居然漏了酒店这种商家，这个 APP 就无法形成商业循环。小明曾经设计过一个自认为很优秀的最小可用产品，结果上线几天发现没有人用，后来才发现忘记做"用户注册"这个用户故事了，OMG！

如果你的产品是一种平台，那么最小可用产品至少要包含内容提供方和内容消费方的必要用户故事，而后续迭代每次增量发布，增加的用户故事也需要配套。要搞清楚用户故事之间的依赖关系，有时候漏了一个用户故事，会导致其他用户故事没有人用，白做！

13.2.6　产品经理与开发团队的协作

网上有一个产品经理与开发人员打架的故事，这是真的吗？

产品经理提出了这样的要求："手机 APP 的颜色，能根据用户手机壳的颜色自动改变！"

开发人员："简单，让用户自己选择一下颜色就可以了。"

产品经理："靠，我说的是自动改变颜色，自动，老兄，不是手动！"

开发人员犹豫了一会，说："做不到啊！"

产品经理很嚣张地说："这都做不到，亏你是技术大牛！我告诉你怎么做。每个手机都有前置摄像头，摄像头可以拍到用户瞳孔里面手机壳的颜色！"

然后开发人员就发扬能动手绝不动口的精神来解决问题了……

本案例纯属虚构，如有雷同，祝你好运！

产品经理和开发人员的矛盾可谓路人皆知了，产生矛盾的主要原因有：

（1）产品经理和开发人员不在一条船上。

（2）互相瞧不起对方，产品经理认为开发人员没有互联网意识，开发人员认为产品经理不懂技术。

（3）产品经理和开发人员没有团队作战。

看了前面的内容，不知道你有没有这样的感想：就算是敏捷需求分析，工作量也是很大的，特别是用户故事要拆分得这么多和这么细。这些工作并不是产品经理一种角色完成的，需要全体参与和协作完成。

产品经理是团队中对产品理解最深刻的角色，他主导产品愿景和用户画像的工作。用户画像可能有十种以上，产品经理可将部分工作分派给开发人员完成，共同讨论。

用户故事少则几十个，多则上百个，甚至几百个，而且要拆分得很细，工作量极大。产品经理主要工作是根据产品愿景和用户画像，给出大的用户故事即可。而用户故事的拆解和细化，由开发团队负责。期间开发团队和产品经理要保持紧密的沟通，欢迎有分歧有争论，这是好事！

争论的解决办法如下：

（1）需求方面的争论，产品经理要听取开发团队的意见，但最终由产品经理裁决。

（2）关于工期、工作量、实现方法方面的争论，开发人员说了算。

这下可能就尴尬了，有个用户故事产品经理认为必须在 MVP 中发布，但开发团队说这个用户故事技术复杂，在工期内无法交付。怎么办？很多老板的做法就是：加班！

按照上述的争论解决办法，需求产品经理说了算，但工期开发团队说了算，那咋办啊，矛盾岂不是不可协调？争论解决的最根本原则是大家在一条船上！只要你们都在一条船上，都是自己人，你们就能找到解决问题的办法。

你们可以尝试继续拆解出更小的用户故事，你们目前的最小可用产品可能还不算最小。比方说注册这个用户故事，先做成超级简单的，输入手机号码收验证码就可以了，邮箱、密码、密保问题等后面的迭代才考虑。又比方说，图 13.3 学生的用户故事，①号用户故事拆解为更小的②～⑤号用户故事，MVP 只实现②号用户故事，即可以仅实现语音发送，而且还不是实时语音聊天。要实现类似电话的语音聊天效果，对网速、压缩算法、解压算法等都有要求，需要一定的工作量才能搞得定，迭代 1 内搞不定。如果实在无法再拆解出更小的 MVP，那可以考虑延长迭代 1 的工期。

产品经理和开发团队不要将对方摆在对立面，大家都是自己人，我们都需要跨职能地工作。在产品经理的带领下，整个团队一起分析需求、拆解需求，其实是一件让人很开心的事情。

你可以对照一下第 11 章需求分析的团队作战，UML 模式下和敏捷模式下的团队协作，其实有异曲同工之妙。

13.3　左手敏捷，右手 UML

本章看到这里，相信你对敏捷和敏捷需求分析已经有一定程度的理解了，再加上前面的 UML 修炼，现在你可左手敏捷，右手 UML 了！

图 10.1 需求分析全过程的活动图将需求分析分为战略分析、需要分析、业务分析和需求细化四个阶段，我们即将与敏捷需求分析进行对比。如果你不太记得之前的内容，记得先复习一遍。

13.3.1　产品愿景 vs 战略分析

项目的战略分析，要回答这几个问题：

（1）要用一个"故事"来说明项目的来由，这个故事的表达格式是：

● 甲方是一家怎样的公司：……

● 没有该系统之前，甲方是这样工作的：……

● 当前的工作方式，出现了这样的一些问题：……

● 出现了……导火索，以致（哪个领导）萌生了做这个项目的想法，期望达到……的效果。

（2）该项目能帮助甲方实现哪些核心价值？

（3）该项目对甲方的重要性如何？

（4）要成功完成这个项目，甲方有哪些有利条件和不利条件？

（5）要成功完成这个项目，乙方有哪些有利条件和不利条件？

（6）乙方应以怎样的战略来应对这个项目？

这个表达格式是针对传统项目的乙方来设计的，如果用"产品愿景"的方式来表达会怎样呢？见表 13.9。

表 13.9　产品愿景 for 传统项目的乙方

栏目	内容	说明
目标用户	[列出甲方的关键用户]	战略分析中用一个"故事"说明项目的来由，描述客户当前的工作方式，从中可以发现很多关键用户
目标用户的需要或机会	[列出甲方当前工作中存在的问题]	从战略分析的那个"故事"中可以找到甲方当前工作中存在的问题
产品名称	……	---
产品类型	……	---
关键优点/使用理由	[帮助甲方实现哪些核心价值] [列出乙方的有利条件]	对应战略分析问题（2）、问题（5）
竞品	……	有可能没有竞品
和竞品相比，我们的优势/差异化的地方	…… ……	---
与当前工作模式相比，本项目带来的改变	[相对于当前工作模式，本项目能带来的改变和好处等，要从甲方老板的角度来描述，如效率提高、节省成本、销量提升、利润增加等]	某种意义上说，"当前工作模式"就是某种竞品。
我们的盈利模式	---	这个栏目可以去掉

将战略分析的内容"硬生生"转换成产品愿景的格式也是可以的，无论是战略分析还是产品愿景，都是高层次地把控项目/产品的需求和商业模式。如果是传统型项目的乙方，战略分析的模式会更合适，而且分析出来的内容更多更深入；如果是互联网型的产品并且你是甲方，那么产品愿景的方式会更合适。当然，理解了战略分析和产品愿景后，你完全可以变通地应用。

13.3.2　用户画像 vs 需要分析

需要分析中要找出关键涉众（干系人），分析涉众的利益和待解决的问题等，这些内容其实就是用户画像中的重要内容，见表 13.10。

表 13.10 用户画像 vs 需要分析

	基本信息			
	姓名		性别	
	年龄		教育程度	
	职业		年收入	
性格和喜好				

期待	痛点
[对应需要分析中涉众利益]	[对应需要分析中涉众待解决的问题]

传统项目的需求分析完全可以直接使用用户画像，而且分析出来的内容更丰富，用户画像的形式也更有意思。当然你还需要继续分析项目目标、项目范围和项目成功标准等。

13.3.3 用户故事 vs 用例图

用户故事的三部分如下：

（1）作为……角色（处在用户的角度思考问题）。

（2）我希望系统做一个……功能（假设我就是这个用户，思考"我"需要什么功能）。

（3）以便能让我……（思考这个功能对"我"的价值）。

用户故事与用例图的对应关系如图 13.6 所示。

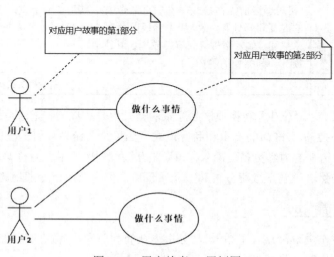

图 13.6 用户故事 vs 用例图

用例图中的执行者（Actor）相当于用户故事中的"作为……角色"，用例图中的圈圈（用例，Use Case）相当于用户故事的"我希望系统……"。那用户故事的第三个部分"以便……"对应用例图的哪个部分呢？你不要忘记了，每个用例还有一个用例表（表 7.1），用例表是对用例的进一步细化。用例表的其中一栏"描述"，要说明本用例的目标，这个部分的内容相当于用户故事的第三个部分"以便……"。

用户故事三个部分的内容都可以在用例图中找到对应的部分。我们再看看两者的组织方式，用户故事可以由粗到细地逐层分解，用例可以通过 Include 和 Extend 分解和细化，基本上两者的组织方式有异曲同工之妙。

细心的你可能还会发现，用例图的用例表内容很丰富，例如有基本流、可选流、异常流等内容，而用户故事就没有这些内容了，也就是说用例图的表达能力和详细程度更加强大。

现在要补充一个很重要的知识了，用户故事其实有四个部分！除了前面提到的三个部分，还有第四个部分，这个部分叫满意条件，用户故事要达到这些要求才叫"满意"，这部分内容也是用户故事的测试标准和验收标准。满意条件需要写出以下的内容：

（1）业务流程的要求。

（2）业务数据结构要求。

（3）各种限制条件、约束、要求等。

（4）用具体的数据和例子进行进一步的说明（即测试用例）。

上述的这些内容在用例表中也有。

用户故事是由粗到细地持续拆解的，较大的用户故事不需要写第四部分的，但当用户故事拆解到最细的程度时，就需要写出第四部分。用户故事的第四部分内容，可以写在便签纸的背面，也可以另纸书写。

用户故事和用例图基本就是等价的，但表现方式不一样，两种不同的表现方式会带来不同的效果。用户故事写在一张张的便签纸上面，非常方便分解工作、讨论需求和更新需求，便签纸这种载体让产品经理和开发团队很容易一齐讨论问题，更容易打破开发人员的"闷骚"，更容易达到团队协作的效果。用例图的方式往往需要用某个 UML 软件画出来，就算用纸来画，也不太方便将用例碎片化，很容易出现一个人画图其他人仅仅是看的情况。

你可以继续使用用例图不用用户故事，但要注意团队协作的问题。你也可以使用用户故事替换用例图，而其他 UML 图则继续使用。

13.3.4　B 端和 C 端需求分析的区别

互联网行业里有 B 端和 C 端的说法，还会有 B 端产品经理和 C 端产品经理。B 端代表企业用户商家 Business，C 端代表消费者个人用户 Customer。以微信为例，微信的 B 端客户就是各种企业和商家了，这些客户可能想用微信作为办公平台，可能想发布企业新闻和产品信息，可能想经营微商，可能想微信收款等。微信的 C 端用户就是广大的人民群众了，我们需要刷圈圈、晒照片、微信支付等。

有人说，B 端的需求分析与 C 端的需求分析有很大区别。总体来说，做 B 端需求分析比较痛苦，需求自己说了不算，而 C 端就比较自由，需求可以自己定。商家和消费者自然就是很不同的用户，对他们做需求分析自然是很不同，但这并不是本质的不同。

觉得做 B 端需求分析很痛苦，那是因为你是乙方，而不是 B 端的原因。例如：微信做 B 端功能就不会很痛苦，因为微信是腾讯自己的，微信的 B 端功能完全可以自主决定，商家和企业还要认真去学习微信的相关功能呢。觉得 C 端做起来很爽，那是因为你是甲方，这个软件/APP 是你们公司的产品，最终是你们想怎样做就怎样做。

这是我要澄清的关于 B 端和 C 端第 1 个误区：B 端需求分析并不是比 C 端难，而是因为你是乙方。有句话是这么说的："上辈子造的孽，今生做乙方还！"做乙方是很苦的，你懂的，以下省略一万字……

关于 B 端和 C 端的第 2 个误区：将产品经理分成 B 端和 C 端，这样划分割裂了产品的商业闭环。微信有庞大的消费者用户，才可能会有商家对微信感兴趣，微信才能将流量转化为收入。商家在微信上发布内容，这些内容要能及时和精准地投送到目标用户身上，并且不能引起消费者用户的不满。B 端和 C 端功能是需要配套的，要形成闭环，并且通过产品运营要形成一个良性循环。

大部分的互联网产品同时会有 B 段和 C 端用户，互联网的赚钱模式是"羊毛出在猪身上"，C 端用户就是羊，他们不需要付费，付费的是 B 端用户，他们就是猪了（哈哈）。产品经理分成 B 端和 C 端两种，很容易割裂产品经理的视觉，视野不够大，不理解和驱动不了"羊毛出在猪身上"的商业模式。

当然除了甲方和乙方这两种角色给需求分析带来不同的难度和体验外，B 端的业务逻辑一般会比 C 端的复杂度和难度大很多，业务复杂度同样会给需求分析带来不同的难度和体验。当然 C 端的业务复杂度也可能会超出你的想象，比普通企业的业务复杂度要大很多。我曾经做过一个建筑工程量三维自动计算的软件，面向用户就是 C 端用户建筑造价工程师或从业人员，业务的复杂度超级恐怖，你要专门学几年相关专业可能才算入门。又比如，你要做一个金融数据分析软件，你要精通金融行业，还要精通各种的机器学习算法等。

图 10.1 将需求分析分为战略分析、需要分析、业务分析和需求细化四个阶段，业务分析阶段是本书重点讲解的内容。就算是互联网模式下的敏捷需求分析，业务分析也是相当重要的。

13.3.5　基于业务流程分析导出用例图或用户故事

现实中，很多互联网型的公司都没有用 UML，跟他们说业务分析很重要，他们会说：我们也做业务分析啊，但 UML 太重型了，不敏捷，我们不用！

请先复习一次第 10 章的内容，其中图 10.7 为请假申请审批流程顺序图。看了这个图，你会不会觉得有点无聊？似乎在某些场景下，顺序图分析业务流程没有太大的效果。

顺序图分析的是人与人、人与系统、系统与系统之间关系的一种图，图 10.7 其实还缺少了一种很重要的交互对象，就是考勤系统！系统上线之前与上线之后的业务流程是不一样的，上线之前没有系统，流程三剑客可以帮助我们理清客户当前的业务现状，并且我们还可以做业务流程再造

（Business Process Reengineering，BPR）。系统没有上线之前，客户当前的工作模式我们姑且称之为"人肉系统"。

系统上线后，一种重要的交互对象就上线了，就是你做的这个软件系统，原本人肉系统中的各种角色是不需要和软件系统交互，现在他们都需要和软件系统交互，所以业务流程一定会发生重大改变，你需要用顺序图重新将所有关键业务流程画一次，并且必须将软件系统这种重要的角色加上去。这时候后你会发现，顺序图中各种角色与软件系统的每一次交互，都可以提炼出一个到多个的用户故事或用例，参见图 13.7。

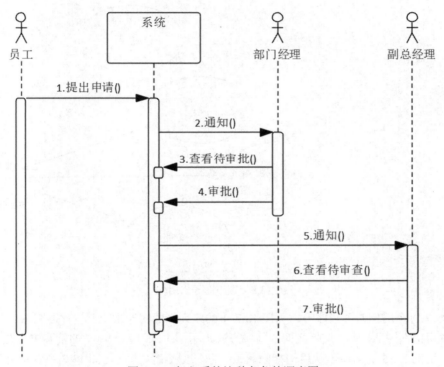

图 13.7　加入系统这种角色的顺序图

首先要说明一下，由于篇幅所限，对照图 10.7，图 13.7 省略了系统与总经理、行政部的交互，实际项目中不能省略。

图 13.7 只画出了经典路径，就是假设申请是批准的，我们先将这条路径打通。用流程三剑客分析流程时，先将经典路径（通常是最长路径）打通，这是一种很重要的流程分析技巧。图中一共有 7 次交互，每次交互都是其他角色与系统这种角色的交互，其他角色之间没有直接交互。当系统上线后，原本人肉系统中需要各角色直接交互，都变成了和系统交互，然后由系统来驱动流程的下一步。

通过其他角色与系统的交互，可以导出用例，参见图 13.8。

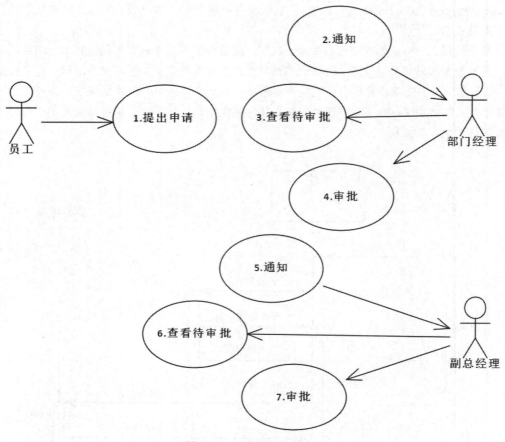

图 13.8　顺序图导出用例

图 13.8 中每个用例都加了序号，与图 13.7 中的序列图的每一次交互的序号对应。

请留意用例图中 Actor 与用例之间的箭头方向，用例 1、3、4、6、7 的箭头方向是从 Actor 指向用例的，用例 2、5 的箭头是从用例指向 Actor 的。这些箭头方向与图 13.7 中各角色与系统的交互的消息方向是一致的。

例 1：图 13.7 中的"1.提出申请"，箭头由员工指向系统，对应图 13.8 中的员工指向用例"1.提出申请"。

例 2：图 13.7 中的"2.通知"，系统发送通知给部门经理，消息箭头方向是系统指向部门经理，对应图 13.8 中的"2.通知"用例指向部门经理，表示系统满足某些特定条件后主动发送通知给部门经理。

图 13.7 中还有一些重要的交互没有画出，员工提出请假申请后，申请是被批准了还是拒绝了，系统也可以发送消息给员工，员工也可以主动去查看请假的状态。这些内容补充进去后，我们可以导出更多的用例。

这个例子就是基于业务流程分析导出用例的例子,这是由业务分析阶段转向需求细化阶段的一种重要实践技巧。我们可以假设系统已经上线,将所有的关键业务流程用顺序图重新画一次,加入系统这种重要的角色,将每个流程的经典路径打通,每种角色与系统的每一次交互,都可以提炼出至少一个用例。用这种方式导出的用例是可以驱动客户的业务流程的,至少能帮助你获取大部分必要和有用的用例。

图 13.8 中用例“2.通知”和“5.通知”不是一样的吗？类似的,用例 3 和 6、用例 4 和 7 也不是一样的吗？这个问题在之前的第 10 章已经回答过,这些用例是不一样的,看上去仅仅是标题一样而已,但内容是不一样的。用例 5 通知副总经理,副部门经理得到的信息不仅仅有谁请假的信息,还可以附上部门经理的审批意见,这与用例 2 的通知内容就很不一样了。类似,用例 3 和 6、用例 4 和 7,都是不一样的。

从 MVP 的角度来说,通知用例不需要优先实现,MVP 可以先实现满足关键流程的最少步骤就可以了。

前面说的都是业务流程分析导出用例,其实同样也可以导出用户故事。图 13.7 的“1.提出申请”,消息从员工指向系统,于是就可以得到“作为一名员工,我希望可以提出申请,以便……”这样的用户故事框架了。“以便……”这部分你应该怎样写呢？可以与人肉系统比较,人肉系统下你要驱动全过程,部门经理审批完了,你要拿着申请去找副总经理。所以这个用户故事就可以写成:作为一名员工,我希望可以提出申请,以便我可以启动这个请假流程,并且可以随时方便地了解进展。类似地,你可以导出其他的用户故事。

互联网型的产品也可以用上述类似的方式导出用户故事。我们仍然以微信为例,朋友 1 发送一条朋友圈,然后朋友 2 看到这条朋友圈,点赞和评价,朋友 1 回复这个评价。这是一个业务流程,形成一种闭环,用顺序图分析这个过程,你会得到很多有用的用户故事。作为公众号的商家,他编辑一篇商品介绍的文章,然后群发,关注用户收到通知、查看和留言,商家查看阅读情况、回复留言等。这个过程也可以用顺序图分析一下,得到一些很有用的用户故事。

互联网型的产品其实业务流程也会有很多,特别是有 B 端和 C 端用户的产品,有很多贯穿 B 端和 C 端的业务流程,更加需要我们去仔细分析,如何让流程更合理,如何更好地驱动商业模式,如何形成更好的商业循环等。

用户故事和用例图基本就是等价的,就是表现方式不一样而已。你可以用以下两种方式之一开展你的需求分析工作:

(1)用例图 + 流程三剑客。

(2)用户故事 + 流程三剑客。

13.3.6 业务建模在互联网行业的应用

业务建模包括业务行为建模和业务结构建模,前面一小节基于业务流程分析导出用户故事或用例,就是业务行为建模带来的效果。用类图来分析互联网产品的业务概念,有人说小题大做,本小节通过一些例子来学习和感受一下互联网产品的业务结构建模的威力。

我们以京东的下单页面为例，你可以选一些商品加到购物车，然后点结算。请认真观察这个下单页面，里面有什么业务对象，并且它们是怎样的关系？温馨提示：请不要真的去买单了，我不会帮你报销的。如果你忘记了类图，请记得先去复习第 3 章分析业务模型——类图。

普通消费者看到的就是一个结算界面，但你不是普通人，你是需求分析师，你是产品经理，你要看得更多和更深！相关的信息有：

- 商品信息，包括价钱、数量等。
- 收件人信息。
- 支付信息。
- 送货信息。
- 发票信息。
- ……

但这样还不够，我们要用类图进一步分析，请看图 13.9。

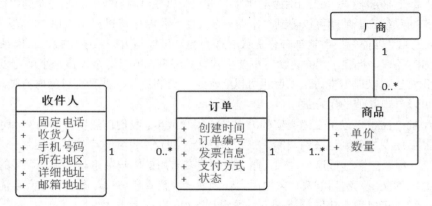

图 13.9　某购物网站订单的类图 1

请思考，图 13.9 的建模合适吗？

这其实只是一个简单的建模，还有很多不足的地方。多年前，我曾经在一个订单中购买了多个商品。本来京东送货很快的，但过了几天还没有收到，我打开订单一看，原来其中有 1 个商品没货导致整个订单卡住了，其他有货的商品被拖累一并没有发出。我心里面就骂：京东这么蠢的，有货的你不能先发吗？！当然京东很快就改进了，一个订单中的商品有可能会被拆分成多个，根据不同的发货地、厂商等拆分，根据有没有货拆分等。

图 13.10 是进一步的分析，这个类图更加复杂。京东、天猫等购物网站，他们的业务模型其实一直在持续演化和优化中，图 13.9 和图 13.10 仅供参考，不要硬套。

图中有"订单状态"和"送货状态"，这些状态有哪一些呢，状态之间如何转换呢？是不是状态机图又可以上阵了？消费者发起订单后，平台或商家要发货，物流要派送，消费者收货，平台要跟踪整个过程，这整个过程是不是比较复杂的业务流程？流程三剑客是不是可以上阵了？

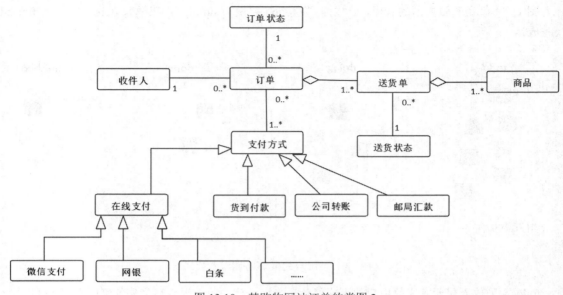

图 13.10 某购物网站订单的类图 2

由于书本的篇幅关系，没有对京东等购物平台进行更详细的建模拆解（包括结构建模和行为建模），但你可以联想到其他的例子，例如微信、滴滴等，这些系统的建模估计也会相当复杂。我们并不是为了建模而建模，建模为商业模式服务，建模让我们更加能吃透事物的本质，设计出更合理的用户体验和系统架构。所以不要再说互联网型项目和产品不需要 UML 了，UML 是一大神器，不会用 UML 你亏死了。

13.3.7 每日会议+看板+UML

回顾一下每日会议的三个事情：

（1）最近一天做了什么？

（2）接下来一天准备做什么？

（3）有什么问题和困难？（问题和困难的解决留到会后跟进。）

多年前第一次实践每日会议，我们很兴奋。但过了两三周，每日会议很快变成僵尸大会，变成项目经理大战僵尸。大家的兴奋度降低了，并且每天都说一次昨天做了什么，今天要做什么，我们觉得很无聊。

我寻思：项目进度计划中，大家每天做啥不是写得清清楚楚吗，干嘛每天说一次？每日会议变成了每日工作报告会和检查会了。于是我做了一个大胆的决定，以后每日会议 1 和 2 都不用说，直接说问题和困难就可以了。于是每日会议最快 10 秒钟搞定，大家一碰头眼神一交流，有问题马上看出来，没问题马上散会。

后来又学习了看板，每日会议在看板前面开效果更好！

图 13.11 就是一张典型的看板，分成四列：todo（要做）、doing（正在做）、done（做完）、finised（完成）。

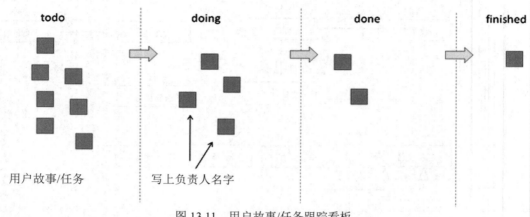

图 13.11 用户故事/任务跟踪看板

todo 一列放入需要完成的用户故事或任务，当前迭代的第一天有很多便签纸贴在了 todo 这一列，而其他三列暂时是空白的。而在 todo 这一列的用户故事/任务按由左到右由上到下的顺序贴好，如图 13.12 所示。

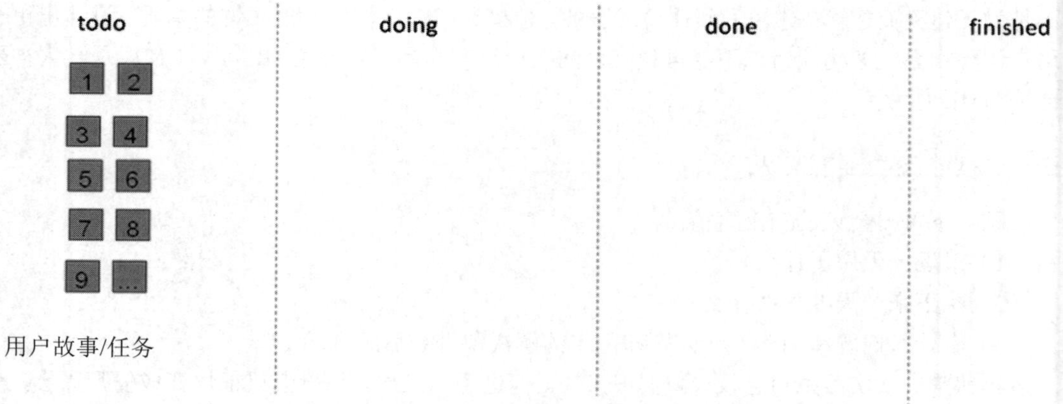

todo	doing	done	finished
1 2 3 4 5 6 7 8 9 ...			

用户故事/任务

图 13.12 用户故事/任务跟踪看板—day 1

图 13.11 的 todo 列中的序号，表示这些工作的先后顺序，并且已经事先确定大致谁负责哪个工作。所以相应的负责人按优先级取下 todo 列中的代办事项，写上自己的名字，贴到 doing 列中。如果相关已经做完，从 doing 列中取下放到 done 列中，如图 13.12 所示。

放到 done 列中的代办事项，还需要经过测试，确认无误后，由测试工程师将其放到 finished 列中；如果通不过测试，则说明未完成，要重新放回 doing 列。

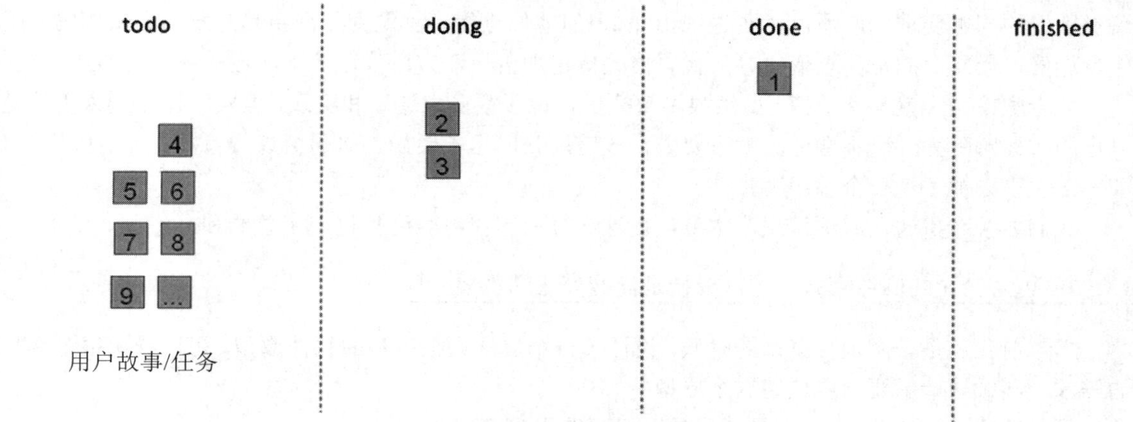

图 13.13　用户故事/任务跟踪看板－day n

看板这样的方式，是一种简单、直接、非暴力的项目任务拆解与跟踪办法。请再仔细看一次上面的描述，是项目成员自己取下便签纸从 todo 列放到 doing 列的，然后从 doing 列放到 done 列。如果通过测试，是测试工程师从 done 列取下放到 finished 列的。这些动作是自组织的开发团队自己完成的，无需项目经理干预。

这些便签纸在各列中移动，并不是在每日会议中进行的，而是随时进行。这块看板就在你们的工作场所中，谁完成了相关工作马上去移动便签纸。这块看板应该实时展示项目当前的进度和状态，而且是交付价值驱动。

这样带来的一个额外好处就是，领导问你要进度报告的时候，你可以说："领导，请看我们的这张看板，这里实时展示了项目的进度。"你担心领导看不懂？你放心好了，能做你领导的人比你聪明多了，你稍微说明一下，领导就会秒懂了。

todo 列除了放用户故事或任务，其实也可以放用例。如果你使用了用例图而不是用户故事，你可以将用户故事的编号和标题写到便签纸上，放到 todo 列。除了用例图，你们还会画其他的 UML 图，特别是各种业务流程图，业务概念分析图等。这些 UML 图你们仍然可以用电子文档的方式，但要驱动大家要充分用好这些电子文档，你也可以将部分重要的图打印出来或直接手绘，贴到白板或墙上。

本小节融合了每日会议、看板和 UML，是不是有点妙不可言呢？哈哈！

13.4　融会贯通，海纳百川

敏捷的人抗拒 UML，抗拒一切非敏捷的东西，严格来说他并不是敏捷，而是死板！请再仔细体会一下敏捷 12 原则中的这一条：对技术的精益求精以及对设计的不断完善将提升敏捷性。敏捷是一种开放和学习的心态，是一种持续改进的心态。

曾经遇到有学员问我敏捷对单元测试覆盖率有什么要求，怎样的覆盖率才合适？原来他们公司负责敏捷的同事要求他们覆盖率要达到 100%，但他们觉得太难做到了，要写开发和测试代码，工作量加倍，最要命的是需求变更时，代码修改量也加倍。双方讨价还价下，覆盖率定为 50%。

死套敏捷其实就是不敏捷！虽然很多敏捷资料说了很多大道理和实践，但实际操作起来仍然是以你的实际感受为主，不合适的就不要做，拔苗助长的也不要做。每日会议 3 件事，直接将第 1 和第 2 件事去掉了，一个字：爽！

我们要融会贯通，海纳百川，本章最后这部分内容我将会为你进一步总结和升华。

13.4.1　理解公司的商业模式，需求分析是商业模式的重要一环

多年前我还是一个项目菜鸟的时候，设计了一个自认为很厉害的软件原型，可以导出很多客户的需求，向领导请示要不要使用这个原型。

领导哈哈一笑："这个原型是挺好的，但不能用！"

我一脸懵，心想："为什么啊？"

领导继续说："你这样会导出客户很多需求，提高了期望度，项目就这么多钱，后面就不好收拾了。"

当时作为菜鸟的我似懂非懂，但不久后我就想通了。所谓的客户是上帝、让客户满意之类的说法，就是说给客户和外界听的而已，是门面话，实质上需求分析是为商业模式服务的，需求分析是商业模式的重要一环。简单粗暴地说，就是帮助你老板赚钱，你要先搞清楚你的项目和你们公司是怎样赚钱的，这样才能把握好需求分析的方向、策略和技巧。

下面分析三种类型项目的商业模式和需求分析策略，当然实际情况肯定不止一种，相信你能举一反三地应用。

传统型项目：有甲方和乙方，双方签署合同，合同规定了项目价钱和工期，你是乙方。

产品型项目：Office 软件、财务软件这类软件就是产品，开发产品的项目就是产品型项目。

互联网型项目：新浪网、微信、滴滴等就是互联网型的项目。

继续阅读下去之前，请先思考这两个问题：

（1）这三种类型的项目，哪一种的需求最刚性？

（2）这三种类型的项目盈利模式是怎样的？

13.4.2　传统型项目的商业模式和需求分析策略

假设一个项目合同金额是 100 万，项目实际成本是 90 万，那是不是该项目就能赚 10 万？那还不一定，请看下面这个故事。

老板把小明叫到办公室，拍着小明的肩膀说："小明，公司接了一个很重要的项目，你是我们公司最厉害的项目经理，这个项目非你莫属啦！"

小明心里想："天呐，又来了"，但表情上还是满怀感激地说："谢谢领导！"

但是小明并没有急着拍胸口，他继续说："这是一个什么项目呢？合同金额多少？领导你打算给我多少预算？"

老板说："合同金额 100 万，给你的预算 50 万。"

小明说："才给 50 万预算啊，老板您要赚 50 万？"

老板说："小明啊，不是的，这个项目公关费就花了 50 万，所以只能给你 50 万预算。"

小明突然明白了，心想："原来是公关费啊，这水真深！"

小明说："老板辛苦了，这个项目原来不赚钱！我会将这个项目做好，并尽量节省成本，争取帮老板您赚一点钱。"

上述故事纯属艺术创造，如有雷同，那有可能就是真的（艺术来自于生活嘛）！

传统型项目的赚钱方式，简单说就是赚取差价，项目的收入要大于项目支出，老板才会有利可图。所以如果你的需求分析水平低，项目范围不断蔓延，项目不断延期，项目不能一次验收成功，验收后有大量的补救工作等，这个项目的成本肯定远远超出老板能忍受的程度。

所以这种类型的项目需求分析策略是：看菜吃饭、解决温饱。

合同的金额是固定的，项目需求可能只是个大概，但也可能在你们投标时已经见到甲方提供的详细需求。不管是大概的需求还是详细的需求，你都要重新做一次需求分析。

有人可能会问，甲方已经提供了详细需求，为什么还需要做一次需求分析？我们直接按需求做，甲方如果不给验收付款，我们有合同在手，起诉他就是了。坦白说，甲方提供的这些详细需求，很可能是最终不作数的。甲方的需求分析能力有限，但我们是专业的乙方，应该以双赢的态度来开展工作。如果我们硬是按照甲方之前提供的需求来开发，最后就会在需求文档上扯皮，做出来的东西只要不合用，甲方无论如何是不会退步的。不要忘记了，乙方是不能和甲方斗的。

你可以参照图 10.1 的做法，也就是本书前面章节所介绍的所有技巧。对客户的业务进行详细而深入的分析，但在需求细化阶段按照"看菜吃饭"和"解决温饱"的原则，导出必要的用例或用户故事，并可以考虑用 MVP 方式交付第一版。

13.4.3　产品型项目的商业模式和需求分析策略

开发一个产品成本很高，周期也比较长，如果将来产品卖得好，老板可以大赚特赚，但如果卖不出，老板就会血本无归。

多年前我开发的建筑工程量三维自动计算软件，当时老板给我的工期是 1 年。1 年后我只能提交一个内部演示用的 demo 而已，程序还有计算错误、运算量大时程序崩溃等严重问题。然后又用了半年时间修复这些缺陷，不断地优化，才能真正推出市场。当时软件售价是 9000 元/套，如果只能卖出几套，那老板肯定要哭死了。还好，能卖出上百套，老板基本能回本。

这套软件最终有没有大卖呢？自然是没有大卖了，如果大卖了，你就不会见到这本书了，我将会是另外一条人生路线。

现在还能卖钱的软件产品，一般是专业领域里的软件了，如财务软件、信息安全软件、影视制作、三维渲染、CAD 等。建筑工程量三维自动计算软件就是建筑造价行业内的专业软件，帮助专业人士解决专业问题。使用了我这个软件，客户只花了 9000 元，但能帮助客户用更短的时间赚更多的几万到几十万，所以才会有客户愿意花这个钱。

吃不透这个行业，就无法做出让行业接受的产品。建筑、财务、影视制作等这些专业领域，往往不是我们的专业，我们这些读计算机专业的，说得难听其实就是什么都不懂，甚至就连装电脑也不会。

能做好专业领域内的产品，一般也只能是这两种人：

（1）原本就是学这个专业并长期在这个专业上工作，他学习了很多计算机和编程的知识，运用这些知识来解决专业问题。

（2）计算机专业人士，持续在某个专业领域中深耕。

你是哪一种人呢？

很少有投资人愿意投钱让你从零开始来开发一套软件产品，哪怕这个产品愿景写得很好。就算按 MVP 方式交付，一般也很难很快获得经济收益。而且专业领域内的产品，一般都会有强大的竞争对手，你很难打进去。

所以比较合适的方式是传统型项目转化为产品型项目，先帮甲方做项目，通过多个相似的项目提炼出产品。这种方式也叫"以战养战"，做项目苦是苦一点，但你就当有人出钱给你拿项目练手，这可能比拿投资人的钱更好。慢慢你的产品就出来了，这个产品是经过之前多个项目的客户锤炼的，应该是可以满足市场需求的。

本书介绍的 UML 和敏捷需求分析知识，你都可以用上，但还远远不够，你还需要分析各种竞品，还需要在专业领域中不断打滚和沉淀等。

13.4.4　互联网型项目的商业模式和需求分析策略

互联网行业似乎是暴利，你看阿里巴巴、腾讯、百度、京东、字节跳动等大公司，赚钱赚翻了。似乎人人都想赶上互联网的浪潮，做一个优秀的互联网型产品，然后坐等盘满钵满，这是很多人的梦想。

互联网行业的特点就是快，我们要快速地把产品做出来投放市场，投放市场让客户使用，这样能更快地获取客户的需求，然后我们再快速迭代地开发出下一个版本。这似乎是很多人对敏捷快速迭代的一个理解，但是这个理解是表面的、肤浅的，甚至是错误的，片面地追求快，可能会让你死得更快。这些大型互联网公司其实屈指可数，很多互联网型公司在我们还没有认识他之前就挂了。

应该怎样理解互联网的快呢？

- 在清晰和精准的市场定位，以及可行的盈利模式下，以 MVP 的模式增量交付。
- 我们要尽快地让产品的盈利模式运作起来。
- 根据产品的市场反应，及时调整和优化，稳中求快，持续优化。

互联网型项目的产品愿景相当重要，产品定位有问题或者是变来变去，最终难逃失败。

某互联网线上课程网站，这个网站是国内首批做互联网线上课程的，一开始的时候网站相当的火爆，但是他的网站定位一直在变。一开始，他们想做内容，但是内容的方向变来变去，然后他们想做工具，想做一个线上直播以及录课的这样的一个网站平台。过了一阵，又重新想做内容，来回倒腾。现在这个网站，虽然还没有消失，但是已经是苟延残喘了。

某黄色共享单车，曾经相当辉煌，一直都在砸钱，靠烧钱来维持用户的规模，烧钱模式是不能培养出用户的忠诚度的。结果因为资金不继衰落了，失败的原因果真是因为资金不继吗？不是的，是产品愿景出问题，他们的产品愿景估计就是想办法将数据做好，吸引下一步投资，看谁是最后的接盘侠了，一旦没有人接盘，最后接盘的就成为冤大头。

其实一些互联网型公司赚钱办法就是以钱骗钱，产品愿景应该立足于提升人民大众的生活体验和幸福指数，打造共赢的生态圈。

某种程度上说，互联网产品的需求是创造出来的。没有 iPhone 之前，没有人想到手机可以是这样的，但乔布斯想到了！乔布斯全世界只有一个，要打造惊世骇俗的互联网产品，需要对技术的精益求精，还有对行业的深刻理解。

我们还是回归现实，你可以怎样做？

我先举一个我的例子供你参考，我现在最大的梦想是"睡一觉就可以赚很多钱"。你不要想歪了，我希望第二天醒来查看一下我的银行账号，就能多很多钱，结果只多了 250 元！我在很多渠道分享了我的知识，运营了我的豆芽儿公众号和豆芽儿网站，希望有很多人购买我的课程，这样我就可以躺着赚钱了，哈哈。

作为个人来说，就算你很强大，能做一个功能上比微信更好用的产品，你的产品还是会没人用的。互联网产品竞争决胜的关键点在于推广模式以及内容，推广模式帮助你开疆扩土，而内容帮助你巩固地盘。若没有强大的资金和资源支持，你做不过那些已经成名的企业。你可以先做一些"边角料"，在细分的市场中找到暂时没有人涉及的缝隙，慢慢做好和做大，然后坐等人家来收购你或者是来封杀你了（坏笑）。

作为个人来说，更切实的做法应该是到一家互联网型的公司任职，能去 BAT 大公司最好，不能去 BAT 也没有关系，有很多新创业的互联网型公司。但是，这些新创业的公司倒闭了怎么办？怕啥，公司倒闭了又不是你倒闭了，换一家公司就可以了。去新创业的公司，不用花自己的钱，你就可以获得创业的经历。万一公司经营不善，那要恭喜你了，你还可以体验一次公司经营困难到倒闭的过程。公司创始阶段和倒闭阶段，这两种阶段都是很难得的职业经历！

13.4.5　UML+敏捷+更多

所以，你还会纠结 UML 还是敏捷吗？

小朋友才做选择题，我们是大人，大人的选择是：我都要！

从我个人体会来说，UML 能达到的广度和深度要比敏捷的更强一点，但 so what，反正我已经两者融会贯通了，我还可以自成一派呢，哈哈。

但我们就这样满足了吗？

学无止境，我们还需要学习以下这些知识：（不限于）

- 各种行业知识。
- 分析模式。

- 设计模式。
- 大数据。
- 云计算。
- 人工智能。
- 机器学习。
- ……

怎么有这么多技术知识？本书不是讲需求分析的吗，干嘛要学这么多技术知识？

有这样一个故事，很多年前没有汽车的时候，马车制造商问顾客想要怎样的马车？顾客提的需求无非是更快的马车、更有型的马、更舒适的车厢之类的需求。但有人发明了汽车，改变了人类的陆上交通史！如果你不懂技术知识，你能发明汽车吗？

虽然说不是人人都能成为乔布斯，但万一你就是呢！

13.5 小结与练习

13.5.1 小结

敏捷需求分析基本流程：产品愿景（Vision）→用户画像（Persona）→用户故事（User Story）→用户故事地图（User Story Map）。以下是一些关键知识点：

表 13.11 产品愿景（Vision）

目标用户	……
目标用户的需要或机会	……
产品名称	……
产品类型	……
关键优点/使用理由	……
	……
竞品	……
和竞品相比，我们的优势/差异化的地方	……
	……
	……
我们的盈利模式	……
	……

表 13.12　用户画像（Persona）

	基本信息			
	姓名		性别	
	年龄		教育程度	
	职业		年收入	

性格和喜好

期待	痛点

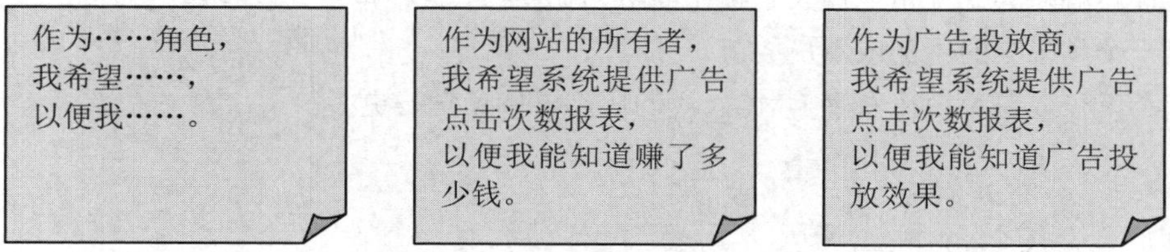

作为……角色，
我希望……，
以便我……。

作为网站的所有者，
我希望系统提供广告
点击次数报表，
以便我能知道赚了多
少钱。

作为广告投放商，
我希望系统提供广告
点击次数报表，
以便我能知道广告投
放效果。

图 13.14　用户故事

表 13.13　用户故事地图

账号	通讯录		聊天	文章	
手机注册	导入 QQ	导入通讯录	发送语音		迭代 1
	添加好友	删除好友	发送文字		
微信号	黑名单		实时语音	图文文章	迭代 2
头像	分组		发送图片	订阅	
私隐	标签		多方语音	文章嵌入声音	迭代 3
			发送视频		

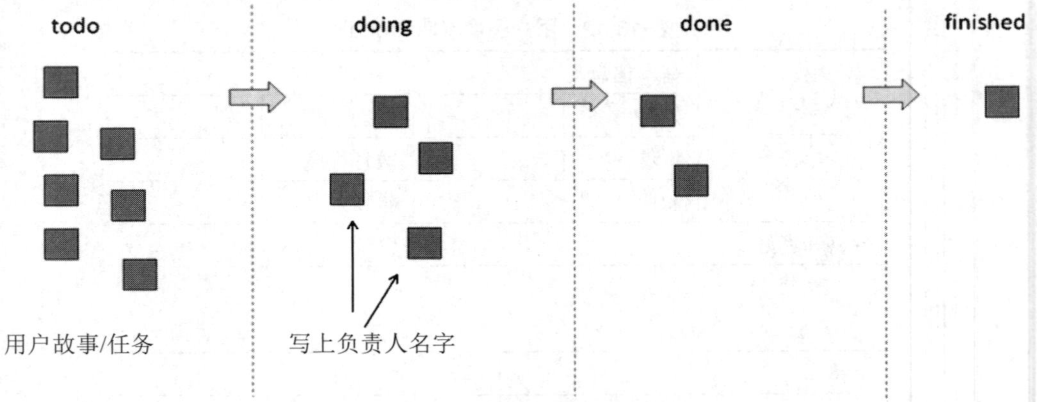

图 13.15　用户故事/任务跟踪看板

互联网型项目也可以 UML，业务行为建模与业务结构建模，可以让互联网型项目更上一层楼。

将软件系统作为一种角色加入到顺序图中，顺序图中各种角色与软件系统的每一次交互，都可以提炼出一个到多个的用例或用户故事。

我们不仅可以左手敏捷右手 UML，我们还需要持续学习更多。

13.5.2　练习

1．从你做过的项目/产品中选一个你最熟悉的，写出这个项目/产品的产品愿景和用户画像。

2．你要做一个网上书城，写出这个产品的产品愿景、用户画像、用户故事和用户故事地图。

3．请选择一个购物网站/APP（如京东、天猫、淘宝、唯品会、拼多多等），画出这个购物网站/APP 的订单页面的类图。

4．你打算如何左手敏捷，右手 UML？写下至少两点你的行动计划并发到朋友圈中。

5．传统型项目、产品型项目和互联网型项目，哪一种项目的需求最刚性？请结合案例说明。

13.5.3　延伸学习：敏捷需求分析视频课程

敏捷需求分析视频课程，包含以下学时：

1．什么是敏捷项目管理？

2．敏捷就是快速交付？

3．敏捷需求分析之产品愿景。

4．敏捷需求分析之用户画像。

5．敏捷需求分析之用户故事。

6．敏捷项目管理之产品经理。

7．敏捷教练是怎样的一个职位？

8．什么是自组织团队？

9．敏捷项目管理之信息发射源。

10．项目管理及公司管理神器——看板（Kanban）。

温馨提示：本书读者专享，请勿转发此二维码。

（扫码马上学习）

附录 1

学习资料与读书讨论

1. 豆芽儿公众号

图1 豆芽儿公众号

2．豆芽儿网站

豆芽儿网站（www.douya2.com）和豆芽儿公众号都是我创办和运营的，豆芽儿网站前身是软件知识原创基地（www.umlonline.org）。分享我多年来的敏捷开发、项目管理、需求分析、软件设计、UML、中层领导力、CMMI、IT 职场、软考、PMP 和 ACP 等"高大上"的实用知识，帮助你进阶为高端人才！

图 2　豆芽儿网站

说明：图 1 和图 2 是豆芽儿公众号和网站截图，公众号和网站持续更新中，截图仅供参考。

第一版附送光盘中的两个视频课程"活用类图，拥抱需求"和"做一回软件设计高手"都可以在豆芽儿网站中找到相应的免费课程，网站中还有更多的软件设计和 UML 课程。

网址二维码如图 3 所示，扫一扫即可访问。

图 3　豆芽儿网站二维码

3．读书讨论

光看不练没交流，限制了读书的效果，快来讨论区和各位读者交流，并向我提问。为了更方便阅读和提问，建议你使用 PC 端操作。

链接二维码如图 4 所示，扫一扫马上访问。

图 4　读书讨论区二维码

4．关于《活用 UML——软件设计高手》

本书第一版提到了这本书，也有不少读者追问这本书的下落，我已经将软件设计的系列文章分享到豆芽儿公众号上，你可以免费学习。软件设计是怎样炼成的系列文章有 10 篇：

- 什么是优秀的设计？
- 优秀设计从分析需求开始
- 软件系统不是木桶型的
- 软件设计的"大道理"
- 规划系统的骨架（架构设计上篇）
- 规划系统的骨架（架构设计下篇）
- 打造系统的底蕴（数据库设计上篇）
- 打造系统的底蕴（数据库设计下篇）
- 细节决定成败（详细设计）
- 用户感觉好才是真的好（用户体验设计）

图 5　"软件设计是怎样炼成的？"二维码

说明：公众号持续更新中，上述文章可能有变。

我还会继续在豆芽儿公众号和豆芽儿网站分享软件设计相关的文章、声音和视频等，条件成熟时再出版关于软件设计和 UML 方面的书籍，当然到时书的名字不一定是这个名字了。

附录 2

考勤系统的需求规格说明书

阅读本附录之前请你务必先学习第 10 章 "UML 共冶一炉——考勤系统的需求分析"，这样才能达到最好的学习效果！本附录直接给出需求规格说明书的最终内容，并且保留需求文档模板的说明，让你从另外一个角度再次体会应该如何编写实用的需求规格说明书。在阅读之前还需要说明的是：中括号中的内容为模板的说明文字，其他内容则为需求文档的正式内容；本附录并不会给出需求规格说明书的全部内容，部分内容会以省略号表示。

1. 简介

[通过简短的篇幅说明本项目的来由和约束等，让读者可在短时间内把握本项目的大致情况。]

1.1 背景

[简单说明项目的来由。]

某 CMMI5 级的软件公司，员工人数 100 人左右，大部分员工是软件研发人员，包括项目经理、软件设计师、程序员、测试工程师、实施工程师等，除此以外还包括行政人员、财务人员。公司在软件研发及日常管理上有一套成熟的管理方法，在没有考勤系统之前，与考勤相关的管理工作是这样的：

- 每位员工需要上午上班时打一次卡，下午下班时打一次卡，中午的休息不需要打卡。
- 期间如果需要外出工作，从公司出发时需要打一次卡，回到公司时需要再打一次卡。
- 员工请假需要填写请假条，请假分为事假、病假、年假等多种情况，请假需要直接领导审批，甚至还需要高层领导的审批。
- 行政部每天统计考勤信息，包括打卡信息、外出信息、请假信息，每月将考勤汇总信息提交给财务部。
- 财务部根据考勤汇总信息，调整员工的薪金。

但这样的管理方式，出现了一些意外事件：

- 某员工想请年假，但行政部告知该员工的当年度年假已经休完了。年假的管理出现了问题，很可能会影响员工的工作积极性。
- 某员工投诉当月薪金多扣了钱，原因是考勤信息统计有误。于是财务部将责任推到行政部，行政部推诿财务部要求不明确。
- 某天出现了紧急状况，高层领导想找员工 A 来处理，但员工 A 当天请了假，高层领导并不知情。

公司高层期望通过考勤系统提高考勤工作的效率和准确性，避免因为考勤问题影响正常工作。

1.2　定义、缩略语

[列出文档中出现的术语并给出解释，术语包括业务术语、缩写词、英文缩写词等。业务术语可在"非功能性需求"一节中进一步说明。]

术语	解释
无	无

1.3　约束

[列出会影响系统的需求、设计、实现或测试方式的主要限制或约束。可在"6．非功能性需求"一节中进一步说明。]

- 利用 Windows 域管理实现单点登录和权限管理。
- 无需改造或升级现有的打卡设备及相应软件。

1.4　参考资料

[列出本文档所参考的上游文档、资料等。]

资料名称	版本/日期	说明
[例：合同]		
[例：投标书]		
[例：技术方案]		
无	无	无

2.　目标、涉众分析和范围

2.1　目标

[用简单的几句话描述本系统的目标，目标体现了系统的最终效果。]

- 规范员工的上下班、请假、外出工作等行为。
- 方便计算员工的薪金。
- 方便管理各种带薪假期。
- 共享员工的请假及外出工作的信息。

2.2 涉众分析

[通过组织架构图、涉众分析表等方式,列出本系统各涉众的关注点。]

公司组织架构图

......

涉众分析表

序号	涉众	代表人物	待解决的问题/对系统的期望
1	普通员工	张三、李四	1. 能方便地上下班打卡。 2. 能方便地进行请假、外出申请。 3. 能方便地查看自己的请假及外出记录。 4. 能方便地了解其他人的请假及外出情况,以调整好自己的工作安排。 5. 不要出现考勤记录方面的错误,导致出现误扣工资、年假无端减少等情况。 6. 能方便查看自己的可休年假情况
2	行政部员工	王五	1. 方便统计考勤信息,而且不会出错。 2. 与财务部的"接口"尽量简单。 3. 方便管理员工的各种带薪假期
3	财务部员工	马六	1. 方便根据员工的考勤情况调整员工的薪金,而且不会出错。 2. 与行政部的"接口"尽量简单
4	项目经理	......	1. 项目组成员的请假信息要尽早让他知道。 2. 由于项目突发情况,需要临时安排外出工作时,相关外出申请手续应尽量简单
5	部门经理	......	1. 方便审批部门成员的请假、外出申请。 2. 方便了解本部门及相关部门员工的请假、外出情况,以安排好工作
6	副总经理	......	说明:3 天及以内的请假及外出,副总经理有最终审批权限。所有的请假及外出,都需要副总经理审批。 1. 方便审批请假、外出申请。 2. 方便检查部门经理有否作出合适的审批。 3. 方便了解全体员工的请假、外出情况,以安排好工作
7	总经理	......	说明:3 天以上的请假或外出,需总经理审批。 1. 方便审批请假、外出申请。 2. 方便检查部门经理、副总经理有否作出合适的审批。 3. 方便了解全体员工的请假、外出情况,以安排好工作。 4. 避免因为考勤的问题而影响工作士气、工作效率

2.3　范围

[说明系统的总体范围、与其他系统的关系、系统的地域使用范围等。

说明本项目包括的服务内容，如软硬件采购、培训、实施等。

需特别说明本系统不包括什么内容。]

本系统不与财务软件对接。

3.　业务概念分析

[描述软件要管理或处理的业务对象以及业务对象之间的关系，注意这里要从业务的角度来描述各种概念、对象之间的关系，切忌从软件设计角度或者数据库设计角度来描述。

如果概念比较复杂，那应该在这里分层次描述，可以在这里设小节分层次描述。比较好的表达办法是：先概述大体的情况，然后逐一说明每一部分。]

3.1　概述

[宏观说明业务概念的总体情况，让读者对业务概念有大致的了解。]

本系统要管理的事情主要有打卡记录、请假申请、外出申请。

3.2　业务概念一览

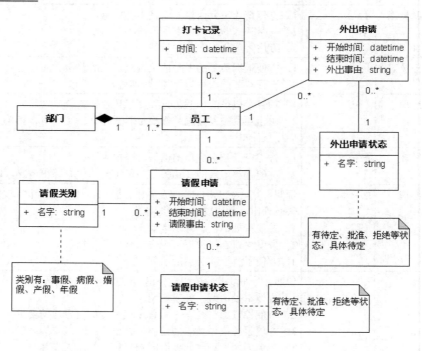

3.3　外出申请

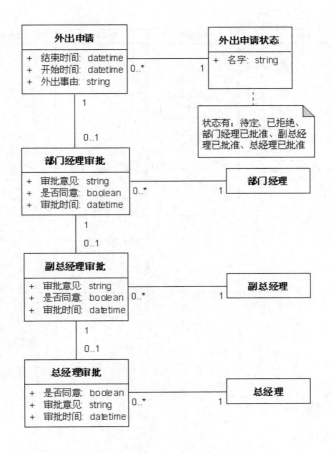

3.4　请假申请

......

4.　业务流程分析

[描述本系统将要管理的或者是相关的业务流程，可用 UML 的活动图、状态机图、顺序图来表述。]

4.1　概述

[从总体上说明业务流程状况，在后续小节可分层次展开逐一详细说明。]

请假申请和外出申请都需要审批，请假申请和外出申请在审批流程不同阶段处于不同的状态。

4.2 外出申请审批流程

活动图

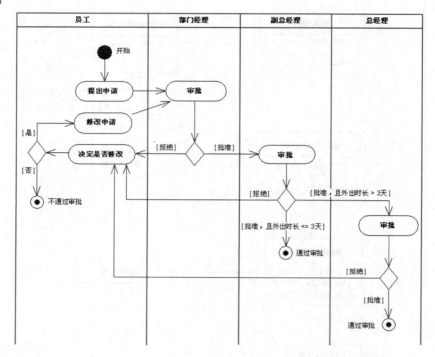

状态机图

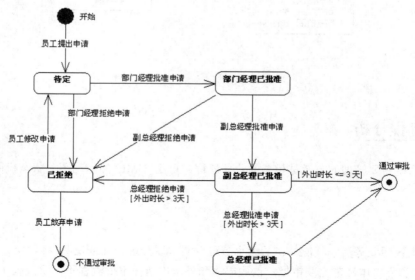

顺序图

......

4.3 请假申请审批流程

活动图

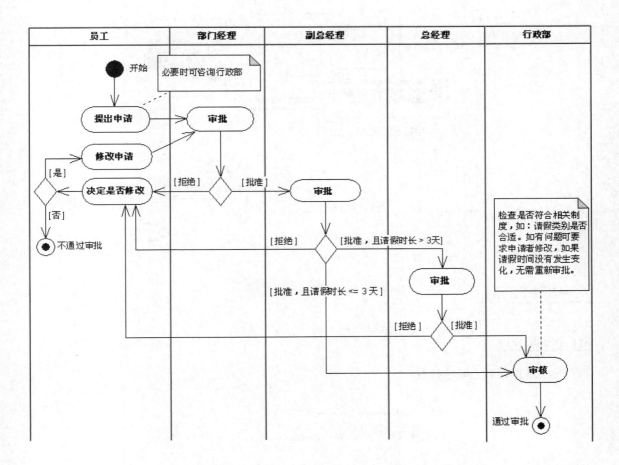

状态机图

......

顺序图

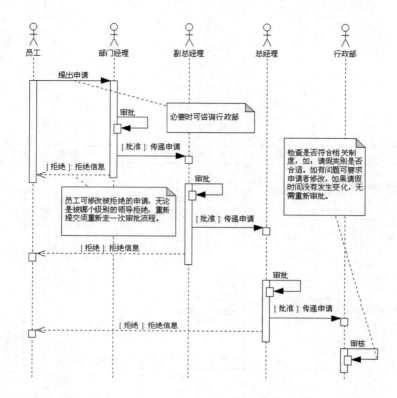

5.　功能性需求

5.1　执行者分析

[分析各执行者之间的关系。]

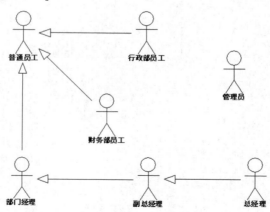

5.2　总用例图

[通过一个宏观的用例图来总体说明系统的功能，后续小节可分层次展开逐一详细说明。]

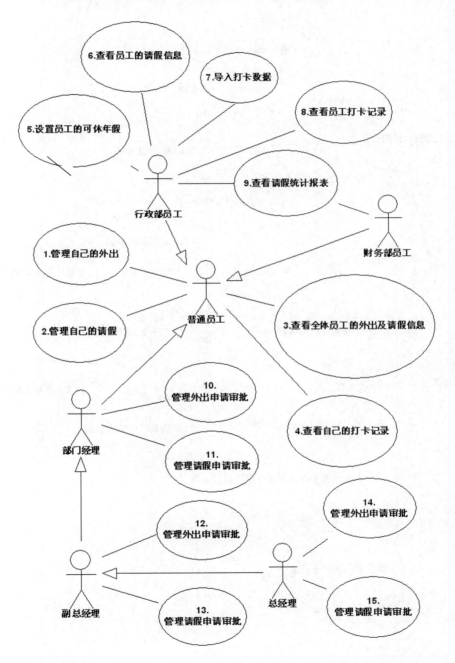

5.3 普通员工的用例

[应先给出用例图，必要时应逐一说明每一个用例的具体情况。]

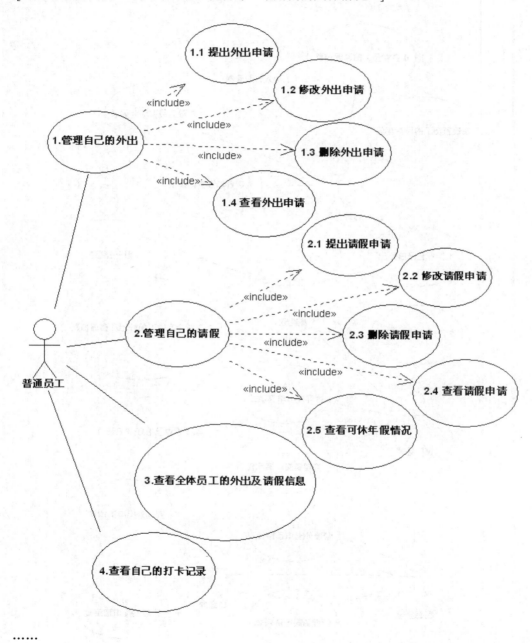

......

编号	[用例编号，如 UC-01] 2.1	名称	[用例名称，即用例图中用例的描述。] 提出请假申请
执行者	[用户、角色等] 普通员工	优先级	高■ 低□
描述	[简单地描述本用例，重点说明执行者的目标] 普通员工录入请假的信息，能成功提出请假申请		
前置条件	[列出执行本用例前必须存在的系统状态，如必须录入什么数据，须先实现其他什么用例等。 注意除非情况特殊，不要写类似"登录系统"等每个用例几乎都需要具备的前置条件。] 无		
基本流程	[说明在"正常"情况下，最常用的流程。通常是执行者和系统之间交互的文字描述。] 1．指示提出请假申请。 　2．显示请假申请表单。 3．填写申请单，选择请假类别。 4．指示提交申请。 　5．显示成功提交申请的信息		
结束状况	[列出在"正常"结束的情况下的用例的结果。] 系统保存请假申请数据，并提示成功提交申请的信息		
可选流程 1	[说明和基本流程不同的其他可能的流程。] 4．指示取消申请。 　5．显示申请被取消的信息		
异常流程	[说明出现错误或其他异常情况时和基本流程的不同之处。] 3．填写请假申请单，请假类别为"年假"。 4．指示提交申请。 　5．发现可休年假不足，显示相应提示。 6．修改请假申请单，或取消请假申请		
说明	[对本用例的补充说明，如业务概念、业务规则等] 请假申请单有以下内容：申请者、开始时间、结束时间、请假事由、请假类别。 申请者默认为当前的用户，不可修改。 类别为：事假、病假、婚嫁、产假、年假，只能而且必须选其一		

编号	[用例编号，如 UC-01] 2.2	名称	[用例名称，即用例图中用例的描述。] 修改请假申请
执行者	[用户、角色等] 普通员工	优先级	高■ 低□
描述	[简单地描述本用例，重点说明执行者的目标] 请假申请提出后，还没有任何审批之前，申请者可修改请假申请。 请假申请被拒绝后，申请者可修改请假申请，重新提交。 请假申请不能通过行政部审核，行政部也无法代为处理时，申请者可修改请假申请，重新提交。 行政部如何代为处理，请参考用例"6.1 分解员工的请假"		

前置条件	[列出执行本用例前必须存在的系统状态，如必须录入什么数据，须先实现其他什么用例等。注意除非情况特殊，不要写类似"登录系统"等每个用例几乎都需要具备的前置条件。] 需存在已经提出的请假申请
结束状况	[列出在"正常"结束的情况下的用例的结果。] 请假申请的状态变为"待定"，该申请需重新审批
说明	[对本用例的补充说明，如业务概念、业务规则等] 参考业务概念图中的说明。 请假申请的状态为"……已批准"时，申请者如果对该申请进行任何修改，其状态一律重新变为"待定"，需重新审批。 修改请假申请时，程序应做并发冲突的异常判断和处理，如果出现冲突，应拒绝本次修改，并给出相应提示

编号	2.4	名称	查看请假申请
执行者	普通员工	优先级	高■ 低□
描述	目标： 可方便地查看自己的请假申请的审批情况，能查看自己的历史申请，在此基础上做下一步工作。 具体要求： 1．系统默认按时间的倒序显示当前用户的请假申请列表，用户可通过该列表了解各申请的状态。 2．请假申请列表可按时间的倒序或顺序排列，也可按请假申请的状态进行筛选。 3．在请假申请列表的基础上，用户可查看或修改其中一个具体的申请，或提出请假申请。 4．用户在查看一个具体的申请时，才能删除该申请		
前置条件	无		
结束状况	系统的数据不会发生任何变化		
说明	请假申请的状态参见业务概念图		

编号	2.5	名称	查看可休年假情况
执行者	普通员工	优先级	高□ 低■
描述	用户能看到按时间倒序排列的自己的年假申请，并能看到自己的当年年假总天数，及剩余可休的年假天数。 用户可在此基础上，查看或修改其中一个具体的申请，或提出请假申请		

前置条件	行政部已设置该员工的当年可休年假，参见用例"5.设置员工的可休年假"
结束状况	系统的数据不会发生任何变化
说明	请假申请类别参见业务概念图

编号	3	名称	查看全体员工的外出及请假信息
执行者	普通员工	优先级	高■ 低□
描述	目标： 能方便地查看全体员工的外出及请假情况。 具体要求： 1．用户可方便地查看当天、当周、当月所有的外出及请假情况，系统缺省显示当周的情况，用户可方便地在当天、当周、当月之间切换。 2．系统显示当天情况时，用户可方便地切换到前一天或后一天；类似地，系统显示当周、当月情况时，用户也可以方便地切换到前一周、后一周或前一个月、后一个月。 3．还没有通过审批的外出或请假申请，均应显示出来。 4．用户可查看具体的一条外出或请假申请。 5．除了该请假申请的审批者能看请假申请的"请假事由"，其他人不能查看"请假事由"，但可查看谁在什么时间请了什么类别的假		
前置条件	无		
结束状况	系统的数据不会发生任何变化		
说明	需共享的请假申请、外出申请信息请参考业务概念图，但要注意"请假信息"并不是对所有人共享的		

编号	4	名称	查看自己的打卡记录
执行者	普通员工	优先级	高□ 低■
描述	系统默认按照时间的倒序显示该用户的打卡记录，用户可选择一个日期范围来查询相应的打卡记录		
前置条件	相应的打卡记录数据应先导入到系统中，参见用例"7.导入打卡数据"		
结束状况	系统的数据不会发生任何变化		
说明	打卡信息包括：员工 ID、打卡日期、打卡时间 该用例员工只能查看自己的打卡记录，故只需要显示打卡日期、打卡时间即可		

......

5.4 行政部员工、财务部员工的用例

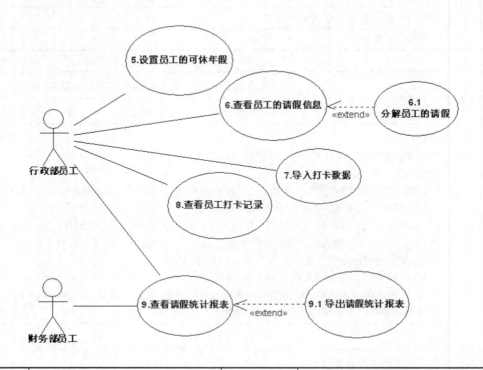

编号	5		名称	设置员工的可休年假
执行者	行政部员工		优先级	高□ 低■
描述	目标： 行政部可根据公司的年休假制度，设置每位员工每年的可休年假数量。 具体要求： 1．可查看全体员工可休年假列表，列表显示员工姓名、部门、当年可休年假总天数，当年已休年假天数。 2．在查看可休年假列表的基础上，可设置每个员工的可休年假总数，可查看每个员工当年的请假类别为年假的请假申请			
前置条件	无			
结束状况	系统保存了更新后的该员工的可休年假总天数			
说明	通常情况下，行政部设置员工可休年假的时间为： 在每个自然年的第一个工作日，重新设置每个员工的可休年假数量。 在新员工转正的第一天，设置该员工的可休年假数量。 但系统不需要限制修改时间			

编号	6	名称	查看员工的请假信息
执行者	行政部员工	优先级	高□ 低■
描述	目标： 行政部根据公司相关制度，审核员工的请假申请。 具体要求： 1．系统默认按时间倒序，显示通过了最终审批、但未通过行政部审核的员工请假申请列表。 2．可再选择查看具体的一条请假申请。 3．不符合相关制度的请假申请，可按以下两种方式之一处理： 执行用例"6.1 分解员工的请假"，具体参见用例 6.1。 该申请不通过审核，通知申请者修改申请。系统不支持这种处理方式，行政部可通过电话、Email、口头等方式，通知申请者修改请假申请		
前置条件	无		
结束状况	系统不保存任何信息		
说明	参见请假审批流程活动图，通过副总经理审批的 3 天或以内的请假，通过总经理审批的超过 3 天的请假，都需要行政部进行审核。 实际上行政部不需要对全部请假进行审核，一般只需要对婚假、产假等涉及比较复杂的国家政策的申请进行审核，行政部的审核也不需要立刻进行，有时候每月统一审查一次就可以了。本系统不支持行政部的审核功能，只支持查看功能，但行政部可以在查看的基础上，不通过本系统完成审核的工作		

编号	6.1	名称	分解员工的请假
执行者	行政部员工	优先级	高□ 低■
描述	目标： 行政部可分解不符合要求的请假申请，使分解后的请假符合要求，分解后的请假总天数不变、起止时间不变。 例：某员工申请了 10 天的婚假，但行政部审核时发现该员工不符合晚婚政策，只能享受 3 天婚假，于是与该员工协商，将该请假分解为 3 天婚假、5 天年假、2 天事假。 具体要求： 1．在查看员工具体一条请假信息的基础上，可分解该请假。 2．分解请假时，需输入请假类别、时长。 3．分解后的总时长等于原来申请的时长，总起止时间不变，系统按照分解后申请的先后顺序自动生成各申请的起止时间。 4．分解后的请假无需再次审批，自动为已批准状态		
前置条件	无		
结束状况	系统保存了分解后的请假申请，原请假申请不再保留		
说明	参见业务概念图。 行政部与申请者的协商过程，是系统范围外的工作		

编号	7	名称	导入打卡数据
执行者	行政部员工	优先级	高□ 低■
描述	目标： 将打卡记录导入到系统中，以便用户通过本系统查询打卡记录。 具体要求： 1．系统可导入保存有打卡记录的 Excel 文件。 2．导入的数据以"增加"的方式保存到系统中，系统不判断新导入的数据是否与之前的数据有冲突		
前置条件	无		
结束状况	打卡记录保存到系统中		
说明	打卡数据记录在打卡机中，行政部需要每天用电脑连接打卡机来读取数据，读取的数据是 Excel 格式，读取数据的软件是打卡机配套提供的。 打卡记录包含员工 ID、打卡日期、打卡时间		

编号	8	名称	查看员工的打卡记录
执行者	行政部员工	优先级	高□ 低■
描述	目的： 掌握各员工的打卡情况，方便与员工的请假申请、外出申请进行比较，以核实各员工的考勤信息。 具体要求： 1．系统默认按照时间的倒序列出各员工的打卡记录，需要显示的内容有员工姓名、所属部门、打卡日期、打卡时间。 2．用户可按时间范围、所属部门、员工姓名来筛选显示打卡记录		
前置条件	系统需存在已经导入的打卡记录数据，参见用例"7.导入打卡数据"。		
结束状况 说明	系统数据不会发生变化。 与用例"4.查看自己的打卡记录"不同，行政部是可以查看全体员工的打卡记录的，其目的是通过打卡记录、请假申请、外出申请的比较来核实各员工的考勤情况，判断员工有没有迟到、早退、旷工等情况，制作相应的考勤报表提交给财务部，财务部根据该报表来计算员工当月的薪金。 考勤报表是这样的一张报表：记录了当月影响员工薪金的所有考勤情况，影响员工薪金的考勤情况有迟到、早退、旷工、非带薪假期。该报表由行政部制作，交由财务部作为员工薪金计算及调整的依据		

编号	9	名称	查看请假统计报表
执行者	行政部员工、财务部员工	优先级	高■ 低□
描述	目标： 行政部的目标有：根据请假统计报表，检查各员工的请假情况，特别是带薪假期，是否符合公司的相关制度要求。 核实各员工的请假情况，作为制作考勤报表的依据。 财务部的目标有：作为当月员工薪金计算的参考依据。 具体要求： 1．报表首先根据员工分组，然后根据请假类别分组，列出分组后汇总的请假天数。 2．可按日期范围、所属部门、员工姓名、请假类别来筛选统计数据范围。 3．可在查看报表的基础上执行用例"9.1 导出请假统计报表"		
前置条件	无		
结束状况	系统数据不会发生变化		
说明	考勤报表参见用例"8.查看员工的打卡记录"的用例表中的说明。 财务部计算当月员工薪金的直接依据是行政部提交的"考勤报表"，该请假统计报表只是参考。 行政部每月需要根据请假统计报表，同时还需要查看员工打卡记录、外出申请记录、请假申请记录等，经过综合判断后制作考勤报表		

编号	9.1	名称	导出请假统计报表
执行者	行政部员工、财务部员工	优先级	高■ 低□
描述	目标： 本用例主要有行政部执行，导出 Excel 报表后，行政部可在该 Excel 文件的基础上制作"考勤报表"。 具体要求： 1．用户可在查看请假统计报表的基础上，指示导出到 Excel 文件中。 2．系统将当前统计报表中的数据导出到 Excel 文件中，并且该文件输出到用户所在的计算机上		
前置条件	无		
结束状况	系统的数据不会发生变化		
说明	Excel 文件的内容及格式应与用例"9.查看请假统计报表"的一致		

5.5 部门经理、副总经理、总经理的用例

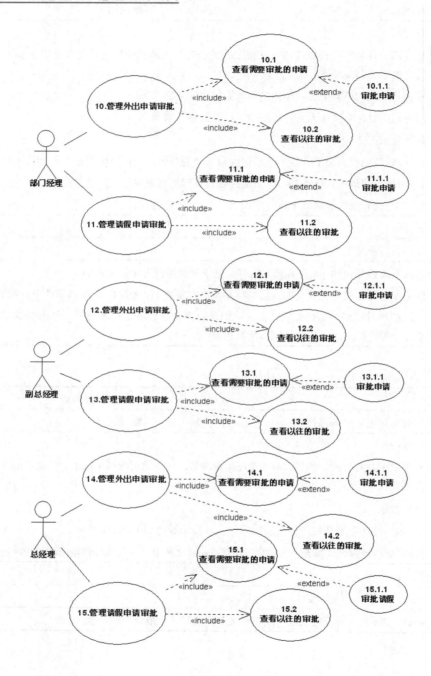

......

编号	11.1	名称	查看需要审批的申请
执行者	部门经理	优先级	高■ 低□
描述	目标： 部门经理可方便地查看需要他审批的申请，并可以在此基础上方便地审批申请。 具体要求： 1．系统默认按照请假申请提出时间的顺序，列出状态为"待定"的请假申请列表。 2．该请假申请列表需显示：申请者姓名、所属部门、请假类别、请假起止时间、请假事由、请假申请的状态。 3．用户可直接在此请假申请列表的基础上，直接审批某个申请，参见用例"11.1.1 审批申请"。 4．用户可在此请假申请列表的基础上，选择查看具体的某个申请，并进行审批，参见用例"11.1.1 审批申请"		
前置条件	无		
结束状况	系统的数据不会发生变化		
说明	需要部门经理审批的请假申请是状态为"待定"的申请： 申请者提出请假申请后，申请的状态为"待定"。 申请者修改被拒绝的申请，申请的状态变为"待定"		

编号	11.1.1	名称	审批申请
执行者	部门经理	优先级	高■ 低□
描述	目标： 用户能根据请假申请的信息，审批该请假申请。 具体要求： 1．参见用例"11.1 查看需要审批的申请"，用户可在请假申请列表上直接审批其中一条申请，或在查看某一个具体的申请时，审批该申请。 2．审批时需选择批准或拒绝，同时可填入审批意见。 3．审批时间不需要用户输入，由系统自动确定		
前置条件	无		
结束状况	系统保存了该申请的审批信息，如果请假申请被批准，则该申请状态变为"部门经理已审批"，如果是拒绝，则状态为"已拒绝"		
说明	参见"请假申请审批流程 状态机图"		

编号	11.2	名称	查看以往的审批
执行者	部门经理	优先级	高□ 低■
描述	目标： 用户可方便地查看他曾经审批过的请假申请，了解请假申请的后续审批情况。 具体要求： 1．系统按照请假申请提出时间的倒序，列出用户曾经审批过的请假申请列表。 2．请假申请列表需显示：申请者姓名、所属部门、请假类别、请假起止时间、请假事由、假申请的状态		

续表

前置条件	无
结束状况	系统的数据不会发生变化
说明	无

......

编号	13.1	名称	查看需要审批的申请
执行者	副总经理	优先级	高■ 低□
描述	与用例 11.1 类似，但有以下区别： 1. 需副总经理审批的是状态为"部门经理已审批"的请假申请。 2. 请假申请列表还需要显示部门经理的审批意见。 3. 查看某个具体的申请时，还需显示部门经理的审批意见		
前置条件	无		
结束状况	系统的数据不会发生变化		
说明	无		

......

5.6 管理员的用例

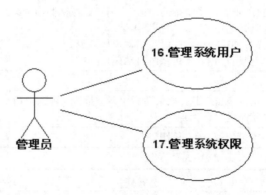

本系统集成 Windows 域认证，并通过域管理来完成用户管理和权限管理的工作。

5.7 其他功能性需求

[如有不方便通过用例图说明的功能性需求，则在此说明。]

外出申请及请假申请，申请者及审批者均能及时收到相应的 Email 通知，Email 中带有相应的链接。具体要求如下：

邮件触发者	邮件触发事情	邮件接收者	邮件内容
普通员工	提出请假申请 修改请假申请	需审批该申请的部门经理	告知需审批某申请，并给出该请假申请的审批链接
普通员工	删除已经批准的请假申请	已经批准该申请的领导。如果已经有多个领导批准，则每个领导都应收到邮件通知	告知某申请已经删除，并给出已删除的申请的链接
部门经理	批准请假申请	申请者 副总经理	发给申请者的邮件：告知申请已被部门经理批准，并给出申请的链接。发给副总经理的邮件：请副总经理审批申请，并给出审批链接
部门经理	拒绝请假申请	申请者	告知申请已被部门经理拒绝，并给出相应的链接
副总经理	批准请假申请	申请者 总经理（有需要的话）	发给申请者的邮件：告知申请已被副总经理批准，并给出申请的链接。发给总经理的链接：请总经理审批申请，并给出审批链接
副总经理	拒绝请假申请	申请者 部门经理	告知申请已被副总经理拒绝，并给相应的链接
总经理	批准请假申请	申请者	告知申请已被总经理拒绝，并给出相应的链接
总经理	拒绝请假申请	申请者 部门经理 副总经理	告知申请已被总经理拒绝，并给出相应的链接
……	……	……	……

6. 非功能性需求

[本节列出来的内容都需要考虑，如无需考虑可写"无"，如果缺失了需要考虑的内容，请添加相应的小节。]

6.1 系统架构要求

[用部署图、构件图来描述本系统在软件架构上的要求，本系统与现有 IT 软硬件、第三方系统的关系等。需描述清楚系统运行所需的软硬件环境，哪些是客户环境现已具备的，哪些是需要调整的等。]

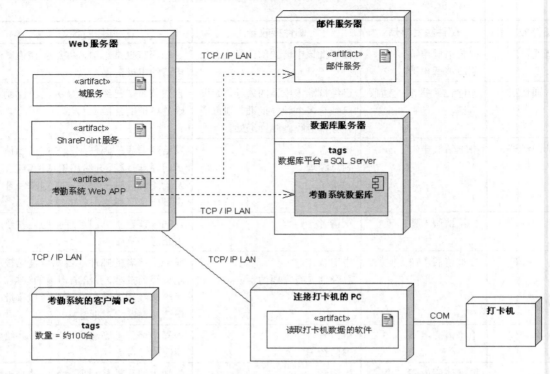

说明：图中非深色部分是该公司原来的 IT 架构，而深色部分是新增加的情况。

6.2　接口

[描述本系统和外部软、硬件的接口规定。

接口需要考虑的内容：

1．接口范围；

2．接口的名称、输入参数、返回参数；

3．输入、输出参数的格式。]

无

6.3　安全性

[系统在通信、数据完整性、保密等方面的要求。]

无

6.4　性能

[系统在响应速度、能承受的压力等方面的要求。]

无

6.5 界面

[用户对界面流、首页、报表格式、界面风格等方面的要求，这部分内容可在《用户体验设计》中进一步细化。]

无

7. 附录

[列出需求分析过程中获得的各种原始或中间材料。]

资料名称	提供者	获取日期	说明
……	……	……	……

8. 版本修订记录

日期	作者	内容提要	版本
……	张传波	定出需求框架	0.1
……	……	……	……
……	张传波	完成全部内容，通过项目组内部评审	0.6
……	张传波	和客户确认需求	1.0

附录 **3**
名词解释

1. 中文 UML 术语标准

中国软件行业协会（CSIA）与日本 UML 建模推进协会（UMTP）共同在中国推动的 UML 专家认证，两个协会共同颁发认证证书、两国互认，CSIA 与 UMTP 共同推出了 UML 中文术语标准，该标准全称为：CSIA-UMTP UML 中文术语标准 v1.0（本书中简称为 UML 中文术语标准）。

该 UML 中文术语标准其实是由一批国内的 UML 专家共同协商确定的，希望能规范一套统一的 UML 中文命名，方便 UML 的学习者和使用者的沟通。该标准没有强制性，只是一种倡议标准。本书遵循此标准，但鉴于国内各种 UML 中文说法已经"大行其道"，本书同时给出了其他的常见说法，并且给出了 UML 的英文原文。可能很多朋友的 UML 习惯用语与中文术语标准不太一致（实际上我的习惯用语与该中文术语标准也有一些差异），建议大家沟通时多使用 UML 的英文原文。

2. UML 各种图标准术语一览

UML 各图术语一览

	英文名	中文术语	中文术语可选词	其他说法
Structure Diagram（结构型的图）	Class Diagram	类图	--	--
	Component Diagram	构件图	组件图	--
	Composite Structure Diagram	组合结构图	复合结构图	--
	Deployment Diagram	部署图	--	--
	Object Diagram	对象图	--	--
	Package Diagram	包图	--	--

续表

Behavior Diagram（行为型的图）	Activity Diagram	活动图	--	--
	Use Case Diagram	用例图	--	用况图
	State Machine Diagram	状态机图	--	状态图
	Sequence Diagram	顺序图	--	序列图、时序图
	Communication Diagram	通信图	--	协作图
	Interaction Overview Diagram	交互概览图	交互概述图	交互概要图
	Timing Diagram	时序图	--	时间图

说明：

（1）"英文名"列表明的是 UML 的英文标准名。

（2）"中文术语"列是 CSIA-UMTP UML 中文术语标准 v1.0 中的统一命名。

（3）"中文术语可选词"列是 CSIA-UMTP UML 中文术语标准 v1.0 中规定的其他适用命名。

（4）"其他说法"列是其他资料文献中曾经使用过的命名，这些名字不符合 CSIA-UMTP UML 中文术语标准 v1.0，另请注意这里并不能列全所有的其他说法。

（5）请特别留意"时序图"的说法，这是"Timing Diagram"的 UML 中文术语标准的说法，但民间说法中也有将"Sequence Diagram"说成时序图的。

3. 涉众、用户、客户

涉众：与系统有利益关系的人。英文：Stakeholder。其他叫法：干系人、利益相关者。

用户：使用系统的人。

客户：系统的所有者，或拥有本系统商业决策权的人。通俗地讲就是出钱或者是能拍板出钱的人，一般就是甲方的领导。

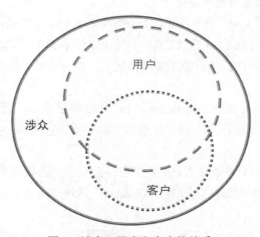

图 1　涉众、用户和客户的关系

涉众的范围覆盖了用户和客户，用户和客户之间有交集。

涉众分为以下几类人员：

（1）系统的用户，即使用该系统的人。

（2）对该项目有商业决策权的人，如客户的高层领导，他对项目付款、验收等有决定权。

（3）对项目的成功有影响的第三方，如本项目需要采购某硬件，该硬件供应商会影响项目的成功；本系统需要另外一个系统提供数据接口，则另外一个系统的所有者会影响本项目的成功。

（4）系统会影响到的第三方，如：本系统需为另外一个系统提供数据接口，另外一个系统的所有者就会被本系统所影响。

4．需求调研、需求分析、需求开发、需求管理

需求分析：

● 其他说法：需求调研、需求开发。

● 关注点：如何获取和确认需求？

需求管理：

● "双赢"：客户能赢，我们也能赢！在"双赢"的基础上，处理以下问题：

➢ 如何签署需求？

➢ 如何处理需求变更？

● 需求驱动地工作。

➢ 用需求指导计划、设计、编码、测试、实施等工作。

➢ 不做或少做与需求无关的事情。

需求分析和需求管理的工作，我统称为需求工作。需求工作中的问题有些是需求分析的问题，有些是需求管理的问题，或者是两者兼而有之。

本书重点介绍的是活用 UML 来解决需求分析方面的问题，同时也介绍了一些需求管理方面的最佳实践。从我的经验看来，要做好需求工作，需求分析是首要的，需求管理是辅助的，两者占成功的比例大致是 7:3。在良好的需求分析工作的基础上，才可能做好需求管理工作。

5．MIS、ERP、……

（1）MIS：Management Information System，管理信息系统。百度百科中的解释是：是一个由人、计算机及其他外围设备等组成的能进行信息的收集、传递、存储、加工、维护和使用的系统。

而我的简单解释是：MIS 系统最常见的功能就是数据库的四轮马车工作，即数据库的 CRUD 动作：增加（Create）、读取（Read）、更新（Update）、删除（Delete），具备这样特点的系统都可以认为是管理信息系统。

（2）ERP：Enterprise Resource Planning，企业资源规划。百度百科中的解释是：建立在信息技术基础上，以系统化的管理思想，为企业决策层及员工提供决策运行手段的管理平台。

　　类似地还有 CRM（客户关系管理）、OA（办公自动化）等很多种说法，简单说 MIS 系统是这些东西的统称，ERP、CRM、OA 等是 MIS 系统在某一领域的细化而已。

　　对于这些让人头大并且层出不穷的名词，我的建议是简单了解就可以了，不要纠结于这些名词当中，也没有必要去追究所谓的完美解释。这些名词本身就没有所谓的官方说法，各方处于自己的利益从自己的角度进行包装而已。

附录 4

图表目录

1. 图目录

2. 表目录